KB080063

그건
우연이
아니야

그건 우연이 아니야

FLUKE

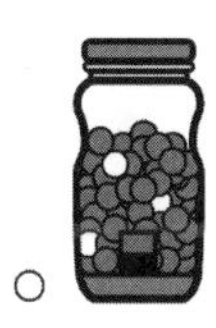

아주 우연한 사건에 관한 수학적 고찰

조지프 마주르 Joseph Mazur 지음
노태복 옮김

에이도스

차 례

3부 분석

4부 머리긁개

들어가며

사촌형 허먼은 1년짜리 형이상학 수업을 듣고 난 뒤, 수업의 요점을 이렇게 정리했다.

'어차피 세상에는 온갖 일이 다 벌어지니까 방금 일어난 일도 일어난 것이다.'

사촌형의 말을 들었을 때는 내 인생에서 아주 특별한 시기였다. 다른 사촌들, 즉 허먼 형의 동생들이 나한테 경마 예상표 읽는 법을 가르치고 있던 무렵이었다. 가족의 심심풀이용 도박 행사에 나를 끌어들이려는 속셈이었다. 당시 열 살밖에 안 되었던 나는 사촌형의 말이 아리송하기만 했다. 오랫동안 머리 속에 각인되어 수시로 떠오르던 그 말은 성년이 되었을 무렵에야 의미가 밝혀졌다.

어렸을 때부터 나는 어떤 일은 일어나고 또 어떤 일은 일어나지 않는 이유가 무엇인지 궁금했다. 하지만 대다수 아이들과 마찬가지로 그 답은 '만약 …라면(what if)'을 거듭 거듭 고민하고서야 나왔다.

허먼 형의 동생인 잭은 고등학교 권투 시합에서 다운을 당하면서 기절했다. 나머지 인생은 두통 그리고 일종의 정신장애를 앓았다. 정신병원에 들어가야 할 정도로 상태가 심각했다. 그레이스톤 파크(Greystone Park)에서 매주 충격 치료를 받았는데, 그곳은 한때 뉴저지 주 정신병동이라는 공식 명칭을 자랑하던 장소였다.

치료법 이름조차도 충격적이었다. 전기경련요법. 반평생 동안 잭은 머리 좌우에 꽉 끼인 금속판이 일으키는 끔찍한 경련의 고통을 견뎌내야 했다. 그런 끔찍한 경험이 어떤 느낌인지 다른 사람들은 짐작만 할 수 있을 뿐이다. 잭의 말에 따르면 그 고통은 정말이지 "백만 마리 말벌한테 계속 쏘이는" 것보다 더 심하다고 한다. 매번 충격이 가해질 때마다 지속 시간은 1나노 초 이하였지만, 끔찍한 기억이 남아서 여진처럼 충격이 이후로도 계속 느껴진다나.

마맛자국이 있는 뺨을 덮은 까칠하고 거뭇한 구레나룻 말고는 나로서는 잭이 전혀 이상하게 보이지 않았다. 농담도 아주 잘했고, 따뜻하고 진실한 미소를 띠고 있었다. 게다가 모험 이야기도 끝내주게 잘해서, 마치 실제로 벌어진 이야기처럼 들렸다.

그래서 열 살 아이답게 나는 잭이 권투시합을 할 즈음에 다른 상황이 벌어졌다면 어떻게 되었을지 깊이 생각해보았다. 마치 잭이 이상해진 이유가 전부 시합에서 다운을 당했기 때문이라고 여기고서, 내가 좋아하는 사촌이 정상적인 삶을 살 수 있도록 시간을 되돌릴 수 있다면 얼마나 좋을까 싶었다.

만약 잭이 그날 아파서 학교에 가지 못했더라면? 만약 상대 선수가 그날 아팠더라면…. 아니면 만약 잭이 상대 선수를 먼저 때려눕혔더라면?

두 가지 특별한 사건이 어떤 한순간에 겹쳐서 일어났다. 하기야 언제나 그런 법이다. 사실, 다운을 당한 것은 잭의 가드가 너무 낮아서 머리를 방어할 수 없던 바로 그 순간에 얼굴을 정통으로 맞았기 때문이다. 가드가 너무 낮았고 피하는 동작이 너무 느렸다.

어린 시절 내내 나는 안 좋은 타이밍을 바로잡으려고 '만약… 라면'을 줄곧 되뇌었다. 하지만 가장 충격적인 사건 하나가 열세 살 생일 직전에 벌어졌다.

학교를 마치고 집으로 가는 길이었다. 금간 콘크리트 보도 위를 빨간색 롤리(Raleigh) 삼단변속 자전거를 타고 달리고 있었다. 돌멩이 하나가 날아와 앞바퀴 살에 부딪힌 후 튕기더니 주차된 어떤 차의 문을 때렸다. 나는 자전거를 멈추고 누가 돌을 던졌는지 둘러보았다. 바로 그 순간 느닷없이 온 세상이 새빨개졌다. 그 장면은 지금도 생생하다. 깜짝 놀란 나의 뇌는 무슨 일이 벌어졌는지를 파악하지 못한 것 같았다. 피가 흘러내리는 눈꺼풀 너머로 길 맞은편의 한 사내아이가 한 번 더 돌을 던질 자세를 취하는 모습이 보였다. 그 애는 이미 내 눈을 한 번 맞힌 걸 모르는 듯했다. 나는 비명을 지르고 바닥에 쓰러졌다. 그러나 무슨 상황인지 제대로 이해가 되지 않았다. 기억이 다시 돌아왔을 때는 왼쪽 눈에 붕대를 감고 병원 침대에 앉아 있었다. 어쩌면 왼쪽 눈으로 다시는 세상을 보지 못할 수 있다는 의료진의 말이 들렸다. 너무 끔찍한 예상인지라 마음이 진정되기까지는 여러 해가 걸렸다. 걱정스러운 마음을 어머니께 털어놓았더니 이런 위로의 말씀을 해주셨다. 돌에 머리를 맞지 않아서 뇌가 망가지지 않았으니 얼마나 다행이냐고.

"그랬다면 정말로 뇌가 망가질 수 있나요?"

신경과학을 어머니가 아는가 싶어서, 내가 물었다.

"그럼, 물론이지."

어머니의 대답을 나는 의학적 사실로 받아들였다.

하지만 어머니가 그렇게 위로해주었는데도 나는 왼쪽 눈의 시력이 돌아오길 바라는 마음에서 '만약… 라면'을 계속 생각했다.

'만약 돌의 궤적이 1도만 벗어났다면? 만약 내가 멈춰서 주위를 둘러보지 않았다면? 만약 첫 번째 돌이 바퀴살에 맞지 않았다면?'

몇 년이 지나서야 나는 불운한 우연의 일치야말로 인생의 전투에서 남는 상처임을 알게 되었다. 늙은 얼굴의 주름처럼 그런 상처는 활기찬 인생의 산 증거이자 획득한 영토를 표시하는 깃발이다. 인생이란 우연한 사건 및 우연의 일치의 끝없는 연속인데, 이들 우연이 성공과 기쁨으로 이어지기도 하고 실패와 좌절을 불러오기도 한다. 아직 가지 않은 길을 갈 때 우리는 결코 행운도 불운도 확실히 알 수 없다. 인생의 온갖 우연한 사건과 우연의 일치가 얽혀 있는 갈림길과 분기점에서, 기쁨을 극대화하고 실패를 극소화하기 위해 내리는 결정이 우리의 운명을 정한다.

◎

우연의 일치는 굉장한 이야기를 만들어낸다. 우리는 우연의 일치를 놀라운 사건으로 여기고 희소성에 감탄하면서 합리적인 설명을 죄다 무시한다. 사실은 아주 놀라운 우연의 일치들 중 다수가 수학적으로 예측가능한데도 말이다. 사교 모임에서 우연의 일치에 관한 이야기를 꺼내면 큰 주목을 받는다. 왜 그럴까? 왜냐하면 이 불가사의한 은하에서 우연의 일치에 관한 이야기는 인간관계의 폭넓은 연결성을 강하게 일깨우고 실존적 의미를 깊이 헤아리게 만들며 우리가 얼마나 특별한 존재가 되고 싶어하는지를 증명하기 때문이다.

믿기지 않는 사건들과 꾸며낸 듯한 이야기들의 모음집인 이 책은 세계가 얼마나 거대하면서도 동시에 작은지 알려준다. 이 책에는 어떤 이야기의 확률을 평가하는 실제적인 수학적 기법들도 들어 있으며, 우연의 일치 사건의 빈도를 살펴봄으로써 그런 사건이 실제로 벌어질 때 멍청하게도 우리가 놀라는 이유를 설명한다. 아울러 무작위성을 이해하기 위한 수학적 도구들이 초기에 어떻게 개발되었는지 살펴본다. 결국 이런 발전 덕분에, 우연의 일치란 것은 우리가 무수한 무작위적 가능성들로 이루어진 거대한 세계에 살기 때문에 생기는 결과임을 알게 된다.

우연의 일치를 측정할 수학적으로 타당한 방법은 다음의 두 가지 대표적인 문제에서 등장한다. 첫째는 우리의 직관에 반하는 듯 보이는 생일 문제이다. 뭐냐면, 스물세 명의 사람이 모여 있기만 하면 두 명의 생일이 같을 확률이 50퍼센트를 넘는다는 것이다. 두 번째 문제는 원숭이 문제로서 이런 질문을 던진다. 만약 시간이 충분히 많다면 어떤 원숭이가 컴퓨터 키보드의 자판들을 무작위로 두드려 셰익스피어 〈소네트〉 한 편의 첫 번째 행을 적을 수 있을까?

이 두 문제는 큰 수의 법칙, 숨은 변수의 이론 그리고 대단히 큰 수의 법칙과 더불어 왜 우연의 일치가 뜻밖에도 매우 자주 일어나는지를 합리적으로 설명해준다. 위에서 마지막 법칙, 즉 대단히 큰 수의 법칙은 철학적인 주제이자 이 책의 중심 논지이기도 하다. 간단히 말해서 이 법칙에 따르면, 만약 어떤 사건이 일어날 가능성이 아주 조금이라도 있다면 언젠가는 일어나기 마련이다. 어쨌거나 "일어나기 마련"이라는 표현을 방금 썼는데, 사실 아주 모호한 표현이기는 하다. 하지만 이 표현은 우연의 일치가 얼마나 흔하게 일어나는지를 잘 짚어낸다.

이 책은 4부로 구성되어 있다. 1부에서는 우연의 일치 사건의 빈도를 본격적으로 이해하기 전에 살펴볼 여러 이야기가 나온다. 각각의 이야기는 특징이 비슷한 유형의 이야기 전체를 대표한다.

2부는 이 책의 중심 논지를 이해하는 데 필요한 수학을 전부 다룬다. 3부에서는 다시 1부의 열 가지 대표적인 이야기들로 돌아가서, 그 사건들의 빈도를 분석한다. 이를 통해 우리는 이론상의 절대적 무작위성이 현실에서의 절대적 무작위성과 동일하지 않음을 배운다.

4부에서는 분석에 들어맞지 않는 우연의 일치 사건들을 재미있게 살펴본다. 가령, DNA 증거 때문에 유죄로 잘못 밝혀지게 되는 특이하고도 안타까운 이야기, 행운이 뒤따르는 과학적 성과, 투자 시장의 사기행각, 초능력 현상 그리고 지어낸 이야기와 민간전승에서 나타나는 우연적인 줄거리 등을 살펴본다. 4부의 각 장은 서로 상당히 독립적이다.

이 책의 끝에 다다를 즈음이면 여러분은 우연의 일치에 깃든 불가사의를 흥미로운 렌즈를 통해 바라볼 것이며, 이 렌즈를 통해 우연의 일치 사건이 어떻게 생기는지 그리고 얼마나 경이로운지 똑똑히 알게 될 것이다. 이 책은 우연의 일치가 생기는 원인을 설명하기 위해 우연한 사건의 빈도 이면에 깃든 놀라운 속성을 드러내줄 뿐만 아니라, 우리가 사물을 바라보는 방식까지도 바꿀 것이다.

우리의 일상사나 우리가 겪는 상황 대다수는 단순한 방식으로 일어나지 않고, 우리가 알아채기 어려운 다른 많은 사건 및 상황과 관련되어 생긴다. 무슨 사건이든 다른 숱한 사건들 그리고 우리가 언뜻 이해하기 어려운 복잡한 개념들이 다 함께 작용해서 생긴 결과이다. 그렇기에 나는 수학을 이용하여 몇 가지 우연의 일치 사건이 생기는 이유를 설명할 테지만, 합리적 설명이 곤란할 때는 운명의 개념을 인정할 — 때로는 옹호할 — 것이다. 그리고 가끔씩은 우리가 설명할 수 없는 원대한 계획이 세상을 관장한다고 믿는 편이 좋다고 본다.

우연의 일치는 드물게 일어난다는 세간의 인식을 무너뜨리려 할 테지만, 내 의도는 결코 뜻밖의 놀라운 이야기의 신비와 매력을 말살하려는 것이 아니다. 만약 내가 누군가에게 일어난 우연의 일치에 관한 실상을 폭로한다면, 다만 수학자의 관점에서 사건을 살펴보자는 것이지 멋진 스토리텔링의 싹을 짓밟으려는 뜻이 결코 아니다. 여러분이 운명이나 우연이라는 문제를 놓고서 나와 입씨름을 벌여서, 우연의 일치가 어떤 심오한 설계에 의해 불가사의하게 일어나는지 여부는 어느 누구도 확실히 알 수 없다고 나를 설득시킬지도 모른다. 나로서도 우연의 일치는 정의상 어떤 합리적인 설명을 달 수 없다는 데 맞장구를 칠지도 모르겠다.

하지만 수학은 확실하며 명쾌하다. 우연의 일치는 우리가 생각하는 정도보다 훨씬 더 자주 일어난다. 가장 큰 이유를 들자면, 우리가 사는 거대한 세상에서는 70억이 넘는 사람들이 매초 저마다의 결정을 내리므로 엄청나게 많은 독립적인 결과들이 생기기 때문이다. 따라서 인과관계가 엄청나게 거대하고 복잡한지라 이 세계에서는 불가능할 법한 일도 일어난다. 경우의 수가 아주 많은데다 그런 경우의 수들을 경험할 사람들도 아주 많기 때문이다. 우연의 일치는 미약한 확률만 있으면 명확한 원인 없이도 발생한다. 하지만 '명확한(apparent)'이라는 단어는 그 의미를 정확히 짚어내기 무척 어려운 단어다.

누구나 우연의 일치에 관한 경험담이 있기 마련이다. 내게도 무척이나 의미심장한 그런 사건이 있었다. 1969년 미국의 베트남전 중지 선언일에 나는 보스턴 코먼(Boston Common) 공원에 몰려든 수십만 명 가운데서 아내가 될 여자를 만났다. 인생의 결정적인 분수령을 이루는 사건이기에 내게는 각별한 의미가 있는 만남이었다. 인생에서 그와 같은 사건을 대할 때면 우리는 결정적인 타이밍에 관한 '만약 …라면'을 묻지 않을 수 없다. 만약 내 앞에 선 수백 명의 사람들이 행진하는 동안 내가 신발 끈을 묶었다면 어떻게 되었을까? 아니면 10미터만 더 북쪽에서 공원에 들어갔다면 어떻게 되었을까? 아내와의 만남은 정말로 우연의 일치일까? 아니면 단지 지나서 생각해보니 우연처럼 생각되는 걸까?

◎

지금까지 이 서문에서 '우연의 일치'라는 표현이 스무 번쯤 나왔다. '우연하게 생긴 일'과 동의어로서 또는 조금 더 좁은 의미로 인물이나 대상이 시간과 공간에서 함께 겹친다는 뜻으로 쓰였다. 이제껏 나는 이 말의 의미가 자명하다고 가정했지만, 더 정확을 기하기 위해 공식적인 정의를 내려 보자.

우연의 일치(coincidence):*

두 가지 이상의 사건이나 상황이 서로에 대해 의미 있으면서도 명확한 인과관계는 없이 깜짝 놀랍게 발생하는 현상.[01]

어쨌든 이 표현의 일상적 용법은 놀라움을 수반한다는 뉘앙스는 개의치 않고서 이유가 명확하지 않는 쪽에 무게를 둔다. 하지만 이 책에서는 우연의 일치란 이유가 명확하진 않지만 놀라움이 뒤따르는 사건이라는 관점을 줄곧 유지할 것이다. 우연의 일치가 지닌 놀라움은 원인이 명확하지 않다는 성질과 밀접한 관련이 있다. '명확하지 않은 이유(nonapparent cause)'라는 표현은 다만 일반 대중이 모르는 이유가 있다는 뜻이다. 우연의 일치에도 당연히 이유가 있다. 따라서 자연스레 주체에 관한 질문이 제기된다. 누가 모른다는 말인가? 이 책의 목적상 우리는 위에 나온 '일반 대중'이란 우연의 일치에 관한 이야기를 듣는 사람과 더불어 그런 사건을 직접 경험하는 사람을 가리킨다.

한편 우연한 사건도 우연의 일치와 비슷한 뜻이지만, 놀라움과 명확한 이유라는 단서가 붙지 않는다.

우연한 사건(fluke): [어원 불명]

우연한 이득 또는 행동의 결과, 뜻밖에 생긴 행운 또는 불운.[02]

---

* 일부 영영사전에 따르면 fluke가 '우연히 생긴 좋은 일'이란 뜻으로 나온다. 이에 따라 영한사전에는 '요행'으로 번역되기도 한다. 하지만 저자는 fluke는 좋고 나쁨을 구별하지 않고, 특별히 좋은 우연은 serendipity로 한정하므로 fluke는 '우연한 사건'으로 serendipity는 '요행'으로 번역한다.

그리고 '요행'은 긍정적인 사건에만 국한된다.

요행(serendipity):

좋고 유익한 쪽으로 어떤 사건이 우연히 벌어지거나 생기는 것.

세상의 거의 모든 이야기는 어떤 시간에 사건들의 연쇄—인물과 대상의 만남들—를 통해 벌어진다. 오이디푸스는 테베스로 가는 길에 한 사내를 죽이게 되고 뒤이은 일련의 사건들을 통해서 자기 어머니와 동침한다. 그가 자신의 어머니와 동침하게 되는 명확한 이유는 무엇일까? 그것은 연쇄적인 과정으로서, 각 과정이 모여서 전체 원인을 구성한다. 분명히 말하건대, 허구의 세계에서조차도 모든 우연의 일치는 각각의 인과적 연관성을 지닌 사건들의 연쇄이다.

에세이 작가이자 로잔 대학의 명예교수인 닐 포사이스(Neil Forsyth)는 연쇄적으로 일어나는 우연의 일치들을 가리켜 "뜻밖의 기쁨"[03]이라고 부른다. 디킨스 소설에 나오는 우연의 일치를 가리키는 표현이지만, 뜻밖의 기쁨은 허구가 아닌 현실 세계에서도 마찬가지다. 그것은 기이하고 낯선 무언가를 이해하고자 하는 강한 바람과 간절한 필요성에서 생겨나는데, 이런 필요성은 옛날 옛적에 인간이 미지의 것을 이해하여 위험에서 벗어나는 데 근본적으로 중요했다.

아주 놀라운 여러 우연의 일치들의 경우에서는 명확하지 않은 이유가 깊이 숨어 있어 좀체 드러나지 않는다. 특이한 일도 일어나기 마련이라고 믿기보다 그와 같은 우연의 일치는 예기치 않은 사건이라고 믿는 쪽이 더 쉽다. 그렇게 믿는 편이 더 마음 편하고 더 이롭다. 게다가 그런 일들은 즐겁기까지 하다.

가령 $1^3+5^3+3^3$은 공교롭게도 153이다. 이게 우연의 일치일까? 이유는 명확하지 않다. 아마도 이유가 전혀 없을 수도 있다. 또는 아래에 나오는 아주 무작위적인 60자리 숫자를 살펴보자.

4583918433338345345555555555551858032450321740222
34935499238

가운데 나오는 연속적인 5의 열이 특이하다. 이 5들이 '희한할' 수도 있지만, 수학적으로 볼 때 그다지 놀랄 일은 아니다. 심지어 수학은 이와 같은 동일한 숫자의 열이 우리 생각보다 훨씬 더 빈번하게 일어남을 예측해낸다.

우연의 일치는 세상에 가득하다. 그러니 결국 일어나고 만다. 이 서문을 쓰기 직전에 나는 2,262쪽짜리 사전이 놓인 곳 근처를 진공청소기로 청소하고 있었다. 늘 그렇듯이 두꺼운 장정을 보호하기 위해 사전은 전체 페이지 중에서 절반을 훌쩍 넘긴 페이지에서 펼쳐져 있었다. 그런데 갑자기 진공청소기 헤드가 어느 한 페이지를 몽땅 빨아들이고 말았다. 위안이랍시고 나는 혼잣말을 했다. '2,072쪽을 살펴볼 일이 있기야 하겠어? 아닐 거야.' 그런데 한 시간도 지나지 않아서 위에서 나왔던 요행(serendipity)이라는 단어의 정의를 찾으러 가야 했다. 그 단어가 어느 쪽에 있었는지는 다들 짐작하실 것이다. 우연의 일치에 관한 책을 쓸 때, 특히 그런 일이 훨씬 더 자주 생기는 법이다.

1부
이야기들

인생은 예상되는 일들, 해야 할 일들 그리고 무난한 즐거움들이 대부분인지라, 당혹스러운 일과 환상적인 이야기가 있어야 사는 맛이 난다.

왜 이 세계가 엄청나게 거대하면서도 동시에 매우 작은지 그리고 어떻게 해야 단지 우연한 사건과 우연의 일치를 구별할지를 알려주는 몇 가지 이야기를 살펴보자.

3부에서 이 이야기들을 다시 다룬다. 그 전에 우리는 이런 이야기들의 숨은 수학적 속성을 간파할 장치를 마련할 것이다.

1장
아주 우연한 사건들

어느 외국 도시, 가령 파리나 뭄바이의 거리를 한가롭게 거닐고 있다가 오랫동안 보지 못했던 옛 친구와 마주친 적이 있는가? 그 친구는 하필 당신이 존재하던 시간과 장소에서 무얼 하고 있었을까? 혹은 당신이 줄곧 뭔가를 바라고 있었는데, 바로 그것이 실제로 벌어졌던 때가 있는가? 또는 여행을 떠났는데, 시기를 잘못 잡는 바람에 모든 게 어그러진 적이 있는가? 생일이 같은 사람을 만나서 깜짝 놀란 적은?

그런 순간에 우리는 필시 우주가 작은 시공간으로 축소되는 느낌을 갑자기 느끼게 된다. 우주에서 당신이 있는 자리에만 스포트라이트가 켜지는 마법을 경험하는 듯하다. 인류라는 거대한 원에서 단지 몇 명—또는 어쩌면 오직 당신—만이 중심에 서 있는 느낌이 든다.

일 년 동안 전화한 적이 없는 누군가에게 전화를 걸려고 수화기를 들고 번호를 누르기 직전에 그 사람과 통화가 이루어진 적이 있는가? 1969년 내게 일어난 일이다. 생각해보니 아예 일어나지 않는 것보다는 가능성이 높은 사건 같았다. 어쨌거나 일 년이 전부, 365일이 그런 일 없이 지나갔다. 그 날 수에다 그런 일이 없었던 이전 해의 날들을 더해보라. 한 술 더 떠서 그렇게 더해진 날 수에다가 그날부터 지금까지의 날 수를 더해보라. 그런 일은 다시 일어나지 않았다. 우연의 일치가 발생하지 않은 시간들은 그처럼 많다.

다음과 같은 상황을 상상해보자. 당신이 크레타 섬의 아지오스 니콜라오스(Agios Nikolaos)에 있는 한 카페에 앉아 있는데, 주위 테이블에서 귀에 익은 웃음소리가 들려온다. 웃음소리가 들리는 쪽으로 고개를 돌리니, 어떤 사내가 있다. 도저히 믿을 수 없지만, 당신의 동생이다. 정말로 동생이 거기에 있고, 틀림없이 당신의 동생이다. 이제 그가 당신을 바라보는데, 당신만큼이나 깜짝 놀란다. 1968년 나한테 벌어졌던 일이다. 우리 둘 다 상대방이 뉴욕이나 보스턴의 자기 집을 떠나 있다는 사실을 몰랐다.

또는 이런 일을 상상해보자. 당신은 집에서 멀리 떨어진 중고서점에서 중고 책을 살펴보고 있는데, 어렸을 때부터 알던 책 한 권을 발견한다. 책을 펼치니 당신이 예전에 적었던 글귀가 눈에 들어온다. 『모비딕』의 표지 안쪽에 당신의 이름이 그리고 책 전체에 걸쳐 여백에 이런저런 글이 적혀 있다. 대학 때까지 당신이 갖고 있던 책이다. 실제로 이 일을 겪은 내 친구의 말에 의하면, 친구는 한 번도 가본 적이 없는 도시인 아이오와 주의 더뷰크(Dubuque)에 있는 중고서점의 책장을 훑어보고 있었다고 한다.[01]

1976년에 나는 아내 그리고 두 아이와 함께 스코틀랜드를 여행하고 있었다. 헌데 눈이 내리는 어느 날 내 복스홀 자동차가 페니퀵

(Penicuik)이라는 작은 타운에서 고장이 나고 말았다. 타운에는 정비소가 딱 한 군데 있었는데, 정비사에 따르면 교류발전기가 문제이며, 교체하려면 사흘이 걸릴 것이라고 했다. 우리는 그날 밤 시간을 때우려고 가장 가까운 펍에 들어갔다. 주인은 말수가 적은 편이었지만, 우리가 미국에서 왔다고 하자 신이 난 듯 이렇게 말했다.

"다음 주에 미국 가수가 여기로 노래하러 올 겁니다. 아는 가수일 거예요. 이름은 기억나지 않지만, 아래층에 포스터가 있어요."

주인의 안내에 따라 아래층으로 내려가서 큰 포스터를 보니, 스토비스(stovies, 감자와 양파로 만든 스코틀랜드 요리_옮긴이)의 밤[02] 콘서트에 마거릿 맥아더가 출연한다고 나와 있었다.

"마거릿 맥아더!"

아내와 나는 동시에 외쳤다.

"우리 이웃이에요. 잘 아는 사람이에요!"

주인은 고개를 끄덕이더니 무덤덤한 표정으로 중얼거렸다.

"그러실 것 같더라니까."

미국은 정말로 작은 나라다.

◎

굉장한 우연의 일치와 맞닥뜨리는 순간들이 있다. 그런 순간들이야말로 자연의 관계망 가운데 핵심이다. 왜냐하면 요즘 같은 디지털 시대의 고독 속에 사는 우리는 개성, 정체성, 목적의식 그리고 우리 삶의 일부에 운명이 관여한다는 느낌으로 이 위험한 세상을 채우고 싶어 하기 때문이다. 무한한 시공 속에서 영원히 팽창하는 우주의 차가운 광대함에 짓눌리는 시대인지라, 우리들이 의외로 훨씬 더 연결되어 있으며 우주가 우리를 위해 만반의 준비를 갖추고 있다고 생각하면 적잖이 위안이 된다.

우연의 일치 이야기만 나오면 이런 의문이 뒤따른다. 도대체 우주에는 시간과 공간을 교란시켜 우연의 일치를 야기하면서도 그 원인을 숨기는 어떤 메커니즘이 있지 않을까? 어떤 사람들은 심지어 형이상학적 관련성을 묻기도 한다. 또 어떤 이들은 우주의 조화가 작용한다고 하면서, 이 우주의 조화야말로 우리가 알아차릴 수 없는 에너지이자 우리의 행동 패턴을 바꾸는 힘이자 우리가 모르는 것을 '알게 해주는' 무언가라고 여긴다.

인과성은 사건의 의미를 해석하는 서양식 도구이다. 19세기 서양의 인과성은 엄격한 고전물리학적 관점을 따랐다. 즉, 우리가 관찰할 수 있는 모든 대상의 운동과 상호작용을 자연법칙이 지배한다는 관점을 따랐다. 따라서 현재 상태의 변수들을 정확히 알고 있다면 미래를 완벽하게 예측할 수 있다고 보았다. 달리 말해서 뭐든지 간에 미래의 사건은 우리가 아는 과거와 현재의 지식과 결부되어 있었다.

하지만 20세기 초반에 양자역학이 등장하면서 서양철학의 관점은 급격하게 변했다. 즉, 관찰 가능한 대상은 양자계의 관찰 가능하지 않은 사건에 의해 일어나며, 이 과정을 단순하고 경이로운 규칙들이 지배한다는 것이다. 그런 규칙 중 하나는 '가지 않는 길이란 없다'고 주장한다. 무슨 말이냐면, 각각의 입자는 단 하나의 경로만 따르지 않고 저마다의 확률을 갖는 모든 가능한 경로를 따른다는 말이다. 양자역학적 관점에서 볼 때 예측 가능성이란 한 대상이 각각의 경로 상에서 어디에 있을 확률 그리고 어떤 특정한 상태에 놓여 있을 확률에 따라 결정된다. 말하자면 과거에 무슨 일이 생겼는지 아무리 정확히 관찰했더라도 미래에 무슨 일이 벌어질지 확실하게 알 수 없다는 뜻이다.

물론 어떤 사람이 어쨌거나 한 경로를 선택하는 원인은 무엇인가라는 질문은 남는다. 지금 우리는 역학적 경로를 말하고 있는 것이 아니다. 친애하는 독자 여러분은 왜 이 책을 지금까지 읽는 쪽을 선택했는가? 여러분의 자유의지는 고전물리학이라든가 관찰 가능한 대상의 경로 내지는 새로운 물리학과 거의 아무런 관련이 없다. 이 책에 나오는 우연의 일치들은 사람들이 내리는 결정, 가기로 한 길 그리고 가지 않기로 한 길과 관련이 있다. 인간의 결정은 자유의지의 문제인데, 여기에는 상대성이론도 양자역학도 관여하지 않는다. 대신에 다른 강력한 외적인 영향력이 늘 관여한다. 우리가 한 경로를 결정한다. 다른 누군가가 또 한 경로를 결정한다. 그러고 나서 딱! 두 경로가 만나는데, 하지만 명확한 이유는 없다. 명확한 이유가 존재하려면, 관찰 가능한 대상이 관찰 가능한 경로를 따라 이동해야 한다. 따라서 개인들이 서로 뇌파로 연결되어 있지 않는 한, 자유의지가 모든 양자역학적 영향을 무마시켜 버릴 것이다.

하지만 동양적인 방식도 존재한다. 가령 중국에는 도(道)라는 개념이 있는데, 여기서는 상반되는 것들이 서로 상쇄되어 완전한 전체 그림을 만들어낸다. 거기서는 무(無) 또한 전체의 일부이다. 돌 한 덩이는 조각상이 될 수 있는데, 이것은 남은 돌과 깎인 돌에 의해 정의된다. 분명 서양과는 다른 사고방식이다. 그리고 도 개념은 서구의 신학 사상과 확연히 다르다. 서양 신학의 세계관에 따르면, 유기체에서부터 아원자입자에 이르기까지 천지만물은 창조의 순간부터 미리 정해져 있으며 인과성을 관장하는 법칙은 신의 의지에 의해서만 깨질 수 있다. 도 개념에서는 우연의 일치란 만물의 상호 공감이기에, 세상의 모든 사건들은 인과성이나 표면적인 이유를 넘어서는 하나의 관계 속에 있다고 본다. 그러면서도 그 밑바탕에는 숨은 합리성이 존재한다고 믿는다. 2,500년 전에 나온 고전인 『도덕경(道德經)』에는 이런 말이 나온다.

> 하늘의 그물은 크고 넓어 성긴 듯해도, 놓치는 일이 없다.[03]

전체의 모든 부분들이 서로 상보적으로 조화를 이루며 작동하듯이, 세상만사는 전체와 의미 있는 총체적 관계 속에 놓여 있고 이 전체는 세상만사를 '의미 있게' 지배하고 있다.

시인 월트 휘트먼 또한 우리는 전체(All)와 어떻게든 연결되어 있으며, 이 세상에는 우리가 무의식적으로 따르는 것 이상의 깊은 목적과 의도가 있다고 설파했다. 이를 휘트먼은 아래와 같이 표현했다.

> 우주의 목적 내에서 만물의 존재 상태들, 광물과 식물과 동물 계 전부—인간의 모든 신체적 성장과 발전, 정치와 종교와 전쟁 등의 역사적 전개 등—가 생기를 얻듯이, 세상에는 도덕적 목적, 드러나거나 드러나지 않는 의도, 만물의 바탕을 이루는 것… 세계를 완전하게 충족시키는 무언가가 존재한다. 그 무언가가 바로 전체(All)인데, 전체의 개념에는 영원성, 자아 그리고 바다의 배처럼 둥둥 떠다니고 파괴될 수 없고 공간을 영원히 항해하면서 모든 곳을 두루 지나는 영혼의 개념이 수반된다.[04]

2장
우연한 사건의 10가지 유형

> 이 세상의 유구한 시간 속에 등장해온 수많은 사람들은 어떤 인연으로 만나게 되었을까? 거대한 대륙의 정반대편 출신이건만 희한하게도 서로 이어지게 된 사람들 말이다!
>
> 찰스 디킨스, 『황폐한 집』에서[01]

집을 떠난 사람한테는 오만 가지 상황과 사건이 일어날 수 있다. 각각의 가능성은 낮을 수 있지만, 모두를 함께 모아서 적어도 그중 하나가 일어날 확률을 물으면 가능성은 높아진다. 이런 이야기들 모아서 10가지 특징적인 유형으로 묶을 수 있다. 여기서는 대략적인 소개만 하고 자세한 분석은 3부에서 다룬다.

이야기 1. 페트로프카에서 온 여인

유형: 도저히 찾기 어려운 물건이 분실되었다가, 그 물건을 찾아 나선 이에게 우연히 발견되는 경우.

가장 축하할 만한 우연의 일치로 배우 앤서니 홉킨스가 나오는 이야기를 꼽을 수 있다. 영화 〈페트로프카에서 온 여인〉의 코스티야 역에 캐스팅되고 나서 홉킨스는 원작소설을 찾아보려고 런던의 레스터 스퀘어 언더그라운드 역 근처의 서점들을 뒤졌다. 하지만 찾지를 못하고 집으로 막 돌아가려는데, 역 벤치에 놓여 있는 책이 눈에 들어왔다. 더군다나 그 책은 그저그런 평범한 『페트로프카에서 온 여인』이 아니라 저자인 조지 파이퍼(George Feifer)가 소장하다가 잃어버린 것이었다.

정말로 기가 막힌 우연의 일치다. 위의 이야기는 우연의 일치의 빈도에 관한 어떤 합리적인 이론에도 들어맞지 않을 듯하니, 도저히 타당한 설명이 불가능하다고 인정할 수밖에 없을 것 같다. 하지만 사실은 위의 이야기도 분석이 가능하다.

조지 파이퍼가 내게 알려준 진실은 다음과 같다. 그는 소설 『페트로프카에서 온 여인』의 미국 판본 한 권에다가 자기 책의 영국 출간을 위해 영국 영어 번역이 필요한 부분에 표시를 해두었다. 그는 번역을 마치고 꼼꼼히 확인한 다음에 출판사에 번역 원고를 보냈다. 어느 날 조지 파이퍼는 하이드 파크 광장에서 친구를 만나서 그렇게 표시된 미국 판본을 친구에게 주었다. 그 친구가 깜빡해서 책을 차 지붕 위에 올려놓고서는 애인과의 데이트 약속에 늦는 바람에 급하게 차를 몰아버렸다.

이런 사정으로 그 판본의 책을 손에 넣게 된 홉킨스가 영화 세트장에서 파이퍼를 만나자마자 자신이 역에서 책을 찾았다고 밝힌 것이다. 나는 홉킨스에게 책의 입수 경위를 자세히 말해 달라고 부탁했다. 충분히 예상할 수 있듯이 그는 답장을 보내오지 않았다.

이야기 2. 책 프로스트 그리고 다른 이야기들

유형: 잊고 있던 낯익은 개인 소장품을 뜻밖에 찾는 경우.

비슷한 이야기로 미국 작가 앤 패리시(Anne Parrish)의 사례가 있다. (사이버공간에서 떠도는 숱한 내용과 달리) 원래 이야기는 이렇다. 앤과 사업가인 남편 찰스 앨버트 콜리스는 1929년 6월 햇빛 좋은 유월 어느 일요일 파리에 있었다. 둘은 노트르담 성당의 미사에 참여한 뒤 조류(鳥類)시장에 들렀다가, 점심을 먹으려고 레 두 마고라는 레스토랑에 갔다. 와인을 음미하는 남편을 뒤로 하고 그녀는 센 강변의 헌책방 가게들을 둘러보았다. 평소 습관대로 긴 책상 위에 줄줄이 놓인 책들을 뒤지며 몇 시간을 보내고 있었다. 그러다가 우연히 헬렌 우드(Helen Wood)의 『잭 프로스트 그리고 다른 이야기들』을 찾아냈다. 헌책방 주인과 잠시 흥정을 한 뒤 1프랑을 지불하고 나서 남편한테로 돌아갔다. 아직도 와인을 홀짝이는 남편의 손에 책을 덥석 건넨 뒤, 그녀는 자기가 어렸을 때 가장 좋아하던 책이라고 말했다. 남편이 천천히 페이지를 넘겼다. 잠시 침묵이 흐른 후 남편은 다시 그녀에게 책을 건넸다. 펼쳐진 책 속의 백지에는 "어린아이의 삐뚤삐뚤한 글씨로 '앤 패리시, 209 노스 웨버 스트리트, 콜로라도 스프링스, 콜로라도'라고 적혀 있었다."[02] 바로 앤 패리시가 어렸을 때 갖고 있던 책이었다.[03]

이야기 3. 흔들의자

유형: 상당히 정확한 시간과 공간이 필요하며, 사물이 개입하는 우연한 만남의 경우.

우연의 일치는 단지 이유가 아리송하고 놀라운 이야기 이상이어야 한다. 다음은 몇 년 전에 내게 일어났던 이야기다. 당시 임신 중이던 아내는 갓난아기를 돌보려면 편안한 흔들의자가 있어야 한다는 말을 이모한테서 들었다. 아내의 이모는 새 흔들의자를 사라며 수표를 보내주었다. 마침 그런 용도에 안성맞춤인 흔들의자가 동생 집에 있었기에 그 의자를 나와 아내는 점찍어 두고 있었다. 그러다가 우리 부부는 똑같은 것을 케임브리지에 있는 가구점에서 보았다. 특별히 넓었으며 두껍고 검은 골격에다 등받침이 높은 셰이커(Shaker) 디자인 제품이었다. 하지만 마침 재고가 없어서, 물건이 들어오면 케임브리지에 있는 동생 집으로 배달해달라고 부탁해 놓았다. 다음 번 동생 집에 들를 때 수령해서 버몬트에 있는 우리 집으로 가져올 작정이었다. 몇 주 지나서 동생 내외가 작은 파티를 열었다. 그 자리서 누군가가 동생 집의 흔들의자에 앉았는데, 의자가 밑이 빠지면서 산산조각이 났다. 당황한 동생은 손님에게 정중히 사과를 했다. 바로 그 순간에 초인종이 울리더니 새 흔들의자가 배달 왔다. 파티의 서프라이즈 행사라고 다들 여길 법한 타이밍이었다. 이 절호의 기회를 이용해 동생은 손님에게 이런 위로의 말을 건넸다.

"아, 저건 괜찮아요. 새 의자로 바꿔 달라고 한 게 지금 왔네요."

이야기 4. 황금풍뎅이

유형: 꿈과 현실이 일치하는 보기 드문 사건의 경우

한 젊은 여성 환자가 황금풍뎅이 꿈을 꾼 이야기를 스위스의 정신과 의사인 카를 융에게 하고 있었다. 융이 전해준 이야기는 이렇다.

"환자가 황금풍뎅이 꿈 이야기를 하고 있을 때 나는 닫힌 창문에 등을 기댄 채 의자에 앉아 있었다. 그런데 갑자기 등 뒤에서 무슨 소리가 들렸다. 무언가를 살짝 두드리는 소리 같았다. 몸을 돌렸더니, 날아다니는 곤충이 바깥에서 유리창에 연거푸 부딪히고 있었다. 창문을 열고 공중에 떠 있는 곤충을 잡았다. 우리가 사는 지역의 위도에서 보이는 풍뎅이의 일종인데, 황금풍뎅이와 아주 비슷했다."[04]

마지막으로 이렇게 덧붙였다.

"어떤 사람이 꿈에 나오고 나서, 얼마 후에 편지가 왔는데 마침 그 사람 것일 때가 종종 있다. 꿈을 꾸고 있던 시간에 편지가 수신인의 우편함에 이미 놓여 있었던 여러 사례도 확인했다."[05]

이야기 5. 프란체스코와 마누엘라

유형: 정확한 시간과 공간에서 사람들이 우연히 만나는 경우.

아내와 내가 밴을 타고 코스타 스메랄다(Costa Smeralda)를 가로지르는 아주 좁은 도로를 달리고 있을 때였다. 이탈리아 서부 티레니아해(海)의 진한 에메랄드 빛 바닷물 위로 우뚝 솟은 사르디나의 동쪽 해변 언덕길에서였다. 이탈리아 운전사가 유적지를 몸짓을 섞어 가리킬 때 우리는 숨이 멎는 줄 알았다. 게다가 운전사는 위험한 곡선주로를 언뜻언뜻 살피느라 머리를 이리저리 흔들고 있었고 그 와중에 뒷좌석에 있는 승객들을 힐끔 힐끔 쳐다보았다. 당시 우리는 올비아에 있는 이탈리아 어학원인 스투디탈리아(Studitalia)에 다니고 있었다. 올비아는 사르디나의 북동 해변에 있는 작은 항구 도시다. 그날은 주말이었다. 그리고 주말마다 그래왔듯이 어학원은 학생들에게 사르디나의 문화와 아름다움을 만끽하는 여행을 시켜주었다. 운전사는 어학원 원장인 프란체스코 마라스였다.

앞쪽 승객석에 앉은 한 학생이 어학원이 언제 어떻게 설립되었는지 물었다.

"글쎄요"라고 말한 뒤, 프란체스코는 생각을 가다듬었다. 차는 도로의 한쪽 측면에서 다른 쪽 측면으로 방향을 틀며 다음 곡선주로로 접어들고 있었다. "3년 전인 2010년에 어학원이 문을 열었을 때는 학생이 달랑 한 명이었습니다." 전형적인 이탈리아 사람답게 그는 이야기할 때 손짓을 곁들이느라 오른팔을 이리저리 움직였고 왼팔로 느긋하게 운전대를 조종했다.

그렇게 우리는 개원 첫날 프란체스코가 어떻게 첫 번째 학생인 마드리드 출신의 마누엘라를 만나러 호텔 드 플람의 로비로 가게 되었는지 들었다. 오리엔테이션 행사가 그 호텔에서 열렸던 것인데, 행사에는 뭍에서 약 5킬로미터 거리에 있으며 위가 평평한 돌섬인 거대한 이솔라 타보라라(Isola Tavolara)에 가는 보트 여행이 포함되어 있었다.

일찌감치 도착한 프란체스코와 마누엘라는 보트 도착이 늦어지는 바람에 차를 마시러 카페로 갔다. 거기서 이탈리아어로 한 시간 동안 대화를 나누었다. 마누엘라는 자신이 스페인의 어느 곳에서 사는지, 직업과 남자친구 그리고 관심사를 이야기했다. 프란체스코는 어학원에 관해 말했다. 마누엘라가 이탈리아어를 아주 잘 구사하는지라 프란체스코는 왜 그녀가 이탈리아어를 배우러 왔는지 궁금해졌다.[06] 마침내 그가 그녀에게 어느 수준까지 이탈리아어를 배우고 싶으냐고 물었을 때, 상황이 꼬였음이 확실하게 드러났다.

"이탈리아어를 배운다고요? 제가 왜 이탈리아어를 배워야 한다고 여기시죠?" 그녀가 되물었다.

혼란이 몇 분 더 이어지다가 프란체스코는 자기 앞에 있는 마누엘라가 엉뚱한 사람이라는 사실을 알아차렸다. 호텔 로비에서 프란체스코란 이름의 사람을 만나기로 되어 있던 그 마누엘라가 아니었던 것이다!

둘이 호텔 로비로 돌아가 보니, 다른 프란체스코가 다른 마누엘라에게 일자리에 관해 묻고 있었다. 다른 마누엘라로서는 예상하지도 원하지도 않은 질문을 말이다.

이 이야기가 매우 놀라운 까닭은 무엇일까? 왜냐하면 시간과 공간이 딱 들어맞고, 구체적인 이름들이 등장하고, 진짜인 듯 보이는 다채로운 사람들이 나오기 때문이다. 수학적으로 보았을 때, 우리는 속은 것이 아니었다. 경우의 수가 많다 보면 이런 일도 생기기 마련이며, 그다지 특이한 일도 아니다.

이야기 6. 백색증 택시 운전사

유형: 넓은 시간대와 공간대에 걸쳐 사람을 우연히 만나는 경우.

이런 유형의 이야기는 우리가 일반적으로 여기는 정도보다 더 흔하다. 심심찮게 듣는 이야기이며, 많은 이들은 직접 경험하기도 한다. 개인적으로 엊그제 어떤 여성을 만났는데, 놀라운 이야기를 해주었다. 시카고에서 어느 날 그녀가 택시를 탔더니, 운전자가 백색증에 걸린 사람이었다. 사흘 후에는 마이애미에서 택시를 탔는데, 똑같은 사람이 운전사였다. "참, 그럴 확률이 얼만가요?"라고 그녀는 물었다.

정말로 놀라운 이야기인 것은 맞다. 하지만 분석을 시도해보자. 택시는 특정한 구역에서 자주 운행한다. 그 여성은 민간 투자관리 회사의 중역이어서 여러 주요 도시에서 택시를 자주 탄다. 백색증에 걸리지 않은 택시 운전사들은 딱히 서로 달라 보이지 않는다. 따라서 택시를 자주 이용하는 사람은 낯익은 운전사인지 모르고 (백색증 운전자가 아니라면) 택시를 잡을 수 있다. 그렇기는 해도 마이애미와 시카고가 2천 킬로미터 남짓 되는데도 그런 일이 벌어졌다는 것은 놀랍다고 할 수밖에 없다.

이야기 7. 자두 푸딩

유형: 익숙한 대상과 연관이 되는 경우.

다음 이야기는 뜻밖에 찾아온 손님을 알려주는 초인종 소리에 관한 내용이다. 이야기는 20세기 초반의 프랑스 천문학자인 니콜라 카미유 플라마리옹(Nicolas Camille Flammarion)이 쓴 『미지의 것(L'Inconnu)』에 나온다.[07] 이 이야기는 우선 이중 우연의 일치에 속하는 내용인데, 꽤 놀라운 그 내용 위에 새로운 놀라움의 요소가 추가되면서 삼중의 우연의 일치로 바뀐다.

플라마리옹에 의하면, 이 이야기를 한 사람은 19세기의 저명한 시인 에밀 데샹(Emile Deschamps)이다. 데샹은 어렸을 때 프랑스 오를레앙에 있는 기숙학교를 다니다가 한 영국인 이민자를 만났는데, 특이하게도 이름이 비영어권인 포트지부 씨(Monsieur de Fortgibu)였다. 똑같은 식탁에서 식사를 하던 포트지부는 어린 데샹에게 프랑스에서는 거의 알려지지 않은 음식인 자두 푸딩을 맛보라고 권했다.

이후 10년 동안 데샹은 그 음식을 다시 보지도 들어보지도 않았기에, 특이하게도 자두가 들어 있지 않았던 자두 푸딩을 맛본 사실을 잊고 지냈다. 10년 후, 데샹은 푸아소니에르(Poissonière) 거리의 한 식당을 지나가는데 메뉴에 낯선 푸딩이 소개되어 있었다. 포트지부 씨가 권한 음식이 생각났던지라 식당에 들어가 푸딩 한 조각을 시켰다. 하지만 어떤 신사가 푸딩을 통째로 이미 주문했다고 계산대 여점원이 말했다. 식당 안의 한 여성이 대령 제복 차림의 한 남자에게 고개를 돌렸다.

“포트지부 씨.” 그녀가 소리를 질렀다. “이 신사 분에게 자두 푸딩을 좀 나눠주실래요?”

데샹은 포트지부를 알아보지 못했다.

“그럼요.” 포트지부가 대답했다. “기꺼이 이 푸딩 한 조각을 신사 분에게 나눠줄 수 있지요.”

그도 데샹을 알아보지 못했던 듯하다.

그걸로 우연의 일치가 완성된 것이 아니었다. 다시 여러 해가 지났다. 데샹은 자두 푸딩을 보지도 생각하지도 않았다. 그런데 어느 날 한 여성의 집에 저녁식사 초대를 받았는데, 그녀는 특별한 음식을 내오겠다고 미리 알려주었다. 진짜 영국식 자두 푸딩이 나온다고 말이다.

“포트지부 같은 사람이 거기 올 건가 싶었어요.” 그가 농담 삼아 말했다.

그날 저녁식사 시간이 되었다. 커다란 자두 푸딩이 열 명의 손님 앞에 놓였고, 데샹은 포트지부와 자두 푸딩에 관한 우연의 일치 이야기를 했다. 데샹이 이야기를 마친 직후 그 자리의 모든 이들은 초인종 소리를 들었다. 곧이어 포트지부가 들어왔다.

여러분과 나는 이것이 전부 계획된 사건이라고 여길 테다. 데샹도 그렇게 생각했다. 아마도 집 주인이 데샹의 가벼운 농담을 듣고서 이런 작전을 짰을지 모른다. 하지만 결코 아니다! 훨씬 더 재미있는 후속 이야기가 있다.

당시 포트지부는 지팡이를 짚고 다니는 노인이었다. 포트지부 씨는 식탁 주위를 천천히 걸으며, 특별히 누군가를 찾았다. 그가 가까이 오자, 데샹이 누군지 알아차렸다. 확실히 그때 그 사람이었다.

"머리가 쭈뼛 곤두섰다." 데샹이 나중에 이 이야기를 전하면서 말했다. "모차르트의 걸작에 나오는 돈 후안이 돌 조각상 손님한테서 느꼈던 놀라움도 나만큼은 아니었을 것이다."

하지만 새로 온 손님이 찾던 이는 데샹이 아니었다. 알고 보니 포트지부도 저녁식사에 초대를 받았지만, 그 식사 자리는 '아니었다.' 주소를 잘못 알고서 엉뚱한 집의 초인종을 눌렀던 것이다.

이러한 삼중의 우연의 일치는 너무나 드물기에 평생에 이런 일이 생길 확률은 0에 한없이 가깝다. 하지만 어쨌거나 플라마리옹의 말대로라면 그런 일이 실제로 벌어졌다.[08]

"평생 나는 세 번 자두 푸딩을 먹었다." 혼란스러운 경험을 회상하며 데샹은 이렇게 적었다. "그리고 세 번 모두 포트지부 씨를 만났다! 네 번째에는 뭐든 감당해낼 듯싶었다. … 또 어쩌면 전혀 감당해내지 못할 것도 같았다!"

자신의 이름이 달 분화구, 화성 분화구 및 소행성에 붙어 있는 저명한 천문학자 플라마리옹은 또한 우연의 일치 사건 수집가이기도 했다. 수집가라고 소문이 자자했기에 많은 사람들이 저마다의 사연들을 플라마리옹에게 보냈다. 수집한 이야기가 수백 가지였다. 그중 일부는 매우 놀라운 사연들이다! 세계 각지에서 익명으로 이야기를 보내왔기에, 신빙성이 있다고 보기엔 매우 어렵다. 하지만 일부 이야기는 여러 증인이 있고, 또 어떤 이야기는 자신이 보증하는 진실성이 있으며, 나머지는 "믿을 만한 요소들을 전부" 갖추었다고 그는 말했다.

이야기 8. 바람에 날려간 원고

유형: 자연 현상과 관련된 원인으로 발생한 우연의 일치의 경우.

가장 두드러진 사례로 플라마리옹의 개인적인 경험담을 들 수 있다. 그중 재미있는 이야기를 들어보면, 어떤 마법과도 같은 힘—아마도 우연—또는 자연의 힘과 비슷한 미지의 힘이 우리를 둘러싸고 있다는 느낌이 들 수밖에 없다.

플라마리옹은 대기에 관한 팔백 쪽짜리 논문을 쓰고 있었다.[09] 필생의 업적이 될 작업이었다. 19세기 말에 그 논문은 자세한 내용과 읽기 쉬운 가독성 두 측면에서 큰 인기를 끌었다. 4부의 3장, 즉 바람에 관한 장을 쓰느라고 여념이 없을 시점에 아주 희한한 일이 벌어졌다. 그날은 구름이 낀 한여름 낮이었다. 그는 서재에 있었다. 서재에는 몇 그루 밤나무와 옵세르바투아르 거리(avenue de l'Observatoire)를 내다보며 동쪽으로 난 창이 있었는데, 그 창이 열려 있었다. 남동쪽으로 난 또 하나의 창으로는 파리 천문대의 멋진 광경이 들어왔고, 남쪽을 면한 세 번째 창으로는 카시니 거리(rue Cassini)가 내다보였다. 플라마리옹은 막 다음 문장을 썼다. "우리가 속한 기후의 바람은 너무나 변덕스럽게 바뀌는지라, 우리는 바람이 따르는 규칙이 무얼까 궁금해진다."[10] 그때 갑자기 남서쪽에서 돌풍이 천문대를 내다보는 창을 열어젖혔다. 그 바람에 플라마리옹의 책상에 있던 원고 일부—한 장(chapter) 통째로—가 천문대 쪽으로 날아가 거리에 흩어졌다. 설상가상으로 한바탕 빗줄기가 쏟아져 내렸다. 그날의 첫 번째 우연의 일치였다.

플라마리옹 생각에, 사라진 페이지를 찾아 나서봤자 헛수고일 듯했다. 그는 이렇게 썼다. "내 원고를 찾아 나섰다간 시간 낭비만 하게 될 것 같았다. 안타깝지만 원고는 영영 잃어버리고 말았다."[11] 하지만 정말로 놀라운 일은 얼마 후에 벌어졌다. 며칠이 지나서 그의 집에서 1.6킬로미터 떨어진 아셰트 출판사에서 짐꾼이 한 명 왔다. 플라마리옹의 책들을 출간해주던 그 출판사에서 짐꾼을 통해 사라진 원고를 보내왔던 것이다.

이야기 9. 에이브러햄 링컨의 꿈

유형: 꿈속의 일이 현실이 되는 경우.

에이브러햄 링컨은 암살당하기 얼마 전 저녁식사 자리에서 아내 매리 토드에게 예언과도 같은 꿈 이야기를 했다.[12]

"10년 전 어느 날 아주 늦게 퇴근했었소. 그날 내내 전선에서 중요한 소식이 오길 기다렸다오. 피곤했던 터라 침대에 누운 지 얼마 되지 않아 잠이 들었소. 곧 꿈을 꾸기 시작했는데 …."

이후 링컨은 꿈속에서 자신이 침대에서 일어나 아래층으로 내려갔다고 했다. 실제로 그랬는지도 몰랐다.[13] 아래층—아마도 백악관의 아래층—에 내려갔더니, 한 무리의 사람들이 흐느끼는 소리가 들려왔다. 방을 전부 찾아보았고 모든 방에 불이 켜져 있었지만 우는 사람은 보이지 않았다. 하지만 우는 소리는 사방에 가득했다. 마치 방마다 보이지 않는 사람이 울고 있는 듯했다. 소름끼치는 꿈이었지만 링컨은 일단 무슨 상황인지가 궁금했다. 이스트룸(East Room)에 갔더니 수의를 입은 시체 하나가 관 속에 누워 있었고, 여러 병사들이 주위에서 보초를 서고 있었다. 조문객들이 사방에 가득 서서 흐느끼고 있었다. 시체의 얼굴은 가려져 있었다.

"백악관에서 누가 죽었는가?" 링컨이 한 병사에게 물었다.

"대통령입니다." 병사가 대답했다.

"암살을 당해 죽었습니다!"

그러자 모인 사람들이 너무나 큰 소리로 울기 시작하는 바람에 링컨은 꿈에서 깨어났다. 그 후로 밤새 잠들지 못했고 이후로도 그 꿈에 자꾸만 시달렸다고 한다.

"끔찍해요." 매리가 말했다. "그런 말씀을 왜 굳이 하셔 갖고. 다행히 저는 꿈을 믿지 않아요. 그런 꿈을 믿었다간 무서워서 견딜 수가 없겠어요."

"음," 링컨이 침울한 표정을 하고서 무뚝뚝한 목소리로 말했다. "여보, 꿈일 뿐이오. 더 이상 입 밖에 내지 맙시다. 아니, 아예 잊어버립시다."

이전에도 링컨은 거의 매번 전투가 있기 직전에 암시적인 꿈을 꾸었다. 북군의 승리를 암시하는 꿈도 여러 번 꾸었다. 앤티텀 운하 전투 전날 밤에도 그랬고, 게티즈버그 전투 며칠 전에도 그랬다. 섬터 전투, 불런 전투, 빅스버그 전투 및 윌밍턴 전투 이전에도 그와 같은 징조가 있었다. 게다가 링컨이 포드 극장에서 저격당하기 전날 밤인 1865년 4월 13일에도 그런 징조가 있었다. 그날 밤 꿈은 아주 생생했다. 4월 14일 당일 그랜트 장군은 자신이 존스턴 장군의 항복을 기다리고 있다고 각료들에게 알렸다. 그러자 링컨은 확신에 찬 목소리로 말했다.

"곧 항복 소식이 올 것이오. 아주 중요한 소식이 되겠지요."

그랜트 장군이 어떻게 아시느냐고 묻자 링컨은 대답했다.

"어젯밤에 꿈을 꾸었소. 이 전쟁이 시작된 후로 국가에 중요한 사건이 있을 때마다 그전에 똑같은 꿈을 꾸오. 그 꿈이 바로 곧 벌어질 중요한 사건의 전조요."

링컨이 말한 꿈 이야기는 전부 앞날을 예견한 내용이 맞는 듯하다. 존스턴은 실제로 4월 26일 셔먼 장군에게 항복했다. 마침내 전쟁은 끝났다. 하지만 그 꿈을 늘 꾸어왔던 사람은 더 이상 살아 있지 않았다. 링컨의 마지막 각료 회의에 참석했던 해군장관 기드온 웰레스(Gideon Welles)는 링컨 암살 사흘 후, 자신의 일기에 이렇게 적었다.[14]

> 대단한 일이 정말로 뒤따라 일어났는데, 뭐냐면 참으로 위대할 뿐 아니라 훌륭하고 신사적인 사람이 자기 꿈 이야기를 하고 몇 시간 만에 세상의 소임을 영원히 끝냈으니 말이다.

링컨의 마지막 각료 회의는 성금요일(Good Friday)인 4월 14일 오전 11시 정각에 열렸다. 국무차관 프레더릭 시워드(Frederick Seward)도 회의에 참가했다. 그는 회의에 관한 내용을 〈레슬리스 위클리(Leslie's Weekly)〉에 기고했다. 그 신문은 목판화와 은판사진으로 유명한 매체였다.

> 대화 주제로 잠이 나오자, 링컨 대통령은 전날 밤의 특이한 꿈이 이전

에도 여러 번 나왔던 꿈이라고 했다. 모호한 느낌으로 둥둥 떠다니는 꿈이라는데, 멀리 어디 광활한 곳에서 미지의 땅을 향해 둥둥 떠다닌다고 했다. 꿈 자체는 그다지 특이한 게 없지만, 정작 그런 꿈을 꿀 때마다 우연의 일치인지 중요한 사건이나 재앙이 뒤따른다고 했다.

듣는 이들이 저마다 뻔한 소리들을 내뱉었다. 누구는 단지 우연의 일치일 뿐이라고 여겼다. 또 누구는 웃으며 이렇게 말했다. "어쨌든 이미 전쟁이 끝난 마당이니, 지금으로선 꿈이 승리나 패배를 알리는 것일 리가 없습니다."

세 번째 사람은 이렇게 제안했다. "아마도 그런 시기마다 큰 변화나 재앙이 벌어질 가능성이 있었고, 앞날이 불확실하다고 느끼다보니 그런 침울한 꿈을 꾸었을지 모릅니다."

"아마도," 링컨이 깊은 생각에 잠겨 말했다. "아마도 그게 이유였던 것 같소."[15]

이야기 10. 조앤 긴더

유형: 좋기도 하고 나쁘기도 한 도박 운.

한 복권에 네 번 당첨된 행운의 여성 이야기를 들어보자.

1993년 7월 14일 조앤 긴더(Joan Ginther)는 텍사스 주의 비숍에 있는 스톱 N 가게에 가서 로또 텍사스 즉석복권 몇 장을 사서 540만 달러에 당첨되었다. 이 소식은 지역 뉴스거리가 되었다.

바로 그 여인이 몇 년 후 어떤 소형 마트에 들어가서 또 홀리데이 밀리언에어 즉석복권 몇 장을 사서 2백만 달러에 당첨되었다. 이번에는 텍사스 주의 뉴스거리가 되었다.

2년이 지났다. 또 그녀는 비숍에 있는 77번 국도의 타임스 마켓에서 밀리언스 앤 밀리언스 즉석복권 몇 장을 샀는데, 또 당첨되었다! 다시 3백만 달러를 벌었다. 이번에는 미전역의 뉴스거리가 되었다.

또 2년이 지났다. 똑같은 타임스 마켓에 가서 50달러어치의 익스트림 페이아웃 즉석복권을 사서, 1천만 달러에 당첨되었다. 이제 국제적인 뉴스거리가 되었다. "복권에 네 번 당첨된 행운의 인물은?"이라며 일주일 후 ABC 월드 뉴스의 존 웨턴홀(John Wetenhall)이 전 국민에게 묻기까지 했다.

한 특정 인물에게 그런 일이 벌어질 가능성은 18×10^{24}의 1로 무진장 낮아서, 1000조 년에 딱 한 번 일어날 확률이다.

어떤 사람들의 생각에 의하면, 스탠퍼드 대학 출신의 은퇴한 수학 박사인 조앤 긴더가 어떤 식으로든 꼼수를 써서 복권 당첨 알고리즘을 해독했을지 모른다고 한다. 이 정보를 통해, 당첨되는 즉석복권이 어디로 운송되는지 미리 알아냈다는 것이다. 또 어떤 이들은 그녀가 진열된 숫자들로부터 어떤 카드가 당첨 카드인지에 관한 단서를 얻어냈기 때문이라고 여겼다. 하지만 3,300명의 거주자가 사는 작은 농촌 타운인 비숍의 많은 사람들은 "조앤이 하나님한테서 받은 은혜"라고 믿는다.

이와 같은 다중 당첨은 드물긴 하지만, 드문 사건도 그저 우연히 일어난다는 사실을 아는 통계학자한테는 놀랍지 않다. 복권에 네 번 당첨되기는 한 사람한테 일어나기에는 드문 일이지만, 많은 인구를 감안하면 어느 정도 흔하다. 사실, 긴더와 같은 당첨 사례는 거의 3억 2천만 명의 인구를 지닌 미국에서는 일어날 확률이 상당히 높다. 이런 당첨 사례가 놀라운 까닭은 한 특정인물인 조앤 긴더한테 일어났다는 관점에서 보기 때문이다.

미국에만 스물여섯 가지의 합법적인 주요 복권들이 있고, 자주 사는 사람들의 복권 판매액이 7백억 달러를 넘는 상황을 고려할 때, 한 사람의 네 번 당첨은 생길 수밖에 없는 일일 뿐만 아니라 긴 세월 동안 꽤 자주 생겨야 할 일이었다.[16]

3장

우리는 왜 우연에 의미를 부여할까?

단지 시간과 장소가 우연히 일치했다는 이유만으로는 생길 수 없는 일치 현상이 존재한다. 이러한 '우연의 일치' 사건들은 매우 유의미하게 연결되어 있기에, 발생하기 무척 어렵다고 볼 수 있다.

지금 우리는 원인을 묻다가 의미를 문제 삼고 있다. 원인과 의미는 엄연히 다르다. 사건의 원인은 그 사건이 일어나게 되는 일차적인 이유다. 원인에는 알아낼 수 없는 것도 있고, 너무 심오해서 파악할 수 없는 것도 있고, 너무 모호해서 이해할 수 없는 것도 있다.

하나의 원인이 여러 겹의 연관관계를 품고 있을 수 있다. 나무는 밑동을 베면 쓰러진다. 어떤 측면에서 보면 절단이 쓰러짐의 원인이라고 할 수 있다. 다른 측면에서 보면 절단 이후 나무가 균형을 잡지 못하는 것이 원인이라고 할 수 있다. 또 심지어는 나무의 줄기가 심하게 썩어서 설령 절단하지 않았더라도 쓰러졌을 수 있다. 하지만 의미는 다르다.

다음과 같은 점을 살펴보자. 당신이 이 문장을 읽고 있을 때, 당신이 있는 방 안을 태양이 비추고 있다. 그런가? 일부 독자들의 경우 내 말이 옳을 것이다. 일부 사람들은 햇살이 좋은 아침에, 어쩌면 일요일 아침에 이 책을 읽고 있다고 우리는 타당하게 추측할 수 있다. 만약 내가 '당신이 청소가 필요한 세 개의 창이 있는 방 안의 카우치에 앉아서 일요일 아침에 이 문장을 읽고 있을 때'라고 썼다면, 많은 수의 독자들은 아마도 배제되었을 것이다. 예를 들어 뉴욕 브루클린의 플랫부시 거리(Flatbush Avenue)로 향하는 지하철 2호선을 타고 집으로 퇴근하면서 읽고 있는 독자들은 내가 당신을 가리키고 있지 않음을 알 것이다. 하지만 나는 그냥 우연히 위의 문장처럼 썼을 뿐이다.

만약 정말로 일요일 아침이고 여러분이 더러운 유리창이 세 개 달린 방 안의 카우치에 앉아 있다면, 위의 문장을 어떤 희한한 우연의 일치로 여길지 모른다. 심지어 당신이 그런 조건에 맞는 유일한 독자라고 여길지 모른다. 하지만 나는 꽤 많은 사람들이 카우치에서 그리고 일요일 아침에 이 책을 읽는다고 가정함으로써 어떤 일이 벌어지도록 만들었을 뿐이다.

나는 독자의 이름을 특정하지 않았다. 이렇게 썼을 수도 있다. '래리 스미스 씨, 당신이 이 문장을 읽고 있을 때, 당신이 있는 방 안을 태양이 비추고 있다.' 어떤 래리 스미스가 햇빛 좋은 날에 이 문단을 읽고 있을 가능성은 매우 낮기는 하지만, 결코 0은 아니다.

하지만 우연의 진정한 의미는 그런 것이 아니다. 어떤 원인이든 그것은 일치가 이루어질 만큼 (내 희망사항이긴 하지만) 상당수의 독자가 존재한다는 나의 짐작과 맞물린 것일 테다. 그렇다면 정말로 우연의 일치라고 할 수 있을까? 아니다! 그런 원인은 너무 뻔하고 의미도 하찮다. 가능성을 높이려고 문장을 의도적으로 적었기 때문이다. 사실상 나는 가장 그럴 듯한 상황에 있는 독자의 이미지를 택해서 그런 일이 벌어지도록 꾸몄다. 나는 흔한 독서 장소와 더불어 큰 도시를 골랐다. 원인은 바로 나였다.

물론 내가 꾸며낸 우연의 일치도 다른 여느 우연한 사건과 마찬가지로 어느 정도 의미가 있기는 하지만, 진지한 의미는 없다. 마음을 감동시키고, 근육을 수축시킬 정도로 기분을 휘젓거나 몸을 오싹하게 하고, 뇌의 혈관을 수축시키거나 팽창시킬 정도로 감정을 뒤흔드는 의미는 결코 없다. 우연의 일치가 중요한 의미를 가지려면, 감정 상태를 건드릴 수 있어야 한다. 가령 한 개인의 지난 경험 속에 깃든 어떤 원형적 감정 상태를 자극할 수 있어야 한다.

우리의 집합적인 지식과 경험이 우리로 하여금 어떤 기대를 갖게 하며, 이런 기대로 인해 우리는 놀람의 반응을 나타낸다. 모든 우연의 일치는 이와 같은 중요한 특징을 지닌다. 나 자신에게 벌어진 우연의 일치—아무리 진실일지라도—는 다른 이들의 원형적 감정 상태와 공명을 일으키지는 못할 것이다. 이처럼 억지로 꾸민 일은 좁은 범위의 발생하기 어려운 사건을 겪은 매우 소수의 독자들에게 먹힐 뿐이다.

우연의 일치의 진정한 의미는 이야기 내용 속의 형식적인 뜻이 아니다. 모든 이야기는 저마다 언어학적 의미가 있지만, 어떤 이야기들은 특히 암시적인 의미를 품고 있다. 그런데 어떤 우연의 일치가 의미가 있으려면, 이야기가 누군가의 기억 속 깊은 경험을 일깨우는 무의식적인 작용을 일으켜야 할 것이다.

다음 이야기는 명확한 원인이 없지만 의미 있는 우연의 일치의 사례다. 참, 명확한 원인이 아예 없는 건 아닐 수도 있는데, 그건 독자의 판단에 맡기겠다.

2006년 10월 19일 밤에 구순인 장모님께서 운명을 달리하셨다. 일주일 전, 장모님이 자신도 고인이 된 남편을 따라갈 준비가 되었다고 알리자 아내는 이렇게 말했다.

"엄마, 신호를 보내줘."

10월 20일에 폭우가 내린 후 아주 뚜렷하고 선명한 쌍무지개가 나타나더니, 잠시 후 두 무지개가 차츰 합쳐져 하나가 되었다. 우연의 일치일까? 아내가 그와 같은 사건이 일어나는지 보려고 특정 시간에 창밖을 내다보지 않았다면 벌어질 수 없는 일이다. 무지개는 오래 떠 있지 않으며, 선명한 상태를 유지하는 시간은 매우 짧다. 원인은 명확했을까? 음, 그렇다고 볼 수 있다. 과학적으로 말해서, 무지개는 대기 속의 미세한 물방울들이 햇빛을 산란시키기 때문에 생긴다. 하지만 과학적 설명은 무지개가 떴을 때 그걸 발견한 타이밍의 원인은 아니다. 쌍무지개는 장모님이 약속한 신호였을지도 모른다. 그렇다면 무지개의 발생과 아내의 관찰이 일치한 까닭은 무엇이었을까? 뭐가 되었든 명확한 이유는 아니다. 적어도 우리가 서문에서 정의한 '명확하지 않은' 이유의 관점에서 보자면 말이다.

위의 이야기는 명확한 이유는 없지만 확실한 의미가 있는 사례이다. 우리 가슴을 저미게 했지만, 분명 우리에게 감동을 주었으니까. 몇 분 동안 무지개와 그것의 원형적인 연관성이 우연의 일치 사건에 의미를 부여했다.

2장의 10가지 대표적인 우연의 일치를 되돌아보면, 전부 의미가 있긴 하지만 특히 두어 가지는 의미가 두드러진다.

이야기 7 '자두 푸딩'은 낯선 물체와의 연관성을 부각시키는 이야기 유형이다. 그 이야기의 의미는 시간의 흐름 속에서 드러나는데, 아주 오래전의 우연한 만남이 무의식의 밑바탕에 남아 있다가 나중에 의미 있는 사건을 낳게 되었다. 자두 푸딩 이야기는 매개체와 연상에 관한 이야기, 반쯤 잊힌 사람과의 만남 그리고 기억에 관한 이야기, 기억의 깨어남 그리고 지난 사건들이 무의식에 남긴 의미에 관한 이야기이다.

이야기 9 '에이브러햄 링컨의 꿈'은 예지몽의 유형을 대표한다. 자신이 암살당한다는 링컨의 꿈은 번번이 의식되었던 경고들이 모여 이루어진 무의식적인 전조 신호였다. 그것은 잠재적인 사건의 징조로서, 전시의 결정에 동의하지 않았던 누군가가 과격한 행동을 할 가능성을 내다본 조짐이었다. 대통령이라면 누구든 암살을 걱정하기 마련이다. 링컨의 걱정이 꿈의 원인이 되었을지 모르는데, 그건 나름의 의미가 있다. 왜냐하면 지도자도 으레 그런 걱정을 한다는 사실을 대중들이 알게 해주기 때문이다.

또한 이야기 8 '바람에 날려간 원고'도 중요한 의미가 있다고 볼 수 있다. 이 사건의 원래 이유, 즉 대기에 관한 원고 내용과 원고를 날려 보낸 바람과의 관련성을 살펴보자. 그 이유가 없었다면 이 이야기는 생기지 않았을 것이다. 하지만 이 이야기의 흥미로운 점은 그 내용이 원고가 사라지게 된 원인과 관련이 있다는 점보다는 원고를 다시 찾았다는 데 있다.

◎

아서 쾨슬러(Arthur Koestler)의 『산파 두꺼비의 사례(The Case of the Midwife Toad)』라는 책에서 우리는 또 한 명의 우연의 일치 수집가를 만나게 된다. 바로 오스트리아의 생물학자인 파울 캄머러(Paul Kammerer)이다.[01] 캄머러는 물리적 인과성의 알려진 법칙과는 별도로 작동하는 부수적인 자연법칙이 존재한다고 주장했다. 캄머러는 이를 연속성의 법칙(laws of seriality)이라고 불렀다. 그는 미지의 힘이 파동의 형태로 시간과 공간 속을 떠돌고 있는데, 이 파동의 정점들이 우리로 하여금 우연의 일치—유의미한 것이든 무의미한 것이든 간에—를 알아차리게 해준다고 주장했다.

캄머러의 인생은 비극적이었다. 1926년 9월 자살하기 직전에 이 저명한 과학자는 실험을 조작했다는 비난을 받았다. 이 불명예스러운 이야기에는 그의 실험이 의도적으로 방해를 받았거나 입에 담기 힘든 조롱이 가해졌다는 온갖 암시들이 가득하다. 그런 비난에 부합하는 증거도 있고 반박하는 증거도 있다. 하지만 우리에게 중요한 점은 캄머러의 연속성 개념이다. 그는 이렇게 썼다. "연속성은 생명, 자연 그리고 우주에 편재해 있다. 사고, 감정, 과학 및 예술을 그 모태인 우주의 자궁과 잇는 탯줄이다. … 그리하여 우리는 세계 모자이크 내지 우주 만화경의 이미지에 이르는데, 그것은 끊임없는 뒤섞임과 재배열에도 불구하고 비슷한 것들을 함께 모은다."[02]

캄머러의 책 『연속성의 법칙(Das Gesetz der Serie)』[03]은 거친 개념을 다루긴 했지만, 적어도 쾨슬러에 따르면 카를 융, 볼프강 파울리 및 알

베르트 아인슈타인한테 주목을 받았다. '과학을 어느 정도 아는 21세기 현대 독자의 시각에서 보면' 이상한 책이다. 그는 정확히 시간과 공간상에서의 일치 사건 백 가지를 통해서 우연의 일치가 집단적이고 연속적으로 일어난다는 이론을 펼친다. 독특한 발상이긴 하지만, 언뜻 보기보단 심하게 괴상하지는 않으며 더불어 이와 같은 사고방식의 장점마저도 존재한다.

책을 보면 캄머러가 소개한 우연의 일치들은 범주별로 구분되어 있다. 범주 유형은 거의 같은 시공간에서 발생한 사건, 숫자의 일치, 무관한 사람들의 이름 일치, 지인끼리의 우연한 만남, 현실의 경험과 연결되는 꿈, 동시에 말하는 단어들의 유사성 등이다.

캄머러는 확실한 이유 없이 동시에 발생하는 동일 내지 유사 사건들을 범주에 따라 수집하여, 어떤 수학적 내지 과학적 이론을 세우려고 했다. 또한 이론을 뒷받침할 실증적 증거를 모았는데, 시간과 공간의 이면에서 작동할지 모르는 어떤 미지의 법칙이나 원리를 파악하기 위해서였다. 이와 같은 법칙이나 원리가 우연의 일치 사건들의 '연속성'—빈도와 발생 규모—을 설명해줄 수 있으리라 여겼기 때문이다.

소문에 의하면 캄머러는 오스트리아 빈의 공원 여러 군데에서 벤치에 앉아 우연의 일치라고 범주화할 수 있는 공원 내의 사건들을 기록했다고 한다. 가령, 두 사람이 똑같은 서류가방을 들고 다닌다든지, 똑같은 모자를 쓰고 있다든지, 뜻밖에 서로 만나는 사례 등을 기록했다. 사소한 일들이었다. 이런 사례들 외에도 공원에 있는 사람들의 수를 시간을 달리하며 기록했으며, 아울러 여자가 몇 명인지, 서류가방을 들고 다니는 사람이 몇 명인지, 우산을 들고 다니는 사람이 몇 명인지 등도 기록했다. 간단히 말해, 데이터를 수집했던 것이다. 그러고 나서 데이터를 체계적으로 조사하여 다음과 같은 결론을 도출했다. 우연의 일치는 우리 주위에 만연하지만 우리가 기대하지 않기 때문에 그런 사건들을 대체로 무시한다고 말이다. 우리는 주목할 때에만 우연의 일치 사건을 알아본다. 게다가 우리는 대체로 사람들 사이에 회자되거나 중요한 의미가 있다고 여길 때에만 우연의 일치 사건에 주목한다.

여기서 크리스토퍼 차브리스(Christopher Chabris)와 대니얼 사이먼(Daniel Simon)의 유명한 '보이지 않는 고릴라' 실험이 떠오른다. 이 실험에서 밝혀진 바에 의하면, 우리가 어떤 일에 몰두해 있을 때는 미리 예상하지 못한 물체를 인식하지 못한다. 실험 참가자들한테 1분간의 농구 경기 영상을 보라고 시켰다. 한 팀의 선수들은 검정 셔츠를, 다른 팀의 선수들은 흰 셔츠를 입고 있었다. 참가자들은 검정 셔츠 선수들이 하는 패스는 무시하고 흰 셔츠 선수들이 하는 패스의 개수를 마음속으로 세라는 지시를 받았다. 영상 중간쯤에 전신 고릴라 의상을 입은 여학생이 경기장을 가로질러 걷다가 카메라 바로 앞에 서서 손으로 자기 가슴을 친 다음 지나갔다. 영상을 다 본 후 참가자들한테 경기장에 이상한 무언가가 들어온 걸 봤느냐고 물었다. 참가자들 중 절반은 고릴라를 보지 못했다! 고릴라가 경기장 한가운데를 곧장 지나갔는데도! 고릴라는 참가자들에게 제시된 과제와는 무관했다. 따라서 주목을 받지 못했기에 고릴라는 보이지 않았던 것이다.

캄머러의 관점과 얼마간 일치하는 사례다. 만약 우리가 우연의 일치를 의식적으로 찾는다면, 도처에서 눈에 띌 것이다. 사건의 가짓수가 많고 시간이 충분히 주어진다면 확률이 매우 낮은 아주 놀라운 일일지라

도 생기게 마련이라는 우리의 주장 때문이 아니더라도 말이다.[04]

나는 흥미진진한 이야기를 좋아하기에 놀라운 사건의 경이로움에 초를 치고 싶지는 않다. 하지만 또한 수학자인지라 직업적 의무감에서 진실을 말해야만 한다. 회의론자는 늘 의심하기 마련이지만, 어쨌거나 흥미진진하고 놀라운 이야기는 여전히 회자된다.

노먼 메일러(Norman Mailer)의 소설 『바르바리 강변(Barbary Shore)』과 관련된 이야기를 살펴보자. 여섯 명의 등장인물이 나오는 이 초현실적인 정치풍자 소설에서 각각의 등장인물은 당시 미국인의 정치적 관점을 대변하는데, 모두 브루클린의 한 하숙집에 살고 있다. 주인공은 마르크스주의자 겸 스탈린주의자인 미국인 마이클 로벳이다. 책은 매카시즘이 시작될 무렵인 1951년에 나왔다. 한 CIA 요원이 책을 읽고 루돌프 이바노비치 아벨을 체포했다. 메일러의 바로 위층 아파트에 살던 러시아 스파이였다. 메일러는 소설 속 등장인물이 실제로 바로 윗집에 살고 있는 줄은 꿈에도 몰랐다. 이런 유형의 이야기는 그냥 우연일 뿐이라고 아무리 밝혀지더라도 늘 소문을 탄다. 왜냐하면 나름의 의미가 있기 때문인데, 위의 경우에는 낯선 이웃들 속에서 살아가는 도시인의 무의식적인 두려움을 드러내주기 때문이다.

미국 작가 톰 비셀(Tom Bissel)의 책 『마법의 시간(Magic Hours)』에 보면, 『모비딕』은 1851년 처음 출간되었을 때 실패작이었다고 한다. 위대한 미국 소설로 인정받으며 대단한 성공을 거둔 때는 1916년 이후였다. 바로 그 해에 권위 있는 도서 평론가 칼 밴 도런(Carl Van Doren)이 헌책방에서 당시 절판된 상태였던 낡은 『모비딕』 한 권을 우연히 입수했다. 도런은 다음과 같이 그 작품을 극찬하는 평론을 썼다. "세계의 모든 문학작품 가운데서 가장 위대한 해양소설 가운데 하나."

좀 더 최근 사례로 미샤 벌린스키(Mischa Berlinski)의 소설 『야외작업(Fieldwork)』에 관한 이야기가 있다. 출간된 지 5년 동안 전혀 주목받지 못하다가, 스티븐 킹이 우연히 어느 헌책방에서 읽고 나서 《엔터테인먼트 위클리(Entertainment Weekly)》에 극찬하는 평론을 쓰는 바람에 유명해졌다. 덕분에 판매량이 미미하던 소설은 급기야 〈뉴욕 타임스〉 베스트셀러 목록에 올랐다. 한 서점의 책장에 꽂혀 있던 책이 마침 그곳에 들어온 스티븐 킹과 우연히 만난 결과였다. 그런 이야기들은 희망하던 일의 성공이라는 의미로 우리에게 다가온다.

동시성

20세기 초반에 카를 융은 사건들의 특이한 동시 발생을 둘러싼 마법과 미신을 설명할 하나의 모형으로서 동시성의 개념을 도입했다. 그는 연결되어 있는 듯 보이는 뜻밖의 인상적인 사건들 때문에 우연의 일치가 일어난다고 여기지 않았다. 대신에 우연의 일치를 의미 측면에서 서로 연결되어 있지만 인과적으로는 연결되어 있지 않은 사건들의 집합이라고 보았다. 융은 동시적 사건에 관한 책을 써서, 인생은 무작위적인 사건들이 우연히 벌어지는 무대가 아니라 집단무의식과 연결된 심리 현상들의 내재적 질서가 발현되는 무대라고 주장했다. 달리 말하면 융이 주장한 동시성은 시간과 공간의 일치와 더불어 우연과는 다른 무언가가 작용하는 마음의 일치이다.

예를 들면, 어떤 사람이 어느 날 극장표를 샀는데, 입장권 상의 숫자가 그날 산 버스표 상의 숫자와 똑같다는 사실을 알아차렸다. 그럴 경우 우연의 일치는 두 숫자가 똑같음을 알아차렸다는 데 있다는 것이다. 그 사람은 먼저 '우연히' 그 숫자를 알아보고서 버스표 상의 숫자를 기억해냈는데, 이런 일 자체가 벌써 특이하다. 무엇 때문에 그는 숫자를 알아차렸을까? 융의 설명에 의하면, 일종의 "다가올 연쇄적 사건들에 관한 사전지식"[05]이 있었을지 모른다고 한다.

이와 같은 사례들은 온갖 형태로 자주 발생하지만, 처음에 잠시 놀라움을 준 다음 금세 잊힌다고 융은 말한다. 아울러 융에 따르면, 우리가 중대한 사건을 알아차리는 순간에 일종의 고양된 원형적 심리 현상이 벌어진다고 한다. 어떤 특별한 연관성이 그런 현상을 우주의 원형과 더욱 가깝게 이어줌으로써 의식과 무의식이 더욱 긴밀하게 상호작용하게 된다는 것이다. 우연의 일치에 깃든 경이로운 점은 사전지식(무의식)과 인식(의식) 간의 연결성에 있다는 융의 통찰에 나도 동의한다.

한편 놀랍게도 융과 볼프강 파울리는 (융의 '원인 없는 질서' 이론에 관한) 편지들을 주고받았다.[06] 파울리는 물리학자였다. 물리학자가 보기에 사건은 대체로 원인이 있는 법이다. 내가 '대체로'라고 말하는 까닭은 상대성이론 및 양자론의 물리학에서는 원인이 전혀 없는 듯 보이는 기이한 연관성이 제시되기도 하기 때문이다. 가령, 원자 규모의 작은 입자들은 원인과 결과의 자연법칙들에 의해 지배되는 거시 물체처럼 행동하지 않는다. 극히 작은 입자들의 행동(이와 같은 입자들이 하는 짓을 '행동'이라고 부를 수 있다면)은 통계적 진리와 예측을 통해서만 드러나지, 원인과 결과 사이의 굳건한 연관성을 통해서 드러나지 않는다.

융이 소개한 사례, 즉 어떤 사람이 극장에 가려고 산 버스표의 숫자와 극장표의 숫자가 일치하는 사례에서는 특별한 원인이 없을 듯한 두 사건이 분명 짝지어져 있다. 정말이지 우리의 일상은 그와 같은 일치 사례들로 가득하다. 다만 우리가 알아차리지 못할 뿐이다. 하지만 가끔씩 우리는 그와 같은 일치에 민감해질 때가 있다. 융은 '물고기(fish)'라는 단어와 개념의 일치에 관한 다음 사례를 소개한다.

> 1949년 4월 1일 나는 오늘이 금요일이라는 걸 알아차렸다. 우리는 점심으로 물고기를 먹었는데, 누군가가 하필 어떤 사람을 '사월의 물고기'[만우절 바보]로 만드는 관습을 이야기했다. 그날 아침 나는 이런 라틴어 문구를 보았다. "Est homo totus medius piscis ab imo(그것은 가운데 전체는 인간이고 그 아래는 물고기다.)" 오후에는 여러 달째 만난 적이 없던 예전의 환자가 찾아와서 아주 인상적인 물고기 그림을 보여주었다. 그동안 자기가 그린 그림이라고 했다. 저녁에는 자수 한 조각을 보았는데, 거기에 물고기 모양의 바다괴물이 수 놓여 있었다. 4월 2일 아침에는 몇 년째 본 적이 없던 또 한 명의 환자가 자신의 꿈 이야기를 들려주었다. 그녀가 호숫가에 서 있는데 큰 물고기가 자기한테로 곧장 헤엄쳐 오더니 자기 발에 닿았다는 꿈 내용이었다. 그 무렵 나는 역사 속의 물고기 상징을 한창 연구하던 중이었다. 위에서 언급한 사람들 가운데서 나의 그런 사정을 아는 이는 단 한 명뿐이었다.[07]

융의 주장에 의하면, 물고기 사건이 줄줄이 이어져서 무척이나 인상적이었다고 했다. 왜냐하면 똑같은 날에 그 모든 물고기 사건들이 연속적으로 일어나기란 매우 어렵기 때문이다. 융은 이를 '의미 있는' 우연의 일치라고 여겼는데, 이와 같은 '비인과적' 연결을 매우 자연스러운 현상이라고 보았던 듯하다.

물론 기억해야 할 점이 있다. 뭐냐면, 융의 시절에 세상의 많은 이들은 꽤 흔하게 금요일을 물고기와 연관시켰다. 특히 금요일에 온혈동물의 살을 먹는 것이 허용되지 않았던 가톨릭교도들이 더욱 그랬는데, 아마도 예수가 금요일에 죽었기 때문인 듯하다. 그리고 지금은 4월 1일이 만우절(April Fool's day)이지만 당시에는 사월 물고기(April Fish)의 날로 불렸기에, 융은 그날 물고기 생각을 했을 것이다. 게다가 융은 4월 1일의 물고기 연쇄 사건이 있기 여러 달 전부터 물고기의 원형적 상징에 관해 연구해오고 있었다고 직접 밝혔다. 이런 사정이 물고기와 관련된 개념이 떠오를 때마다 융이 물고기에 관해 주목하게 된 원인이 되었을 것이다. 따라서 융이 경험한 잇단 물고기 관련 사건은 일반적인 인과관계에 따른 것일지 모른다. 한편 그런 사건들은 융이 명명한 이른바 '유의미한 상호연관성'에 의해 관련된 것일지도 모른다.

융은 시공간의 이론과 비슷한 마음의 이론, 인과적 질서가 필요치 않는 이론, 두 사건을 이어주는 요소가 우연이라는 이론을 세워나가기 시작했다. 아인슈타인이 공간에다 시간을 추가하여 상대성에 관한 훨씬 더 심오한 개념을 내놓았듯이 융은 비인과적 연결을 추가함으로써 인과성을 완성시키자고 제안했다.[08] 융에 따르면 어떤 패턴들은 "원인 없는 질서"의 형태로 비역학적으로 연결되어 있는데 … 이와 같은 질서의 패턴들은 의미를 지니며 마음과 물질 둘 다에서 활동하고 있다.[09]

융에게 그것은 일종의 정신 에너지였는데, 마치 마음 내부의 유의미한 경험들의 집단무의식으로부터 어떤 에너지장이 나오는 것과 같았다. 마음 주위를 빙글빙글 도는 신경학적이고 전기화학적 에너지가 아니라 유의미한 경험들을 잇는 무의식의 원형에서 나오는 어떤 에너지 흐름이었다. 그런 에너지가 존재할 수 있을까? 원인이 없는 의미의 에너지, 즉 어떤 원형적 연결을 촉발시키는 동시적인 심리 사건들의 에너지가 존재할 수 있을까?[10]

유의미한 우연의 일치에 관한 융의 입장은 설득력이 있다. 융에 따르면, 유의미한 우연의 일치는 한 사람의 정신 속에 강력한 저류(底流)를 생성하며 이에 따라 발생하는 의식의 동시적 사건들은 무의식과 상호 연결된다. 우연의 일치는 우리를 인생의 미묘함과 닿게 해주며 자기 자신에 관한 의식에 눈뜨게 해주고 우리 존재에 의미를 부여한다. 우연의 일치는, 망자로부터 오는 신호라고 여겨지는 쌍무지개처럼, 우리가 소중한 사람들과 영원히 결속되어 있다는 개념에 의미를 부여한다. 그런 현상의 원형적 상징은 무지개 자체가 천국으로 가는 문이라는 것이다. 우연의 일치를 목격하는 순간에 우리는 더 큰 우주와 연결되어 있음을 느낀다. 그처럼 단순한 연관성에서도 우리는 은하 내지 어쩌면 그보다 더 큰 우주의 일부임을 느낀다.

대체로 우리의 일상은 마치 세계의 그물망이 존재하지 않는다는 듯 아무런 연관성도 알아차리지 못하고 흘러간다. 우리는 동시적 연관성이 늘 우리를 쳐다보고 있음을 좀체 인식하지 못하기에 그런 현상을 볼 때면 깜짝 놀라고 기뻐한다.[11] 하지만 참된 이야기 속의 놀라운 사건에 대한 반응은 이야기가 어떻게 말해지는지에 따라 달라진다. 구체적인 내용이 전달될수록 동일한 우연의 일치도 훨씬 더 놀랍고 유의미해진다. 그러면 단지 과거에 발생한 이야기가 아니라 미래에 발생할 사건의 가늠자 역할을 해주기 때문이다.

한편, 사적인 이야기는 이야기를 듣는 사람보다 이야기를 하는 사람에게 더 놀랍고 더 의미 있기 마련이다. 나로서는 백색증 택시 운전사 이야기는 별로 놀랍지도 결코 의미 있지도 않았다. 그것보다는 크레테의 미라벨로 만의 한 카페에서 내 동생의 낯익은 웃음소리를 들었을 때가 더욱 놀랍고 의미 있었다. 앞 장에 나온 다른 이야기들도 인상적이긴 했지만, 오래 살다보면 접하기 마련이다.

지난 몇 년 동안 나는 언뜻 생각하기에 깜짝 놀랄 만한 우연의 일치 사건들을 많이 들었다. 일부는 신원을 혼동한 경우도 있었고, 또 일부는 딱 맞아떨어지는 장소에서 딱 맞아떨어지는(또는 어긋난) 시간에 관한 이야기였다. 이런 이야기들에는 우연한 만남과 물리적 사건들이 포함된다(하지만 꼭 그런 것들에 국한되지는 않는다). 무작위적 사건에 의존하는 게임의 성공(또는 실패) 이야기도 있다. 그리고 심지어 텔레파시와 예지력에 관한 이야기도 있다. 이야기 대다수는 어느 정도 설명이 가능하다. 간단한 수학만 이용해도 이들 사건의 확률이 우리의 예상보다 높다는 사실이 드러나기 때문이다.

하지만 이들 이야기가 놀라운 까닭은 세계의 크기와 인구를 통계적으로 잘못 알거나 과소(또는 과대)평가하기 때문이다. 그런데 많은 이야기들이 이전 장에 나온 여러 이야기들과 비슷하게 분류될 수 있는 까닭은 무엇일까? 답은 확률에 관한 약간의 지식 그리고 확률이 어떻게 비직관적인 방식으로 작동하는지를 알면 간단히 얻어진다.

2부

수학

이제 우리는 우연의 일치를 검사할 수학적인 도구 몇 가지를 소개한다. 도구는 바로 큰 수의 법칙, 매우 큰 수의 법칙, 생일 문제의 해법, 몇몇 확률 이론 그리고 빈도 분포 이론 등이다.

2부는 이 책의 핵심 주장 — 만약 어떤 일이 발생할 확률이 높든 낮든 존재하기만 한다면, 언젠가는 반드시 발생한다 — 을 쉽게 이해할 수 있게 해주는 수학 내용을 전부 다룬다.

일부 수학 내용은 1부에서 소개한 이야기들을 분석하는 데 쓰이며 이후 3부에서 다시 나온다.

4장
확률이란 무엇인가?

> 내가 알아낸 사실은 '우연의 일치 사건'은 너무나 유의미하게 연결되어 있기에 그와 같은 사건이 '우연히' 발생하기란 천문학적인 숫자로 표현해야 할 만큼 확률이 낮다는 것이다.
>
> 카를 구스타프 융[01]

엄청나게 놀라운 우연의 일치 사건을 접하면, 이런 질문이 나오기 마련이다.

"그런 사건이 일어날 확률이 얼마일까?"

대체로 그냥 한번 해보는 소리인데, 왜냐하면 제대로 답하기 쉬운 문제가 아니기 때문이다. 우연의 일치 사건의 드문 확률을 연구하기 위한 기본적인 통계 기법과 유용한 실험적 모형들이 존재하지만, 수학자들은 아직 그 주제를 포괄적으로 다룰 적절한 이론을 내놓지 못하고 있다.

문제는 세계 자체를 어떻게 정의하느냐에 달려 있다.

어쨌거나 '우연의 일치'는 원인 미상의 사건을 의미하는데, 이에는 우연한 사건과 기적이 포함된다. 그런데 기적의 도움이 없다면 우리가 뭘 할 수 있을까? 어쩌면 우연의 일치 사건의 확률을 측정하기란 모순어법일지 모른다. 원인이 명확하지 않은 사건의 발생 확률을 어떻게 알 수 있단 말인가?

어떤 이는 주사위 두 개를 던져 둘 다 6이 나오는 사건도 원인이 명확하지 않다고 주장하면서, 그 이유로 수백 가지 변수가 주사위의 비행에 영향을 주기 때문이라고 할지 모른다. 하지만 그럼에도 우리는 그 확률이 36분의 1임을 알 수 있다. 그리고 우리는 어떤 사람이 x살 이상 생존할 확률도 보험통계상으로 알고 있다. 그렇다면 어떤 기적의 발생 확률 또는 붐비는 실내에서 키 큰 낯선 사람을 만나는 꿈이 실제로도 벌어질 확률을 왜 측정하지 못한단 말인가?

어떤 사건의 확률을 측정하기 위해 언제나 원인을 알아야 할 필요는 없다. 가령, 어떤 사람이 폐암에 걸릴 통계적 확률이 알려지기 이전에 흡연이 폐암을 일으키는 원인임이 먼저 밝혀진 것이 아니다. 제2차 세계대전 이전에는 흡연을 한 적이 없던 여성들이 전시노동에 참여하여 흡연을 시작한 이후에 문제된 일이다. 여성들의 암 발생률이 증가하자, 흡연과 암 발병률 사이에 상관관계가 있다고 짐작되었다. 다수의 우연의 일치 사건들은 통계 표본으로는 제대로 해석하거나 추론할 수 없는 엄청나게 많은 변수들의 영향을 받는다. 우연의 일치 사건들은 정량적 분석으로는 쉽게 설명되지 않는다. 하지만 그런 사건들이 우리의 예상보다 더 자주 일어나는 정성적인 이유는 존재한다. 심지어 심령학조차도 정량적 예측은 피하고 정성적인 예측을 선호한다.

우연의 일치를 다룰 때 우리는 가능성을 문제 삼는다. 누군가에게 우연의 일치 이야기를 해주면 필시 이렇게 묻는다.

"그럴 가능성이 얼마입니까?"

답에는 거의 언제나 '아주 미미하다는' 뜻의 단어가 포함된다. '아주 미미하다'는 것이 무슨 의미인지를 우리에게 알려주는, 적어도 무슨 의미인지 생각해보게끔 만드는 일은 확률 이론가의 몫이다.

한 사건의 발생 가능성의 척도를 가리켜 수학자들은 '확률'이라고 부른다. 확률은 반드시 0과 1 사이의 수이며, 0은 불가능성을 1은 절대적 확실성을 나타낸다.

확률 값을 얻는 방법은 여러 가지다. 한 가지 방법으로 큰 표본으로부터 상대적인 빈도를 살펴보는 것이 있다. 원리적으로 한 사건의 확률은 두 수의 비로, 각각의 수는 해당 사건이 발생하는 빈도를 관찰하면 알아낼 수 있다. 시행 횟수가 증가할수록 사건의 상대적 빈도는 확률에 근접한다. 확률을 구하는 두 번째 방법은 경우의 수들을 논리적으로 세는 것이다. 정상적인 주사위를 굴리면 여섯 가지 면 중 하나가 나온다. 짝수가 나올 확률이 1/2, 즉 50퍼센트임을 알아내려고 실제로 주사위를 굴리지 않아도 된다.

만약 두 사건 A, B가 어떤 논리적 제약 때문에 함께 일어날 수 없다면 (가령, 52장의 트럼프 카드에서 카드 한 장을 뽑을 때 붉은 퀸과 스페이드 퀸이 함께 나올 수 없다), A '또는' B가 일어날 확률은 각 사건의 확률의 합이다. 달리 말해서 붉은 퀸 또는 스페이드 퀸이 나올 확률은 1/26+1/52=3/52이다(붉은 퀸은 두 가지, 즉 하트 퀸과 다이아몬드 퀸이다_옮긴이).

일반적인 개념은 이렇다. *X*가 한 사건의 결과라면, 그 사건이 발생할 확률은 *P*(*X*)로 나타낸다. 그렇다면 그 사건이 일어나지 않을 확률은 1−*P*(*X*)이다. 가령, 동전 하나를 던졌을 때 *P*(윗면)는 1/2이며, *P*(아랫면)도 똑같다. 또는 주사위 한 쌍을 굴렸을 때 두 눈의 합이 4일 확률, 즉 *P*(4)=1/12이므로, *P*('not' 4)=11/12이다. 만약 *X*와 *Y*가 서로 독립인 결과라면(즉, 어느 한 사건이 다른 사건의 확률에 영향을 미치지 않는다면), *X* '그리고' *Y*가 발생할 확률은 곱 *P*(*X*)*P*(*Y*)이다. 그리고 위에서 보았듯이 *X*'또는' *Y*가 발생할 확률은 합 *P*(*X*)+*P*(*Y*)이다.

사람들끼리 우연히 만나는 사건을 예로 들어보자. 당신이 다음 주 화요일 아침에 남태평양 상의 보라보라 섬에서 가장 친한 친구를 우연히 만나는 것을 한 사건이라고 하고, 그날 오후에 아이슬란드 레이캬비크에서 삼촌을 우연히 만나는 것을 다른 사건이라고 하자. 첫 번째 사건은 두 번째 사건에 영향을 미친다. F15 전투기로 날아가지 않는 한, 아침에 보라보라 섬에서 가장 친한 친구를 우연히 만나'고' 그날 오후에 레이캬비크에서 삼촌을 우연히 만날 수 없다. 물론, 두 가지 경우를 함께 허용하면 확률이 높아진다.

카드 게임의 경우, 붉은 퀸 한 장이 뽑히거'나' (검은) 스페이드 퀸 한 장이 뽑힐 수 있다. 그리고 앞서 보았듯이, 한 사건이 다른 사건과 완전히 독립적이라면, 두 사건이 함께 발생할 확률은 각 사건의 확률의 곱이다. 가령, 한 번 붉은 퀸을 뽑은 다음에, 그 카드를 다시 전체 카드에 넣은 후 스페이드 퀸을 뽑을 확률은 1/26×1/52=1/1352이다.

두 사건이 함께 일어날 확률은 확실히 어느 하나만 일어날 확률보다 낮아진다. 한편, 첫 번째 카드를 다시 집어넣지 않고 두 번째 카드를 뽑는 경우에는 확률 계산이 조금 더 복잡해진다. 이때에는 한 사건이 이미 발생한 후에 다른 사건이 발생할 확률을 구해야 하는데, 이런 확률을 가리켜 '조건부 확률'이라고 한다.

전체 카드에서 두 장의 카드를 뽑는 사례를 통해 조건부 확률이 무엇인지 알아보자. 뽑은 카드를 다시 집어넣지 않는다면, 붉은 퀸을 뽑고 나서 스페이드 퀸을 뽑을 확률은 1/26×1/51=1/1326이다. 두 번째 뽑을 때 전체 카드에는 붉은 퀸 한 장이 빠졌기에 전체 카드 개수가 하나 적다. 따라서 두 번째 뽑을 때 스페이드 퀸을 뽑을 확률은 전체 51장의 카드에서 그 카드를 뽑을 확률이다. 붉은 퀸을 다시 집어넣지 않았기에 스페이드 퀸을 뽑을 가능성은 더 커졌다.

여기서 중요한 점은 우리가 지금 1보다 작은 두 수를 다룬다는 사실이다. 그렇기에 두 확률의 곱은 각 사건의 확률보다 작은 값이 된다. 조금 복잡한 설명이 될지 모르겠지만, 여기서 우리는 붉은 퀸을 뽑은 후에 스페이드 퀸을 뽑는다고 가정했다. 만약 둘 중 어느 것이든 먼저 뽑히는—스페이드 퀸이 처음에 뽑히거나 두 번째에 뽑히는 경우—확률을 구한다면, 확률은 더 커진다. 왜냐하면 다음 두 확률, 즉 붉은 퀸을 뽑은 후 스페이드 퀸을 뽑을 확률과 스페이드 퀸을 뽑은 후 붉은 퀸을 뽑을 확률이 더해지기 때문이다.

승산과 확률의 차이

확률(probability)은 승산(odds)과 구별할 필요가 있다. 승산이 *m* 대

n이라는 것은 해당 사건이 n번 일어날 때마다 m번 일어나지 않는다고 예상된다는 뜻이다. 표준적인 표기는 $m:n$인데, 일상적인 말로 바꾸면 m 대 n으로 나타낸다. 만약 승산이 m 대 n이면, 확률은 $n/m+n$이다. 따라서 4 대 1의 승산은 확률로 바꾸면 1/5이다. 발생 확률이 p인 사건의 승산을 계산하려면, 비 $(1-p)/p$를 계산해서 m/n으로 표시하면 된다. 그러면 해당 사건의 승산은 m 대 n이다. $p=1/5$일 경우, 비는 $(1-(1/5))/(1/5)=4/1$이므로 승산은 4 대 1이다.

승산이라는 개념은 도박에서 나왔다. 승산을 이용하면 당첨금을 계산하기가 쉬워진다. 가령, 승산이 m 대 1인 판에 1달러를 걸어서 이기면, 원래 걸었던 판돈을 포함하여 m달러를 딴다. 반반의 승산은 승산이 1 대 1이라는 뜻이다. 이 책에서 우리는 $m=1$인 사례로 승산을 국한하고자 한다.

한편, 1번의 성공마다 m번의 실패가 생긴다는 것을 알면, 사건의 발생 가능성 또는 발생하지 않을 가능성을 알기가 더욱 쉽다. 가끔씩 우리는 '확률이 m분의 1이다'라는 표현을 쓸 텐데, 이는 m번 시도할 때 성공할 경우가 한 번이라는 뜻이다. '전체 52장의 카드에서 스페이드 에이스 한 장을 뽑을 확률이 52분의 1이다'라는 말은 승산의 관점에서 보면, '전체 52장의 카드에서 스페이드 에이스 한 장을 뽑을 승산이 51 대 1'이라는 뜻이다.

확률 사고실험

일어날 가능성이 미미한 두 사건을 아무것이나 떠올려보자. 가령, 초록색 고양이가 다음 주 화요일 당신의 산책길을 가로지르는 사건을 첫 번째 사건이라고 하자. 두 번째 사건으로는 법률 회사에서 등기 문서가 날아왔는데, 당신이 들어본 적도 없는 증조부가 죽으면서 백만 달러를 유산으로 남긴다는 내용이 적혀 있었다.

첫 번째 사건은 당신 동네를 어슬렁대는 초록색 고양이의 수를 감안하여, 확률이 0.000001이라고 하자. 두 번째 사건은 당신이 모르는 증조부가 그런 돈을 남길 가능성이 매우 낮을 테니 역시 0.000001이라고 하자. (이 두 값은 논의의 편의상 임의로 고른 것이다.) 두 사건이 모두 일어날 확률은 0.000000000001로 엄청나게 작다. 이 값은 두 사건 중 어느 하나가 따로 발생할 확률보다 작다. 물론 첫 번째 '또는' 두 번째 사건이 일어날 확률은 저 값보다 크다.

이제 다음 열 가지의 드문 사건들을 살펴보자.

a. 초록색 고양이가 화요일에 당신의 산책길을 가로지른다.

b. 들어본 적 없는 증조부가 세상을 떠나면서 백만 달러의 유산을 당신에게 남긴다.

c. 이십 년 전에 잃어버렸던 반지가 동네의 벼룩시장에서 나타난다.

d. 꿈에서 군중 속에서 키 큰 낯선 사람을 만났는데, 현실에서 똑같은 일이 벌어진다.

e. 텍사스 로또 복권에 두 번 당첨된다.

f. 보라보라 섬에서 친동생을 우연히 만난다.

g. 당신의 이름이 표지에 적힌 마크 트웨인의 『불가사의한 이방인』을 외국의 한 헌책방에서 발견한다.

h. 여권을 갱신했더니 새 여권 번호가 당신의 주민등록번호와 똑같다.

i. 당신이 십 대 때 갖고 있던 마크 트웨인의 『불가사의한 이방인』을 어느 공원 벤치에서 발견한다. (g와 매우 비슷한 사건)

j. 시카고에서 택시를 불렀더니 운전사가 당신이 일 년 전에 뉴욕에서 불렀던 운전사와 동일 인물이다.

이 사례들은 내가 임의로 정했다. 일부는 우연의 일치 사건이고 또 어떤 것은 그냥 단일 사건이다. 이것들은 서로 완전히 독립적인 사건들일 수 있다. 예상 밖의 결과를 초래하는 나비효과—가령 파리의 기후에서부터 켄터키 경마 결과까지 모든 것이 서로 영향을 주고받는다는 현상—가 없다면 말이다. 초록 고양이가 왜 하필 그 순간에 나타났을까? 그리고 당신이 오래전에 잃어버린 반지를 초록 고양이가 물고 가다가 누군가의 발밑에 떨어뜨렸는데, 그걸 주운 사람이 당신 꿈속에 나왔던 키가 큰 그 사람일지 모른다.

이런 식의 사건에 대한 확률은 설령 근사적으로라도 알아내기가 지극히 어렵다. 설명을 단순화시키기 위해, 이런 사건 각각의 확률이 0.000001이라고 가정하자. (카드 게임 한 판에서 로열 플러시가 나올 확률보다 작은 수이다.) 저 수를 고른 특별한 이유는 없고, 다만 사건이 불가능한 것은 아니지만 쉽사리 일어나긴 어려움을 나타내기에 적당한 수일 듯하기 때문이다.

위 목록의 사건들 둘 가운데 하나가 일어날 확률은 2×0.000001 =0.000002이다. 두 사건 중 하나가 일어날 확률은 각각의 확률을 더하면 얻어지기 때문이다. 그러니까 얼핏 보기에, 단 두 사건을 고려할 때는 확률이 두 배가 되는 것 같다. 하지만 주의해야 한다. 이 계산에서는 두 사건(가령 목록의 g와 i)이 독립적이지 않을 가능성을 무시하고 있다. 따라서 두 사건이 함께 일어날 확률, 즉 0.000001×0.000001 =0.000000000001을 빼야 한다. 비교적 작은 수이지만 이 수를 빼면 실제 확률은 0.000001999999이다.

여기서 한 가지 흥미로운 질문이 제기된다. 그 답을 통해 우리는 우연의 세계를 이전과 다른 시각으로 보게 될지 모른다. 발생 가능한 굉장히 놀라운 사건들을 전부 고려하면, 일 년 동안 여러분에게 생길지 모를 일은 분명 천 가지—어쩌면 백만 가지 또는 십억 가지—는 된다. 이런 사건 백만 가지 각각의 발생 확률이 가령 0.000001이라고 하자. 자 그러면, 이런 질문을 던져 볼 수 있겠다. 이들 사건들을 전부 모아서 적어도 그중 하나가 1년 안에 생길 확률은 얼마일까?

백만 가지 사건의 독립성을 알아낼 현실적인 방법은 없다. 임의의 두 사건이 직접적인 관련성이 없다고 가정할 수는 없는 것이다. 따라서 한 사건이 다른 사건의 원인이 되거나 영향을 줄 가능성 또는 한 단일 사건이 다른 사건에 의존할 가능성을 무시해서는 안 된다.

가령, 여러분이 복권에 한 번 당첨되었다면, 그 사건은 당첨금을 다시 복권 사는 데 쓰도록 영향을 줄지 모른다. 그러면 두 번째 복권 당첨이 첫 번째 당첨에 의존하는 셈이다. 그렇기에 백만 가지 사건 중 하나가 일어날 확률을 구하기 위해 각 사건의 확률을 그냥 더하기만 해서는 안 된다. 그렇게 하면 백만 가지 사건 중 하나가 일어날 확률은 1,000,000×0.000001=1(틀림없이 발생)이라는 터무니없는 계산 결과가 나온다. (1/1,000,000을 1,000,000번 더한 결과는 1.)

계산을 올바르게 하려면, 아무 관련성이 없는 사건들을 제외해야 한다. 그러면 확률 계산이 무진장 복잡해지거나 불가능해질 수 있다. 가령, 다음 주 화요일 당신의 산책길을 가로지를 초록색 고양이가 배수구에서 당신이 오래전에 잃어버린 반지를 찾은 후 그걸 키 큰 낯선 사람에게 가져다주고 그 사람이 그걸 북적이는 벼룩시장에서 팔 가능성을 제외해야 한다. 하지만 그런 후에라도, 심지어 이런 모든 요건들이 충족되더라도 여전히 우리는 엄청나게 많은 서로 얽히는 가능성들을 살펴보아야 한다(이런 가능성들은 확률을 줄이는 역할을 하게 된다).

한편, 만약 백만 가지 사건이 서로 독립적이라면, 그런 사건들 중 하나는 수학적으로 반드시 일어난다. 당연하다! 활동적인 사람이라면 누구든 백만 가지 사건 중 하나가 생기는 것을 목격할 것이다. 집밖으로만 나가도 우리는 엄청나게 많은 가능성들과 마주친다.

사건 e는 목록 가운데서 정확한 확률을 알아낼 수 있는 유일한 것이다. 비록 그 사건조차도 당첨자의 성향에 의존하긴 하지만 말이다. 두 번 당첨되려면 일단 한 번 당첨되어야 한다. 따라서 올바른 여섯 자리 숫자를 골라야 한다. 그런 사건이 한 번 일어날 확률은 0.000000038에 가까운데, 정말로 매우 작은 수이다.[02] 달리 말해, 복권에 당첨될 승산은 25,827,164 대 1이다.

이 값은 어떻게 계산한 것일까? 하나의 수를 고를 경우의 수는 54가지다(저자는 여섯 개의 수 각각이 1부터 54까지 중 하나이고 중복되지 않는 복권을 예로 든다_옮긴이). 일단 첫 번째 수를 고르고 나면 그 수는 빠지기에 두 번째 수를 고르는 경우의 수는 53가지가 된다. 마찬가지로 세 번째 수를 고를 때는 경우의 수가 52가지이며, 네 번째는 51가지, 다섯 번째는 50가지 그리고 여섯 번째는 49가지이다. 따라서 1부터 54까지의 여섯 개의 숫자들을 고를 서로 다른 경우의 수는 54×53×52×51×50×49=18,595,558,800이다. 여섯 개 숫자의 순서를 정하는 가짓수는 1×2×3×4×5×6=720이다. 여섯 개 숫자를 고르는 순서는 고려할 필요가 없기에 위의 수를 720으로 나누면 25,827,165이 나온다. 이 수가 여섯 개의 숫자를 고를 서로 다른 경우의 수인데, 이 중 하나만 당첨 숫자이다.

두 번째로 당첨될 확률도 똑같다. 복권 번호는 이전 당첨 번호를 기억하지 못하고 확률도 이전의 확률을 기억하지 못하기 때문이다. 하지만 두 번째 당첨 확률은 우리의 사고방식에 따라 달라진다. 당첨자가 이미 당첨되었다는 사실을 잊는다면, 그 확률은 달라지지 않는다. 따라서 승산은 25,827,164 대 1, 즉 확률로는 0.000000038이다. 따라서 두 번 당첨 확률은 0.000000038×0.000000038=0.000000000000001444이다. 이 값으로 알 수 있듯이 두 번 당첨될 가능성은 엄청나게 낮다. 그리고 알다시피 당첨 복권 번호는 과거 이력과 무관하다.

하지만 희한하게도 복권 당첨은 당첨자의 성향에 따른 이력을 갖는다. 무슨 말이냐면, 범죄자들이 다시 범죄 현장을 찾아가듯이, 당첨자는 다시 복권을 사러 간다. 당첨자는 더 많은 돈으로 이전보다 더 많은 복권을 산다. 따라서 우리의 계산은 첫 당첨 후 복권을 더더욱 많이 사려는 시도는 전부 무시한 결과이다. 수백 번을 시도하고서 두 번째 복권에 당첨될 수도 있다. 7장(구체적으로 〈표 7.1〉)에서는 위의 경우보다 훨씬 더 어려운 네 번 시도하여 전부 복권에 당첨될 확률을 구해볼 것이다.

5장
베르누이의 선물

수학 법칙이 어떻게 미래를 알려줄 수 있을까? 주사위 한 쌍을 굴린 후 다시 주우면, 주사위는 자기가 어떤 눈을 냈는지 '잊는다.' 주사위가 정상적인 것이며 부정하지 않은 방법으로 굴렸다면, 우리는 결과를 미리 알아낼 수 없다. 하지만 여러 번 굴리면 두 눈의 합이 7인 경우가 다른 수보다 더 많이 나오리라고 확신할 수 있다. 주사위의 기하구조상의 문제이자, 단순한 산수에서 얻는 확신 때문이다. 즉, 1부터 6까지 숫자 쌍의 합이 7이 되는 경우가 다른 수가 나오는 경우보다 더 많기 때문이다.

확률의 수학 이론은 비교적 새로운 것이다. 기껏해야 16세기 이후에 나왔다. 16세기 이전에 수학은 불확실성을 다루지 않았다. 자연철학자들과 수학자들은 인생의 진지한 문제들을 이해하는 데 관심이 컸다. 어떤 사람들에게 이들 문제는 수 이론과 기하학이라는 추상적 개념이었고, 또 어떤 사람들에게는 측량과 건축(특히 성당)과 같은 좀 더 현실적이고 기능적인 일이었다.

우연에 관한 수학적 개념 전부는 지롤라모 카르다노의 『주사위 게임에 관한 책(Liber de Ludo Aleae)』에서 나왔다. 운과 현대적 확률의 본질을 이해하기 위한 핵심적인 내용이 담긴 책인데, 1563년에 가까운 어느 시기에 쓰였다.[01] 하지만 『주사위 게임에 관한 책』은 이후 백 년 동안 출간되지 못했다.

지롤라모 카르다노는 밀라노의 의사이자 수학자 그리고 도박꾼이었다. 카르다노는 1545년에 출간된 저서인 『위대한 기술(Ars Magna)』로 가장 유명하다. 당시까지 알려진 대수 방정식 이론에 관한 모든 내용이 담긴 책이다. 『주사위 게임에 관한 책』은 수학과 철학 내용을 15쪽 분량에 재미 삼아 적어둔 것이다. 카르다노는 그걸 출간할 뜻이 없었다. 하지만 이 책에는 우연의 일치 사건의 빈도를 연구하기 위한 간편한 도구가 소개되어 있다. 오늘날에도 유용한 개념인 확률 이론, 기댓값, 평균, 빈도표, 확률의 덧셈 성질 그리고 N번 시도에서 k번 성공할 방법들의 조합에 관한 계산 등도 전부 카르다노가 제시한 개념에서 비롯되었다. 심지어 그 책에는 나중에 '큰 수의 약한 법칙'이라고 알려진 수학 법칙을 암시하는 내용도 들어 있다. 대충 말해서 큰 수의 약한 법칙에 의하면, 실제 관찰된 확률(사건이 발생하기 전에는 전혀 모르는 값)과 수학적으로 계산된 평균 p의 차이는, 시행횟수 N이 충분히 크다면, 원하는 만큼 작아질 수 있다.

훨씬 이해하기 어렵겠지만, 정확한 형식으로 표현하면 이렇다. 평균 성공률이 p에서 벗어날 확률 p는 N이 충분히 크다면 원하는 만큼 0에 가까워진다. 현대의 수학적 표현으로 옮기면 이렇다. 선택된 임의의 작은 수를 ε이라고 표시할 경우, N이 자꾸 커질 때 $P[|\frac{k}{N}-p| < \varepsilon]$가 1에 수

렴한다.[02]

이런 기호들의 조합을 보고서 펄쩍 뛸 독자들을 위해 잠시 설명을 하겠다. 꺽쇠 안에 표시된 내용이 우리가 다루고자 하는 사건이다. 가령, P[허리케인이 다가올 7월 4일에 센트럴 파크를 강타하다]는 허리케인이 다가올 7월 4일에 센트럴 파크를 강타할 확률을 가리킨다. 따라서 $P[|\frac{k}{N}-p|<\varepsilon]$는 비 k/N과 p의 차의 절댓값이 선택된 임의의 작은 수 ε보다 작을 확률을 나타낸다.

이것은 평균값이 장기적으로 어떻게 될지를 나타내주는 척도이다. 무작위적인 사건(각각의 결과에 대한 이력이 아예 존재하지 않는 사건)이 어떻게 수학적으로 계산된 수에 가까운 평균값을 가질 수 있는지 궁금해 하는 독자들이 분명 있을 테다. 안타깝게도 이 굉장한 법칙은—오늘날에도—일부 사람들이 '평균의 법칙'이라고 부르는 것과 종종 혼동을 일으킨다. 사실 평균의 법칙은 결코 법칙이 아닌 비합리적인 짐작으로서, 동전을 충분히 많은 횟수로 던지면 윗면이 절반 아랫면이 절반 나온다는 말일 뿐이다. '충분히 많이'를 무한대로 삼지 않는 한, 이 '법칙'은 결코 참이 아니다.

이와 달리 큰 수의 약한 법칙은 정말로 놀라운 결과이다. 더욱 놀라운 점은 수학적으로 증명된 법칙이라는 사실! 이 법칙이 밝혀낸 바에 의하면, 무작위적인 사건—생길 수 있는 결과들이 매우 다양하며 각 사건의 이력이 전혀 존재하지 않는 사건—이라도 수학적으로 계산된 수에 가까운 평균값을 보인다.

수학은 실제 세계의 구체적 현상에 대해 알려준다. 가령, 교량이나 댐 같은 구조물은 수학 계산에 따라 지어진다. 행성이 운행하고 유리창이 깨지는 것도 수학 법칙에 따른 현상이다. 유리잔은 특정한 공명 주파수에서 깨지며, 납작한 날개는 위쪽의 기압이 아래쪽의 기압보다 낮을 때 위로 뜬다. 하지만 우연에 관한 문제는 현상과 수학 법칙과의 관련성이 훨씬 더 불가사의한 듯 보인다. 주사위? 그걸 던졌을 때 어떤 눈이 나올지 어떻게 알 수 있단 말인가?

카르다노는 사후에 우리에게 한 가지 방법을 알려주었다. 그의 『주사위 게임에 관한 책』이 나오기 전까지만 해도 행운은 어느 사건이 우연히 생기도록 만드는 신들의 손에 달려 있었다. 그리스신화 속의 티케(로마신화의 포르투나)가 그런 예다. 심지어 그리스인들, 즉 여러 경이로운 수학 분야에서 우수한 업적을 냈던 사람들조차도 도박의 승산에 관한 수학 이론이 없었다. 행운이나 요행 또는 어떤 신이 운명을 결정해주겠지 믿으며 그냥 주사위를 던졌을 뿐이다.

물론 어떤 눈이 다른 눈보다 나올 가능성이 더 높다는 건 알았다. 분명 그리스인들도 두 주사위 눈의 합 7이 다른 눈의 합보다 더 자주 나온다는 사실을 알았다. 7이 나올 수 있는 두 눈의 조합 가짓수를 세어서 다른 눈의 조합 가짓수와 비교하여 그 사실을 알아냈다. 하지만 우리가 알고 있듯 그리스인들은 확률에 따른 예측이라는 개념을 알지 못했다.

카르다노의 작은 원고 뭉치는 확률에 관한 과학의 씨앗과 비밀을 품고 있었다. 이를 통해 우리는 관찰 가능한 사실들로부터 어떤 사건이 발생할 확률을 수치로 나타낼 수 있음을 알게 되었다. 앙리 푸앵카레에 의하면 이 세상의 어떤 사람이든 다른 사람들과 똑같은, 심지어 신들과도 똑같은 가능성을 갖는다는 것을 알게 되었다.

한 가지 기억해야 할 것은 카르다노 당시에는 확률을 간단히 설명해

줄 확립된 개념이 없었다는 점이다. 가령, 수학자들은 주사위 놀이에서 어떤 수가 다른 수보다 더 자주 나오는 이유를 궁리하지 않았다. 갈릴레오는 카르다노가 죽은 지 반세기 후에 그 불가사의를 파헤쳐서, 주사위 세 개를 던질 때의 승산에 관해 짧은 논문을 썼다. 하지만 그렇다고 해서 갈릴레오가 카르다노의 『주사위 게임에 관한 책』을 알았던 것 같지는 않다. 다만 갈릴레오는 모든 조합을 나열하여, 세 눈의 합이 10이 나오는 경우가 27가지라는 사실과 눈의 합이 11이 되는 경우도 똑같다는 사실 그리고 9나 12가 되는 경우는 겨우 25가지임을 알아냈을 뿐이다.[03]

분명, 경험 많은 도박꾼들은 그 사실을 이미 알고 있었다. 수 세기에 걸친 실제 도박 행위와 관찰로 얻어진 민간 지식을 통해 도박꾼들은 주사위 던지기의 결과들을 기본적으로 알고 있었다. 승산에 관한 본능적인 지식도 있었다. 주사위 세 개의 경우 10과 11이 다른 수보다 더 자주 나온다는 사실을 알고 있었던 것이다. 하지만 직감과 수학적 설명은 엄연히 다르다. 수학의 확실성을 등에 업고 있으면 도박에서 행운을 거머쥘 수 있다. 수학적인 확률 계산법을 아는 사람들은 위험에서 벗어난 결정을 내릴 수 있다. 장기적으로 보면 그런 결정은 거의 확실히 이긴다. 반면에 요행과 우연의 일치에 기댄 결정은 불확실성이라는 무작위적인 속성에 휘둘리고 만다.

두 주사위 모두 6의 눈 그리고 확률의 탄생

수학적 확률의 핵심 개념은 1654년 겨울로 거슬러 올라갈 수 있다. 당시 파리는 유독 추웠다. 센 강조차 얼어붙었다. 기록에 의하면, 파리 사람들이 강에서 썰매를 탔으며 거리 구석에 모닥불을 피워놓고서 교구 성직자들이 가난한 이들에게 빵을 나눠주었다고 한다. 30년간 이어진 유럽의 종교 전쟁으로 프랑스의 재정은 바닥났다. 프랑스 정부는 어쩔 수 없이 노동 계급에게 세금을 늘렸지만, 부정한 세금 징수원들은 국고를 채우는 일에는 큰 관심이 없었다. 그런 상황에서도 루이 14세는 엄청난 부를 축적하고 있었다. 그러다 보니 당연히 게으른 부자들은 파리 전역의 도박장에서 공공연히 도박에 빠져 지냈다.[04] 이런 시대상황에서 1654년 겨울 파리에서 확률의 수학 이론이 태동한 것도 우연의 일치가 아니다.

도박은 인류의 시작으로까지, 적어도 혈거인(穴居人)들이 뼈를 굴리기 시작했을 때까지 거슬러 올라갈 수 있긴 하지만, 17세기 중반쯤이 되자 도박은 프랑스에서 시간 보내기 오락의 중심 활동으로 자리 잡았다. 여전히 우연에 관한 진지한 수학은 없었는데, 예외라면 몇 가지 조잡한 시도들이 있었을 뿐이다. 가령 당시 나왔던 오류가 포함된 몇 가지 수학 문헌들 그리고 프란체스코회 수도사인 프라 루카 파치올리(Fra Luca Pacioli)가 1494년에 출간한 대수학 교재 『산술집성(Summa)』이 그런 예다. 하지만 1654년에 드디어 카르다노가 쓴 『주사위 게임에 관한 책』이라는 원고가 어떤 확률을 알아낼 단서를 제시했다. 즉, 두 눈 모두 6이 나오는 것이 반반의 확률(0.5)보다 높으려면 두 주사위를 최소 몇 번 던져야 하는지 알아낼 단서를 제시했던 것이다.[05]

수학자 겸 철학자인 블라제 파스칼은 그 수를 찾는 내용이 나오는 『산술집성』을 읽었지만, 이 책 속의 해법을 믿지 않았다. 파스칼은 한동

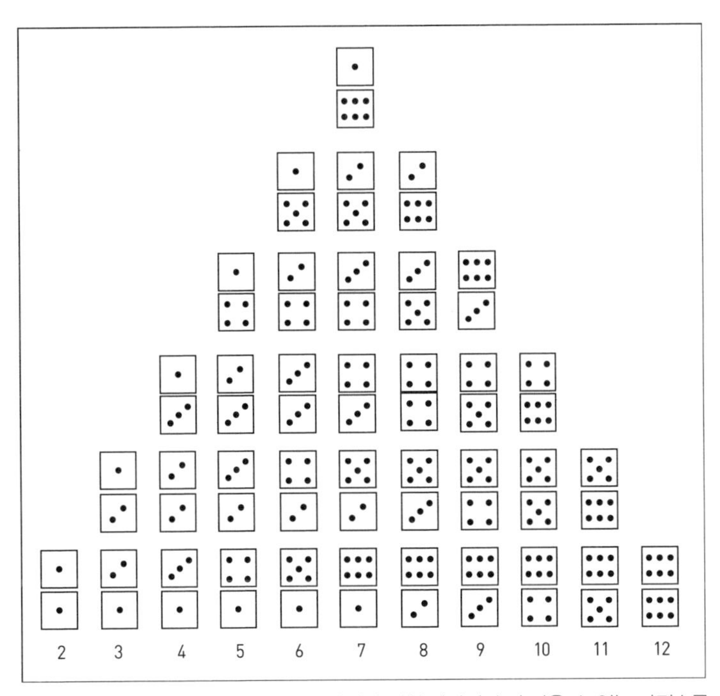

〈그림 5.1〉 각 열의 주사위 쌍의 개수는 아래에 적힌 각각의 수가 나올 수 있는 가짓수를 나타낸다.

안 병이 들어 봄과 여름 내내 침대에 누워 지내면서, 친구이자 법률가이면서 수학자인 피에르 파르마와 편지를 주고받았다.[06] 둘이 함께 내린 결론에 의하면, 위에서 언급한 두 주사위를 던져야 할 최소 횟수는 스물네 번과 스물다섯 번 사이였다.[07]

파스칼은 스네이크 아이(snake eye. 두 주사위의 눈이 모두 1인 경우)와 박스카(boxcar. 두 주사위의 눈이 모두 6인 경우)는 확률이 36분의 1이기 때문에 좀체 잘 나오지 않지만, 7은 확률이 6분의 1이라 더 자주 나온다는 것을 알고 있었다(〈그림 5.1〉 참고). 파스칼이 이해하기로, 두 눈 모두 6이 나오는 사건이 '아닐' 가능성을 계산하는 편이 더 쉬웠다. 1에서 1/36을 빼면 35/36가 그 값이기 때문이다.

또한 각각의 던지기는 이전 던지기와 독립적이었기에, 서로 독립인 두 사건의 확률은 각 사건의 확률의 곱이다. 따라서 n번 던져서 두 눈이 모두 6이 사건이 '아닐' 확률은 $(35/36)^n$이다. 파스칼이 계산해보니, $(35/36)^{24}$는 0.509이고 $(35/36)^{25}$는 0.494였다. 따라서 두 눈 모두 6일 사건은 다시 1에서 저 값들을 빼야 하므로, 두 주사위 모두 6의 눈이 나올 절반의 확률(0.5)은 두 주사위를 24번 던질 때 두 눈 모두 6이 나올 확률보다 조금 높고 두 주사위를 25번 던질 때 두 눈 모두 6이 나올 확률보다 조금 낮다.[08] (결과적으로, 두 주사위 모두 6의 눈이 나오는 것이 절반의 확률(0.5)보다 높아지려면 두 주사위를 25번 이상 던져야 한다는 뜻이다_옮긴이)

확률 이론의 토대는 이 주사위 문제를 포함하여 다른 비슷한 문제들로부터 마련되었다. 거대한 확률 세계의 바깥 층은 한 가지 설명으로 요약될 수 있다. 그 세계를 이렇게 생각해보자. 즉, 만약 한 사건이 어떤 원인에 의해 영향을 받는다면, 그 원인이 해당 사건의 미래를 어느 한쪽으로 치우치게 만들 절반(0.5) 이상의 확률이 존재한다. 만약 한 사건이 어떤 원인에 의해서도 영향을 받지 않는다면, 해당 사건의 미래 향방은 아무런 치우침 없이 이쪽이나 저쪽으로 정해질 수 있다. 원인이 있든 없든, 절반 이상의 확률은 요행이나 우연의 일치라는 예측할 수 없는 세계를 여는 문이 될 수 있다. 〈그림 5.2〉는 이른바 골턴 보드(Galton board) 모형을 이용하여 이것을 설명한다.

골턴 보드는 공평한(절반의) 확률로 결정되는 행동을 모형화한다. 가령 이런 상황을 상상해보자. 배열된 막대들 위로 공 하나가 떨어지는데,

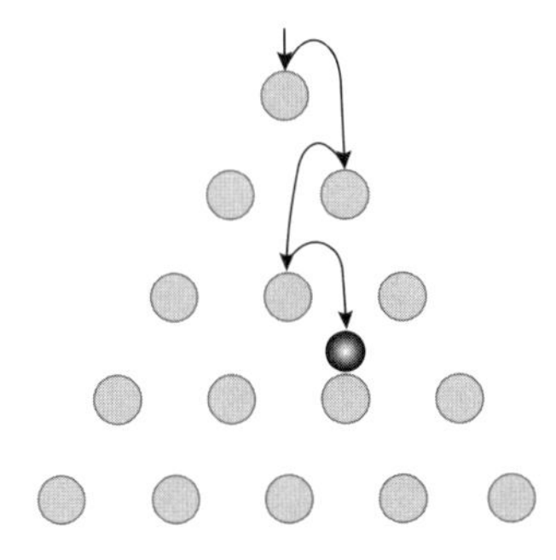

〈그림 5.2〉 골턴 보드. 열다섯 개의 막대가 지면에 수직으로 놓여 있는 상황을 예로 든다.

공이 맨 위의 첫 번째 막대와 부딪힌 후 왼쪽이나 오른쪽으로 튕겨나갈 확률이 정확히 반반이다. 만약 공이 오른쪽으로 튕겨나갔다면, 바로 아래 막대로 떨어져서 이번에도 역시 공은 오른쪽이나 왼쪽으로 절반의 확률로 튕겨나갈 것이다. 이론상으로만 보자면 공은 막대의 맨 위에 정확하게 떨어져서 그 자리에 멈출 수 있다.

하지만 현실에서 그런 일은 벌어지지 않는다. 왜일까? 첫째, 막대의 맨 위가 과연 무슨 뜻인지 살펴보아야 한다. (막대의 재료가 강철이라고 가정할 때) 강철의 맨 위에 있는 분자를 뜻할까? 그런 것은 없다. 따라서 현실적으로는 어떤 원인들로 인해 공은 오른쪽 아니면 왼쪽 중 어느 한 곳으로 더 많이 튕겨나간다. 원인들로는 아마 공이 통과하는 공기의 미세한 흐름, 막대의 윗부분에 닿을 때 퍼져나가는 미세한 진동, 또는 충돌 시 영향을 미치는 매우 작은 크기의 먼지 입자 등이 있을 것이다. 실제로, 수백 가지 변수가 공이 막대와 충돌 후 어느 방향으로 튈지에 영향을 준다. 게다가 막대의 미세한 찌그러짐과 충돌의 탄성도 고려해야 한다.

19세기 영국인 우생학자 프랜시스 골턴 경은 주사위 한 면의 다섯 눈 모양으로 배열된 못들로 이루어진 판(board)을 만들었다. 골턴의 요지는 현실의 사건은 우연의 바람을 타고 일어남을 증명하는 것이었다. 절대적으로 완벽한 골턴 보드—가령, 위에 나왔듯이 공이 막대 맨 위에 정확하게 떨어지는 상황—에서는 공이 동전 던지기의 경우처럼 오른쪽 아니면 왼쪽으로 절반의 확률로 떨어진다. 하지만 현실 세계에서는 나비의 날갯짓이 태평양을 건너오거나 아이다호 옥수수밭에서 소가 뀐 방귀가 이 사건에 영향을 미친다. 매번 공이 튕길 때, 이전에 있었던 튕기기의 결과는 잊힌 이력이다. 공은 이전 결과를 더 이상 기억하지 않으므로 어떤 못에 닿더라도 마치 첫 번째 못에 닿은 듯이 행동한다. 하지만 누적된 결과는 이전의 모든 결과의 이력을 고려해서 결정되는 듯 보인다.

이것을 수학적으로 살펴보자. 공이 내려가면서 네 층의 막대들과 부딪힌다고 하자. 절반의 확률은 왼쪽 또는 오른쪽으로 튕기며 막대들 아래로 떨어져 쌓이는 공들의 모양을 종곡선 형태로 만든다. 공들이 떨어질 수 있는 경우의 수들을 세어보면 이를 증명할 수 있다. 공 하나가 떨어질 때 왼쪽(Left) 또는 오른쪽(Right)으로 튕기는 사건을 각각 L 또는 R로 표시할 수 있다. 그러면 다음과 같은 경우의 수가 나온다.

LLLL

LLLR, LLRL, LRLL, RLLL

LLRR, LRLR, LRRL, RLLR, LRLR, RRLL

LRRR, RLRR, RRLR, RRRL

RRRR

두 문자가 섞인 조합이 한 문자만으로 된 조합보다 가짓수가 많은데, 공이 왼쪽이나 오른쪽으로 떨어질 확률이 절반이기 때문에 공이 제일 위의 막대에서 아래로 떨어질 때 가운데 영역에 모이는 경향이 있다. 이렇게 되는 이유는, 가령 총 열두 가지의 L과 R의 조합으로 이루어진 열의 경우 여섯 개의 L과 여섯 개의 R로 된 열들이 L과 R의 다른 개수로 된 열들보다 더 많기 때문이다.

공이 막대를 칠 때마다 공이 왼쪽으로 떨어지는 것을 −1로 세고 오른쪽으로 떨어지는 것을 +1로 세자. 12줄의 막대들을 따라 떨어지면, 공은 결국 보드 바닥에서 열두 구역 중 하나에 도착한다.

따라서 가령 〈그림 5.3〉의 가장 왼쪽에 있는 공은 누적 값이 −12가

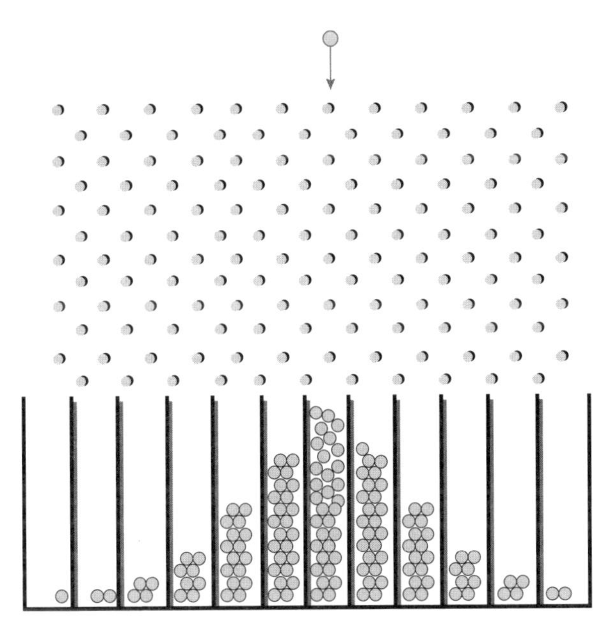

〈그림 5.3〉 골턴 보드에서 백사십 개의 공이 떨어지는 상황.

된다. 각 공의 최종 위치는 구역마다 상이한 누적 값을 나타낸다. 공들은 중앙을 향해 모이는 경향이 있다. 그러나 비록 꽤 많은 공이 가운데 두 구역에 떨어지기는 하지만, 더 많은 공이 나머지 열 구역에 떨어진다.

〈그림 5.3〉에서 공들의 모임은 140회 시행의 최종 누적 값을 나타낸다. 31개가 왼쪽 다섯 구역에 떨어졌고 55개가 오른쪽 다섯 구역에 떨어졌으며, 54개가 가운데 두 구역에 떨어졌다. 분명 임의의 한 공의 최종 위치는 공의 지난 이력을 나타내지는 않는다. 하지만 우리는 두 가지 중요한 내용을 알 수 있다. ① 막대의 첫 두 줄이 결과에 제한을 가한다. ② 처음에는 오른쪽으로 그리고 두 번째는 왼쪽으로(또는 그 반대로) 떨어지면, 최종 누적 값은 −12보다 크고 12보다 작게 나온다. 거의 60퍼센트의 공들은 가운데 두 구역 바깥에 떨어졌다. 그리고 왼쪽으로 몇 층 떨어진 공이 최종적으로 오른쪽 구역에 떨어지는 것이 가능하긴 하지만, 또한 왼쪽으로 너무 많이 간 공은 오른쪽으로 돌아올 가능성이 줄어든다.

오늘날 확률 이론은 실증적 방향으로도 추상적 방향으로도 발전하고 있다. 가령, 실증적 접근법은 대규모 표본을 이용하여 확률을 계산하는 것이고 추상적 접근법은 과학적 원리를 이용하여 (대칭에 관한 이론이나 물리 이론과 같은) 기지의 사실로부터 확률을 알아내는 것이다. 완벽한 주사위를 던졌을 때 1의 눈이 나올 확률은 정육면체인 주사위 자체의 대칭성을 통해 알 수 있다. 하지만 보통의 주사위가 1의 눈이 나올 확률은 주사위를 여러 번 던져서 1의 눈이 나오는 횟수를 세어서 알 수 있다. 이 경우 확률은 1/6보다 조금 높거나 낮을 수 있지만, 어쨌든 현실적으로 불완전한 주사위이기에 약간의 차이는 날 수밖에 없다.

어떤 주사위인지에 따라 결과가 달라진다. 보드 게임에 딸려오는 주사위는 조잡한 제품이다. 1950년대부터 이용되어 온 주사위 게임으로 얏치(Yahtzee)가 있다. 다섯 개의 주사위로 하는 게임이다. 주사위 다섯 개를 전부 던져서 모두 똑같은 수가 나오는 경우를 가리켜 얏치라고 한다. 얏치가 나올 승산은 1,295 대 1이다.[09] 얏치가 나오려면 1,296번은 던져야 하겠거니 예상할지 모르겠다. 하지만 전 세계의 많은 사람들이 시도한다면, 첫 번째 시도에서 쉽게 얏치가 나올지도 모른다. 영국의 독립 영상 제작자 브래디 해런(Brady Haran)이 바로 그 점에 착안하여, 자기 웹사이트의 수백 명의 팔로워들에게 얏치가 나오는 동영상을 찍어서 올려 달라고 했다. 그랬더니 일부 사람들은 몇 번의 시도 후에 얏치가 나왔고, 몇 백 번의 시도 후 성공한 사람들은 꽤 많았다.[10]

18세기만 해도 한 사건의 확률을 알아내려면 사건을 단지 세어야 했다. 바라는 결과의 개수를 모든 경우의 수로 나누어 비를 얻어야 했다. 정상적인 주사위라면 여섯 가지 눈 중 하나가 나올 것이므로, 주사위가 어느 특정 눈을 내놓을 확률 p는 1/6이다. 하지만 베르누이는 질문을 다르게 했다. 확률이 다루는 주제를 확장시켜 질병과 날씨를 포함하여 여러 과학적 질문들을 포함시키고자 했다.[11]

베르누이의 정리

수학자들은 추상적 원리의 장엄함과 아름다움에 감탄할 때가 종종 있다. 자연계에 멋들어지게 적용되는 이론을 보면 대단히 아름답다고 느낀다. 스위스 수학자 야코프 베르누이도 카르다노의 『주사위 게임에 관한 책』을 읽은 다음에 큰 수의 약한 법칙을 증명하고서 환희에 가득 찼다. 그 법칙이 굉장히 경이로운 까닭은 무수히 많은 요소와 변수들로 인해 예측하기 어려운 자연의 비밀을 알아낼 굉장히 멋진 방법을 제공하기 때문이다.[12] 큰 수의 약한 법칙은 불확실성을 다룰 획기적인 도구였다.

야코프 베르누이는 1705년에 세상을 떠나면서 조카인 니콜라스 베르누이에게 많은 분량의 원고를 남겼다. 출간되지 않은 미완성 상태의 원고였다. 이후 8년 동안 니콜라스는 삼촌의 원고를 가다듬어 마침내 『추측술(Ars Conjectandi)』이라는 책을 출간했다. 확률의 수학 이론에 관한 매우 중요한 초기 개념들을 내놓았다고 오늘날까지도 인정받는 책이다.

야코프 베르누이 사후인 1713년에 출간된 이 책은 접근법이 독특했다. 가령 이런 예를 들어 설명한다. 항아리 속에 흰 토큰 3,000개와 검은 토큰 2,000개가 들어 있다는 사실을 우리가 모르는데도 흰 토큰 대 검은 토큰의 비율을 알아내는 방법이 나온다. 우선, 전체 토큰 개수에 대한 흰 토큰 개수의 비율로 표현되는 수학적 확률이 존재함을 이해하자. 하지만 우리는 그 확률을 모른다. 그렇다면 어떻게 그 확률을 알아낼 수 있을까?

베르누이의 복안은 이렇다. 항아리에서 아무 토큰이나 하나를 꺼내서 색깔을 기록한 다음에 다시 넣고서 항아리를 흔든다. 이 과정을 반복하여 상당히 많은 횟수에 걸쳐 하나씩 토큰을 무작위로 꺼내면, 그 비밀스러운 수학적 확률에 매우 가까운 값이 얻어진다. 실제로 토큰 꺼내기 횟수가 커질수록 수학적 확률에 가까워진다. 가령, 200번을 무작위로 꺼냈더니 흰 토큰 120개와 검은 토큰 80개 나왔다고 하자. 그러면 흰 토큰 대 검은 토큰의 비율은 3 대 2다. 그러면 흰 토큰을 꺼낼 확률이 120/200, 즉 3/5라고 볼 수 있다.

위의 내용이 베르누이의 『추측술』에 나오는 큰 수의 약한 법칙이다. 더 자세히 설명하자면, 정상적인 동전을 N번 던져서 윗면이 나오는 횟수가 k번이라면, 이 법칙에 의하면 비율 k/N가 1/2(즉 동전을 한 번 던질 때 윗면이 나올 수학적 확률)에 얼마나 가까워질지를 알려준다. 많은 도박꾼들은 희망적으로 이 법칙을 해석하여, N의 값이 커지면 어떤 사건의 발생 확률이 수학적 확률에 가까워질 것이라고 예상한다. 그러므로 동전 던지기를 다시 예로 들면, $p=1/2$이므로 윗면이 나오는 총 횟수는 아랫면이 나오는 총 횟수에 장기적으로 수렴할 듯하다.

하지만 이 법칙은 그렇게 될 '확률'이 장기적으로만 1에 수렴한다고 말할 뿐이다. 결코 임의의 개별 사례에서 어떻게 될지는 이 법칙이 보장해주지 않는다. 예를 들어 어떤 사건을 N번 반복하는 상황을 상상해보자. 가령 동전을 N번 던지는데, 윗면이 나오는 횟수를 센다. 정상적인 동전 하나를 던졌을 때 윗면이 나올 수학적 확률은 1/2이다. 현실에서 동전 하나를 던지면 실제로 어떻게 될까? 성공률 k/N가 1/2에 가까워질까? 가령, 1/10,000의 차이 이내로 가까워질까? 확실히 답할 수는 없지만, 질문을 이렇게 바꾸어보자. 즉, k/N와 1/2의 차이가 1/10,000보다 적어질 확률이 가령 0.999보다 커질 때가 올까?

이 질문에 베르누이의 정리는 N이 시간에 따라 계속 커진다면 '그렇다. 그런 때가 온다'고 대답한다. 그렇다고 해서 N이 큰데도 k/N와 1/2

의 차이가 1/10,000보다 커지지 말라는 법은 결코 없다. 설령 성공률 k/N가 1/2에 가깝다고 해도, 계속 가까워지리라는 보장은 없다. 게다가 알고 보니 베르누이 정리의 조금 더 강한 버전에 의하면, 비록 성공률 k/N가 1/2에 수렴할 가능성이 높더라도 실제 값은 점점 더 오락가락하는 경향이 있다. 그래서 다음과 같은 충격적인 주장이 제기된다. 실제 성공 횟수(기대하는 사건의 발생 횟수)가 예상되는 성공 횟수 $k/2$(즉, 윗면이 나오는 횟수)와 벗어날 확률은 시도 횟수가 매우 커짐에 따라 점점 더 커진다. 직관에 반하는 듯하지만, 이 주장은 참이다.[13]

그러나 또한 장기적으로 보자면 우리가 동전 던지기 시도들을 통해 얻을 수 있는 실제 평균(물론, 이 값은 실제로 시행하기 전에는 결코 알 수 없다)과 수학적으로 계산된 평균의 차이는 시도횟수 N이 충분히 크면 우리가 원하는 만큼 작아질 것이다. 즉, 무작위로 일어나는 실제 사건들(각각의 결과를 전혀 기억하지 못하는 사건들)의 평균값은 수학적으로 계산된 값에 가까워진다!

베르누이는 자신이 내놓은 법칙에 매우 만족하여, 이 법칙이 세상만사에 일반적으로 적용될 수 있다고 내다보았다. 『추측술』에서 그는 이렇게 썼다.

> 그리하여 드디어 이 경이로운 결과에 의하면, 만약 모든 사건의 관찰이 영원히 계속된다면 (최종적으로 완벽하게 확실한 확률로) 세상만사는 고정된 비율로 그리고 일정한 교대의 법칙으로 발생할 것이다. 그러므로 매우 우연히 벌어지는 일에서조차 우리는 어떤 유사필연성, 달리 말해, 운명을 인정하지 않을 수 없을 것이다. 플라톤이 만물이

자신들의 이전 위치로 되돌아간다(만유의 회복, apocatastasis)는 이론을 폈을 때 이미 이 결과를 주장하고 싶었는지 여부는 나로서는 알 길 없지만, 그 이론에서 플라톤은 기나긴 세월이 흐른 후 만물은 자신의 원래 상태로 되돌아간다고 내다보았다.[14]

이론상으로 볼 때, 베르누이의 법칙은 위대한 지적 성취이며 불확실성을 수학적으로 측정해낸 쾌거임에 분명했다. 미래를 예측할 수 있게 해주었기 때문이다. 현실 세계에서 확률이 어떻게 작동하는지를 굉장히 단순하게 설명해주는 최초의 수학 법칙을 베르누이 자신도 견고하고 독창적이며 매우 훌륭하다고 의기양양해했다. 그의 책이 대단한 찬사를 받은 까닭도 그 법칙 때문이었다. 하지만 그는 질병과 기후와 관련된 문제에 그 법칙을 적용한 실험을 몇 가지 해본 뒤에 실망에 빠졌다. 오늘날의 확립된 기준으로 보더라도 그가 확실성의 범주를 너무 엄격하게 설정했던 탓이다.[15]

베르누이의 법칙은 확률 게임뿐만 아니라 자연의 불확실한 현상에도 적용되는 강력한 도구이다. 즉, 선험적인 정보 없이도 예상되는 값을 알아내는 방법이다. "그리고 항아리 대신에 가령 공기나 인체에 대해 적용하면, 그 속에는 항아리에 토큰이 담겨 있듯이 기후나 질병의 다양한 요인들이 담겨 있기에, 우리는 그것들 속에서 이런저런 사건이 얼마나 더 쉽게 생길지를 (항아리의 경우와) 똑같은 방식으로 관찰에 의해 알아낼 수 있을 것이다."[16]

"신은 우주를 대상으로 주사위 놀이를 하지 않는다"고 아인슈타인은 재치 있게 말했다. 당시 새로 등장한 양자역학이 자연현상을 확실하게 예측할 수 없다고 보는 관점을 비꼰 말이다.[17] 행운의 여신은 주사위 굴리기의 결과가 무작위적이지 않음을 결코 인정하지 않을 것이다. 마치 복권 추첨 위원회가 복권 담청 번호를 뽑는 탁구공들이 완벽하게 무작위로 뽑히지는 않는다는 사실을 결코 인정하지 않듯이 말이다.

하지만 아직 어느 누구도 절대적으로 무작위적인 수를 내놓은 물리적 기계를 고안해내지 못했다. 물리학자 로버트 외터(Robert Oerter)는 이렇게 적고 있다. "주사위 굴리기는 본질적으로 무작위적이지 않다. 결과가 무작위적이라고 보이는 까닭은 미세한 세부사항, 즉 결과를 결정하는 숨은 변수들(발사각도와 마찰력 같은 요인들)을 우리가 모르기 때문이다."[18]

우주의 현상들 대부분(특히 아원자 영역에 속하는 입자들)은 수학이 결과를 예측해내기에는 이와 같은 숨은 변수들이 너무 많다. 일반적으로 우리는 자연현상들의 세부사항을 모른다. 하지만 17세기 말까지 비밀에 쌓여 있던 그 경탄할 만한 법칙 덕분에 이제 우리는 무작위성을 이해하는 열쇠—아울러 미래를 예측하는 수단—를 손에 쥐게 되었다. 즉, 비양자역학적 세계의 대다수 사건의 경우, 개별 사건 각각은 과거의 이력을 지니지 않는데도 전체로 보자면 큰 수의 약한 법칙을 따름을 알고 있다. 신이 주사위 놀이를 하든 안하든, 기대치의 장기적 경향은 예측가능하며 거의 언제나 확실히 내다볼 수 있다.[19]

베르누이의 증명은 대상들이 조합될 수 있는 가짓수에 바탕을 두고 있는데, 이는 운명의 무작위적인 바람과는 아무런 관계가 없다. 『추측술』의 저명한 번역자인 에디스 두들리 실라(Edith Dudley Sylla)에 의하면, 베르누이는 그 관련성을 신화를 통해 설명했다고 한다. 그녀는 이렇게 적었다. "신의 마음 또는 의지에는 시간의 흐름에 따라 경험이나 관찰로 드러나는, 시간과 무관하게 신이 알고 있는 분명하고 확실한 사건들이 존재한다고 그는 확신했다." 그녀가 말한 "시간과 무관"이라는 표현은 베르누이가 무작위적인 성공률을 논할 때 시간을 논외로 쳤다는 뜻이다. 실라는 베르누이의 다음 주장을 인용한다. "주사위 한 개를 계속해서 여러 번 던지는 것과 하나의 주사위를 여러 번 던지는 횟수만큼의 많은 주사위를 한꺼번에 던지는 것은 아무런 실질적인 차이가 없다."[20]

기댓값

(곧 정의할) '기댓값'은 불확실성이라는 불가사의를 다스릴 도구이다. 이것은 기댓값에서 벗어나는 정도를 측정하는 '표준편차'와 더불어 통계적 (무작위적) 세계를 들여다볼 수 있게 해주는 창문이다. 이 두 값—기댓값과 표준편차—은 빈도 분포 통계, 즉 데이터가 어떤 중간 값 주위에 얼마나 모여 있는지를 알려주는 핵심요소다. 굉장히 놀랍게도 이 두 값과 단순한 대수로부터 우리는 큰 수의 약한 법칙에 의한 우연의 정도를 (비록 직접적으로 통제하지는 못하지만) 측정할 수 있다. 물리계에서 주사위 던지기와 탁구공의 하강은 측정하기 어려운 무수한 가변적인 힘과 상황(속도, 궤적, 공기 흐름, 회전 효과, 각운동량, 충돌 등)에 의해 영향을 받지만, 수학의 이상적인 세계에서는 그런 요소들을 알아낼 수 있다.

1657년 네덜란드의 수학자 겸 천문학자 크리스티안 하위헌스는 『주사위 게임의 추론에 관하여(De Ratiociniis in Aleae Ludo)』라는 책을 썼다. 이 책은 이후 반세기 동안 확률에 관한 중요한 텍스트가 되었다.[21] 책 속에는 성공 횟수와 성공 횟수의 '가능성'의 차이가 사상 처음 활자로 명시되어 있다.[22]

> 순전히 우연의 지배를 받는 게임의 결과는 불확실하긴 하지만, 어떤 사람이 지는 것보다 이기는 쪽에 얼마만큼 가까운지는 언제나 확정적이다. 그러므로 만약 어떤 사람이 주사위를 첫 번째 던져서 6의 눈이 나왔다면, 그가 이길지 여부는 불확실하지만, 이기기보다 질 가능성이 얼마나 더 큰지는 확정적이며 계산 가능하다.[23]

하위헌스는 확률 게임의 한 예를 제시했다. 한 사람이 몰래 한 손에는 동전 세 개를 다른 손에는 일곱 개를 쥔 다음, 여러분에게 두 손 중 하나를 고르라고 한다. 여러분은 그 손에 있는 동전을 얻는다. 하지만 이 게임을 하려면 먼저 여러분이 동전을 걸어야 한다. 관건은 동전을 얼마나 걸어야 하는가이다. 하위헌스가 내놓은 답은 이렇다. "내가 a 아니면 b를 기대하는데 두 가지가 똑같은 정도로 쉽게 내 차지가 될 수 있다면, 나의 기대는 $(a+b)/2$값어치라고 보아야 한다." 따라서 답은 5로서, 이것이 '기댓값'(여러분이 받기로 기대되는 정도)이다. 이 값은 3과 7의 평균이기도 하다.

하위헌스가 자신의 개념이 리스크 분석, 도박 및 과학 자체의 미래에 굉장한 영향력을 끼칠지를 내다보았는지는 불확실하다. 하지만 확률 이론의 핵심은 단지 기댓값임을 간파했던 것은 분명하다. 17세기 수학자가 참된 진리—확률 게임뿐 아니라 연금보험, 일반 보험, 기상학 및 의학 등을 포함한 자연의 모든 무작위적인 현상들이 기댓값의 계산에 의해 다소간 예측될 수 있다는 사실—를 알기에는 아직 무리였을 것이다.

일반적으로 기댓값은 어떤 사건의 확률 곱하기 지불액이다. 대다수의 경우 기댓값은 발생 가능한 모든 값들의 가중치가 적용된 평균인데, 여기서 가중치가 확률이다. 각 사건의 값을 발생 확률과 곱한 다음 모두 더한 총합이 기댓값이다. 기댓값의 이런 정의는 타당하다. 어쨌거나 1달러 동전을 한 번 던질 때 뒷면이 나온다에 걸 경우 50센트를 받는다고 '기대할' 수 있기 때문이다.

텍사스 로또 복권을 예로 들어 설명해보자. 〈표 5.1〉에는 3, 4, 5 및 6개의 숫자가 일치할 때의 결과가 나와 있다. 이 게임의 기댓값을 알아내려면, 각각의 일치에 따른 지불금과 그 확률을 곱하여 전부 더하면 된다.

잭팟이 가령 2백만 달러 값어치라고 가정하면, 기댓값은 다음과 같다.

0.000000038×2,000,000달러+0.00001115×2,000달러+0.000654878×50달러+0.013157894×3달러=0.171517582달러.

달리 말해서, 복권 한 장의 실제 가치는 고작 17센트이다.

〈표 5.1〉 일치하는 숫자 개수

일치하는 숫자 개수	당첨 금액	확률
6	잭팟	0.000000038
5	2,000달러	0.00001115
4	50달러	0.000654878
3	3달러	0.013157894

확률의 역사에서 초창기였던 당시에도 사람들은 기댓값을 위험의 척도로 사용하고 있었다. 하지만 기댓값이 중간 경향의 가장 자연스러운 척도—〈그림 5.3〉에서 보았듯이 어떤 중간값 근처에 데이터가 몰리는 경향을 나타내는 척도—가 될 줄은 전혀 모르고 있었다.

6장
줄줄이 나오는 동전 윗면

세계보건기구에 따르면, 전 세계의 신생아 대비 남자아이의 출생률은 0.515이다.[01] 특정 국가의 특정 지역을 살펴볼 때는 비율이 절반에서 훨씬 벗어나기도 한다. 멕시코는 남녀 출생비가 매우 낮은 데 반해 미국과 캐나다는 절반보다 높다.[02] 하지만 70억 이상의 전 세계 인구에서 보자면, 남아 출생 대 여아 출생 비는 절반에 가깝다. 이유는 간단하다. 인간의 정자는 동일한 개수의 X와 Y 염색체가 들어 있는데, 이 두 염색체가 임신 시에 선택될 확률은 동일하기 때문이다. 정상적인 동전 던지기와 마찬가지 확률이다.

정상적인 동전 하나를 70억 번 던지면 그중 절반이 윗면이 나오리라고 기대할 수 있을 것이다. 하지만 윗면이 백만 번 연속으로 나오리라고 기대할 수도 있을까? 동전 던지기 기계를 통해 알아낸 바에 의하면, 동전 궤적이 기본적으로는 무작위적이긴 하지만, 동전을 100퍼센트의 횟수로 윗면만 나오게 만들 수 있다.

동전 하나를 던졌을 때 윗면이 나올 확률은 1/2이다. 수학을 통해서 우리가 알고 있듯이, 던지기 횟수가 늘어날수록 윗면 대 아랫면의 비가 점점 더 1에 가까워진다. 경험적인 판단을 통해 우리는 위 문장의 의미를 혼동하여, 뒷면이 줄줄이 나왔으면 어떻게든 앞면이 줄줄이 나와서 균형을 맞춰줄 것이라고 믿는다. 윗면이 아주 오랫동안 나오지 않았다면, 윗면이 나올 가능성이 매번 던질 때마다 커지리라고 우리는 잘못 생각하기 쉽다. 이론적으로 동전을 매번 던질 때마다 각 결과의 승산은 똑같음—윗면이 나올 가능성과 아랫면이 나올 가능성이 똑같음—을 잘 알고 있으면서도 말이다. 사람들은 결과와 빈도를 혼동하는 경향이 있다.

윗면이 줄줄이 나오는 경우도 생길지 모른다. 개인적으로도 윗면이 연속적으로 아주 많이 나오는 것을 본 적이 있다. 이런 일이 생긴다는 게 얼핏 이상해 보일지 모르지만, 다음 상황을 살펴보자. 여러분이 동전 하나를 10번 던졌더니 윗면이 7번 나왔다고 하자. 윗면 대 아랫면의 비는 7 대 3이다. 자, 그러면 일반적으로 볼 때, 다음 10번을 던질 때는 이미 윗면이 예상 횟수보다 더 많이 나온 것을 상쇄하기 위해 아랫면이 6번 이상 나와야 할 듯하다. 하지만 동전은 이전에 발생한 일을 기억하지 않으며, 과거의 이력은 오로지 그 결과를 지켜보고 있는 사람이 기억할 뿐이다. 다음 500번을 던지는 동안 동전 윗면만 줄줄이 나오지 않도록 가로막는 것은 어디에도 없다. 물론 실제로 그렇게 나온다면 우리는 깜짝 놀라겠지만.

〈그림 6.1〉은 (한 번 던질 때마다 윗면이 나오면 +1을 아랫면이 나오면 −1을 할당하여) 동전을 500번 던졌을 때의 누적 결과를 컴퓨터로 생성한 그래프이다. 수평선은 0을 나타낸다. 윗면과 아랫면은 교대하면서 앞서

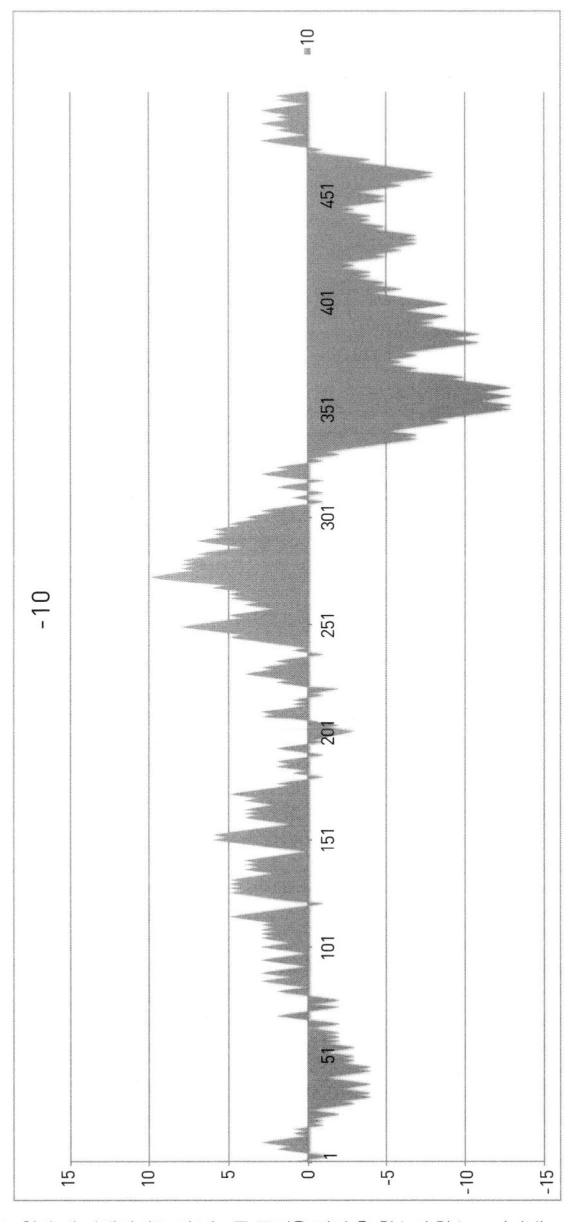

〈**그림 6.1**〉 윗면 대 아랫면의 누적 빈도를 동전을 던진 총 횟수의 함수로 나타낸 그래프

거니 뒤서거니 한다. 동일한 승산의 말 두 마리가 펼치는 경마 시합과 비슷하다. 여러분은 이런 결과를 기대할지 모르겠다. 보통의 직관적인 판단에 따라 그래프는 수평선 위아래로 오르락내리락할 것이라고 말이다. 하지만 그래프는 대체로 오랜 기간에 걸쳐 어느 한쪽 결과가 다른 한쪽 결과보다 더 많이 나타난다.

이론상의 절대적 무작위성은 현실의 물리계의 절대적 무작위성과는 다르다. 복권 당첨 기계의 투명한 빈 플라스틱 통 속에서 빙글빙글 도는 숫자가 적힌 탁구공들은 통을 무작위로 빠져 나오는 것이 아니다. 비록 무심코 보는 관찰자의 눈에는 예측 불가능한 숫자들이 선택되는 듯하지만 말이다. 아메리칸 풋볼의 시작을 결정하는 동전 던지기는 무작위와는 한참 거리가 멀다. 사실, 동전 던지기의 결과는 물리학의 문제일 뿐이다. 동전을 몇 번 던지든—천 번이든 백만 번이든—매번 앞면이 나올 수 있는 기계도 버젓이 제작되어 있다.

동전 던지기를 해석하기 위해 고안된 최근의 실험에 의하면, 정상적인 동전이라도 던지기 전의 동전 면이 계속 나오도록 편향시킬 수 있는데, 이 경우 결과는 동전 면의 수직선과 각운동량 벡터 사이의 각도에 의존한다고 한다. 달리 말해서, 동전의 비행은 초기조건에 의해 결정된다.

수학자 다이아코니스, 홈스와 몽고메리는 용수철 풀림으로 작동하는 래칫(한쪽 방향으로만 회전하는 톱니바퀴_옮긴이)에 의해 동전을 던지는 동전 던지기 기계를 제작했다.[03] 이 기계에서는 처음에 윗면이 나와 있는 상태에서 던져진 동전은 언제나(100퍼센트의 확률로) 윗면이 나온다. 따라서 동전 던지기의 결과는 무작위 현상이 아니라 물리학 법칙을 따른다. 일반적인 경우에는 동전을 던지는 사람의 손과 주위 환경의 다양한 변수들이 무작위처럼 보이는 결과를 내놓는다.

하지만 동전이 천천히 회전하는 자이로스코프처럼 허공을 날아가도록 처리했는데도 우리는 동전을 무작위로 던진 것이라고 착각할 수 있다. 그럴 경우 동전의 비행 방향은 각운동량 벡터에 의해 정해지는데, 늘 위를 향한 방향일지 모른다. 따라서 처음에 윗면이 보이도록 놓인 동전은 던져졌을 때 윗면과 아랫면이 교대로 회전하는 듯 보이지만, 실제로는 비행 궤적 내내 윗면이 계속 유지될지 모른다.

수천 킬로미터 떨어진 곳의 지진이나 태평양에서 카오스를 일으키는 성가신 나비로 인한 미세한 간섭에 의해 결과가 정해지는 실제 동전 던지기에서는 상황이 다르다. 하지만 '다르다'는 것이 합리적이라거나 이해 가능하다는 뜻은 아니다. 동전 던지기 결과는 상당히 무작위적일지 모르지만, 무작위에 관한 인간의 인식은 무작위적 결과에 관한 우리의 예감과 종종 어긋난다. 동전은 이전 결과를 기억하지 못하므로, 윗면이 100번 연속 나오더라도 놀랄 일이 아닌데도, 우리는 깜짝 놀라고 만다.

〈그림 6.2〉는 이상한 이야기를 들려준다. 45번 던질 때까지는 결과가 기대한 대로 진행되다가, 그때부터 아랫면이 우세해져서 이후 대략 105번 던질 동안 '압도적'이 된다! 그 후로는 윗면이 압도적이어서 누적 값이 0에 가까워지는 합리적인 구간이 펼쳐진다. 하지만 다시 한 번 대략 286번째부터 아랫면이 많이 나오면서 한동안 우세를 점한다.

그렇다고 해서 우리의 직관이 틀린 것은 아니다. 결코 현실화되진 않겠지만 시행횟수가 아주 크면 윗면 대 아랫면의 비는 분명 1에 가까워질 것이기 때문이다. 물론 그렇게 되는 것을 단기적으로는 볼 수 없다. 500번 던졌을 때 아랫면이 윗면보다 고작 12번 더 나왔다. 비가 1에 가

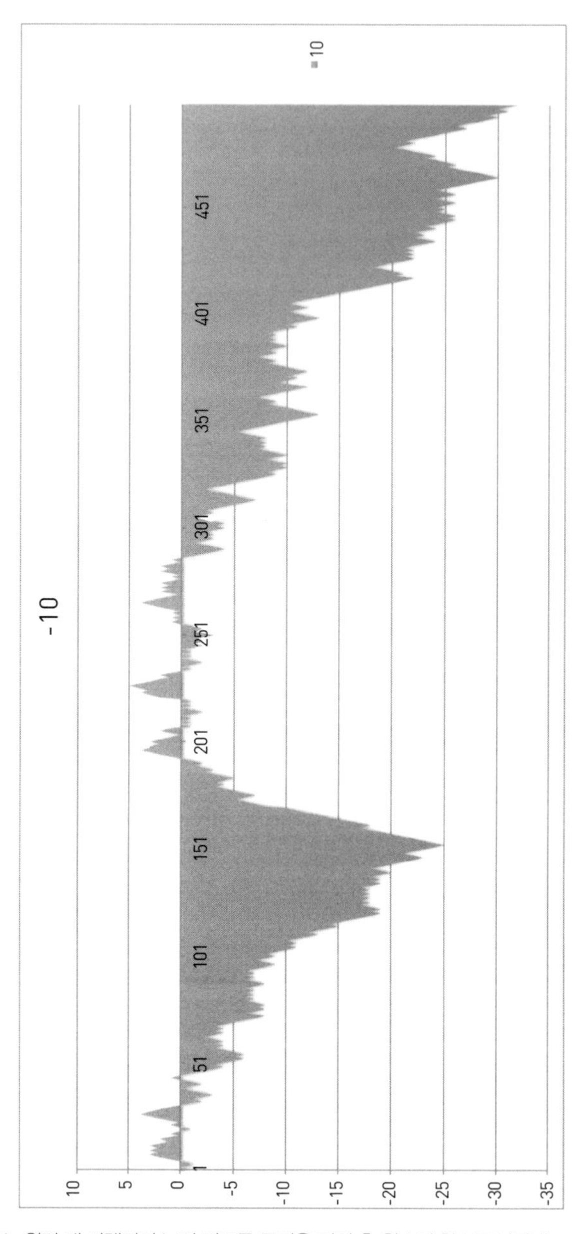

〈**그림 6.2**〉 윗면 대 아랫면의 누적 빈도를 동전을 던진 총 횟수의 함수로 나타낸 그래프

까운 듯 보이지만, 윗면이 연속적으로 나오는 횟수 대 아랫면이 연속적으로 나오는 횟수는 누적 결과에 큰 차이를 종종 가져올 수 있다. 가령, 〈그림 6.3〉에 나오는 그 다음 시행을 살펴보자.

여기서는 윗면이 완전히 압도한다. 누적 결과를 보면 윗면이 전체 동전 던지기 거의 내내 우세하여 아랫면은 결코 우세하지 못하리라는 인상을 준다.

100만 번 던지기의 결과가 〈표 6.1〉에 분석되어 있는데, 이 결과는 컴퓨터 시뮬레이션으로 동전을 100만 번 던졌을 때의 가상 결과이다. 비 k/N에서 k는 성공한 횟수(바라는 면이 나온 횟수)이고 N은 전체 시행 횟수이다. 이 k/N를 가리켜 '관찰된 성공률'이라고 한다. 〈표 6.1〉의 오른쪽 열은 관찰된 성공률과 수학적으로 예측된 성공률인 1/2의 차이의 절댓값을 나열하고 있다.

큰 수의 약한 법칙은 일어날 법하지 않는 사건이, 초반에든 나중에든 생기는 것을 가로막지 않는다. 사실, 관찰된 성공률이 수학적으로 예측된 성공률에 가까워질 때조차도 계속 가까워지리라는 보장은 없다. 성공률이 수학적으로 예측된 값에 수렴할 가능성이 높더라도, 사건의 횟수가 증가하면서 실제 성공률은 점점 더 과격하게 행동하는 경향이 있다. 직관에 반하는 상황이지만, 실제로 그렇다.

성공 확률이 p인 사건에 큰 수의 약한 법칙을 적용하면, N이 커짐에 따라 $|\frac{k}{N}-p| < \varepsilon$이 1에 가까워진다고 알려준다. 동전 던지기의 경우 p=1/2이고 ε을 (임의로) 0.0001로 잡은 다음에, $|\frac{k}{N}-\frac{1}{2}|$이 0.0001보다 작아질 가능성이 얼마나 되는지 알아보자. (〈표 6.1〉에서 보면) $|\frac{k}{N}-\frac{1}{2}|$은 N의 값이 작을 때에는 들쑥날쑥 변한다. 하지만 N의 값이 클 때에도 불

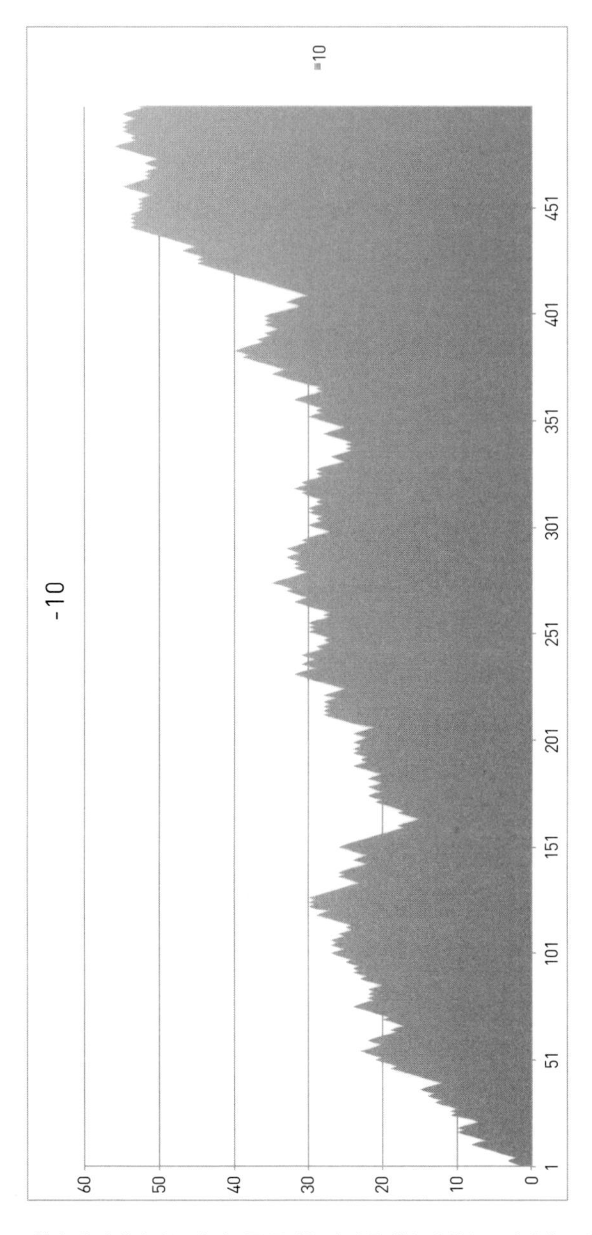

〈**그림 6.2**〉 윗면 대 아랫면의 누적 빈도를 동전을 던진 총 횟수의 함수로 나타낸 그래프

쑥 커진다. 가령, 10만에서 20만까지 그 값은 커진다. 심지어 80만에서 90만까지도 증가하다가 100만에서 감소한다. 큰 수의 약한 법칙에 따라 흔히 우리는 윗면 나오는 횟수와 아랫면 나오는 횟수의 차가 0에 접근해야 한다고 여긴다. 하지만 그런 법칙은 큰 시행 횟수에도 불구하고 발생하는 변동성을 설명해주지 않는다. 우리도 알다시피 시행 횟수가 증가함에 따라 변동성도 커진다.

〈표 6.1〉 컴퓨터 시뮬레이션으로 동전을 100만 번 던진 결과

던지기 횟수 N	관찰된 윗면의 개수 k	k/N	$\left\vert \frac{k}{N}-\frac{1}{2} \right\vert$
2,500	1,254	0.5016	0.0016
5,000	2.561	0.5122	0.0112
7,500	3,758	0.5012	0.0012
10,000	5,018	0.5018	0.0018
12,500	6,226	0.4981	0.0019
15,000	7,411	0.4941	0.0059
17,500	8,805	0.5031	0.0031
20,000	10,007	0.5004	0.0004
100,000	49,995	0.49995	0.00005
200,000	99,883	0.49942	0.000585
300,000	150,279	0.50093	0.00093
400,000	200,186	0.500465	0.000465
500,000	250,007	0.500014	0.000014
600,000	300,342	0.50057	0.00057
700,000	349,788	0.499697	0.000303
800,000	400,257	0.50032125	0.00032125
900,000	449,688	0.49965333	0.0034667
1,000,000	500,010	0.50001	0.00001

〈표 6.2〉 표 6.1의 세부내용

N	k=윗면	뒷면	윗면-뒷면	(윗면-뒷면)/N	$\left\vert \frac{k}{N} - \frac{1}{2} \right\vert$
5,000	2,561	2,439	122	0.0244	0.0122
67,500	33,371	34,129	-758	-0.01122963	0.005614815
82,500	41,597	40,903	694	0.008412121	0.004206061

그렇다면 도대체 어떻게 된 것일까? 아마도 더 큰 N값은 큰 수의 법칙으로 인한 자유도를 갖는 듯하다. 매우 큰 수에서는 알아차리기 어려운 오류에 대한 여지가 더 크기 때문이다.

5,000번 던질 때는 윗면이 2,561번 아랫면이 2,439번 나왔으니, 차이가 122였다. 이 2.4퍼센트의 오류는 그리 나빠 보이지 않는다. 하지만 윗면이 나오는 횟수의 분포가 알려지지 않았기에, 어쩌면 122번이 연속적으로 나왔을지 모른다. 그렇게 보자면, 총 67,500번 던졌을 때 뒷면이 758번 연속으로 나왔을 수 있고, 총 82,500번 던졌을 때 윗면이 694번 연속으로 나왔을 수 있다. 달리 말해서, N이 클 때 윗면이 아주 여러 번 연속적으로 나오지 못하게 하는 수학적 법칙은 존재하지 않는다.

7장
파스칼 삼각형

현실 세계에는 완벽한 대칭이라든가 오차가 지극히 작은 기계 또는 이상적인 모형은 존재하지 않는다. 현실 세계는 숨은 변수들이 얽히고설켜 있는지라 어떤 사건의 발생 여부를 정확히 집어내기는 매우 어렵다. 따라서 우연이 초래하는 당혹스러운 현상들을 이해하려면 확률적 구도가 필요할 때가 많다.

만약 여러분이 불행하게도 희귀병인 골수형성이상증후군에 걸린다면 어떻게 할 것인가? 골수가 건강한 혈구를 만들어내지 못하는 병이다. 그 경우 여러분은 둘 중 하나를 선택해야 하는 딜레마에 처하게 된다. 성공률이 70퍼센트인 골수이식을 받거나 아니면 향후 10년 이내에 사망할 확률이 70퍼센트인 채로 아무것도 하지 않거나. 물론 이식에는 위험이 따른다. 이식 후 필요한 화학요법과 감염의 위험으로 인해 6개월 이내에 사망할 확률이 약 30퍼센트이다.

미시간대학 공공의료대학원에서 위험과 확률을 가르치는 브라이언

지크문트 피셔(Brian Zikmund-Fisher)가 1998년에 그런 딜레마에 봉착했다. 골수형성이상증후군 진단을 내린 뒤 의사는 이렇게 말했다. 치료를 받지 않으면 10년밖에 못 살고, 치료를 받으면 완쾌될 확률이 70퍼센트라고.[01] 브라이언은 골수이식에 운명을 걸었다. 여기서 요점은 확률은 특정 개인과는 아무런 상관이 없다는 것이다. 70퍼센트의 확률은 그런 딜레마에 처한 수백 (또는 수천) 명의 개인들한테서 모은 통계 데이터에서 나온 것일 뿐이다. 좁은 범위가 아닌 넓은 범위의 통계이다. 통계 데이터는 경향과 가능성에 관한 것이지 특정한 개별 사례가 성공하느냐 마느냐에 관한 문제가 아니다.

드물다고 여겨지는 사건을 예로 들어보자. 그 사건의 수학적 확률은 100만 분의 1이 될지 모르는데, 왜냐면 좁은 지역에서 일어나기 때문이다. 한 예로 도로를 가로지르는 다람쥐가 번개에 맞는 사건을 들 수 있겠다. 확률이라는 용어를 사용할 때 우리는 비유적으로 말할 때가 많다. 그 용어를 뒷받침할 체계적인 방법을 염두에 두지 않고서 말이다. 따라서 100만 분의 1은 우리 생각에 미국의 어느 정도 넓은 영역에서 벌어지는 일에 대체로 적용된다.

그런데 미국은 (어느 정도 넓은 것이 아니라) 무지막지하게 큰 나라다. 비행기를 타고 미국 상공을 날면서 자그만 집들과 나무들과 방대한 숲을 내려다보면 확연히 알 수 있는 사실이다. 우리는 미국에 다람쥐가 몇 마리 있는지 어느 특정 시간에 도로를 가로지르는 다람쥐가 몇 마리인지 생각하지 않는다. 과학자들의 추산에 의하면, 미국의 다람쥐 수는 11억 2천만 마리로서 미국 인구의 세 배이다. 그리고 다람쥐는 언제나 도로를 가로지르고 있다.

미국 내의 다람쥐 수가 11억 2천만 마리, 도로 길이가 409만 마일 그리고 국토면적을 3,794,101평방마일이라고 잡으면, 하루 중 1분 동안 평균적으로 300마리의 다람쥐가 미국의 도로를 가로지른다.[02] 천둥번개가 치는 동안에는 도로를 가로지르는 다람쥐가 더 많을지 모른다. 평균적으로 매년 미국에는 천둥번개가 110,000회 발생한다. 겨울보다 여름에 더 많은데, 따라서 번개가 다람쥐를 직접 때릴 가능성은 여름에 매우 높다.

자연에서 일어나는 모든 사건에는 저마다 수많은 요인들이 관여한다. 가령, 주사위 던지기에서는 주사위를 던지는 손 안에서 주사위가 처음 놓인 위치가 결과에 아주 중요한 요인이며, 그보다 약한 요인으로 실내에 모인 사람들의 목소리 음파 같은 것을 들 수 있다. 주사위 눈을 결정하는 외부 요인은 이 두 가지 말고도 매우 많다. 몇 가지만 예를 들어보면 주사위가 탁자와 어떻게 부딪히는지, 주사위의 균형이 얼마나 정확한지, 어떻게 주사위가 손에서 굴러나오는지, 탁자와의 충돌 탄성은 어느 정도인지 등이 결과에 영향을 미친다.

성공과 실패의 확률이 절반씩이 아닌 게임을 고려해보자. 사건의 결과를 X로 나타낸다면, 그 사건이 실제로 발생할 확률은 $P(X)$로 표현된다. 가령 동전 하나를 던진다면 P(윗면)는 1/2이며 P(아랫면)도 똑같은 값이다. 반면, 아메리칸 룰렛의 경우 휠에는 0과 00을 포함해 서른여덟 가지 숫자가 있는데, 열여덟 가지 숫자는 붉은색이고 열여덟 가지 숫자는 검은색이며 0과 00은 녹색이다. 붉은색 숫자에 건다면 P(붉은색)는 12/38, 즉 9/19이며 P(붉은색 아님)는 10/19이다. 한편, 주사위를 한 번 굴려서 1이 한 번 나오길 바라다면, $P(1)$은 1/6이다.

위와 같은 게임을 뭐든 선택해서 네 번 시행한 다음에 이렇게 질문해보자. 0번, 1번, 2번, 3번, 4번 이길 확률은 얼마인가? 실제 도박에서는 이기고 지는 상황이 누적해서 연속적으로 나오기에, 마땅히 해볼 수 있는 질문이다. 조앤 긴더도 네 번이나 복권에 당첨되지 않았던가. 또한 여러분은 승률이 1/2을 넘을 확률이나, 적어도 네 번 중에 세 번 이상 지지 않을 확률을 알고 싶을지 모른다.

도박에서 한 번 시행할 때 이기는 것을 *W*로, 지는 것을 *L*로 표현하자. 그렇다면 네 번 모두 지는 것은 *LLLL*로 나타내고 네 번 모두 이기는 것은 *WWWW*로 나타낸다. 네 번 모두 이기는 방법은 한 가지뿐이고 한 번도 지지 않는 방법도 한 가지뿐이다. 네 번 시행에서 한 번만 이기는 것은 어떨까? 이 경우에는 *WLLL*, *LWLL*, *LLWL*, *LLLW*의 네 가지 방법이 있다. 물론 네 번 시행에서 한 번만 지는 경우도 네 가지 방법이 있다. 그러면 네 번 시행에서 두 번 이기는 것은 어떨까? 이 경우에는 *WWLL*, *WLWL*, *WLLW*, *LWWL*, *LWLW*, *LLWW*의 여섯 가지 구성이 존재한다.

룰렛이나 동전 던지기에서 매회 발생하는 사건처럼 한 사건의 결과가 다른 사건에 영향을 미치지 않는 독립 사건의 경우, 두 사건이 함께 일어날 확률은 각 사건의 확률의 곱이다. 따라서 4장에서 이미 보았듯이, 두 사건 *A*, *B*가 독립 사건이면 *A* '그리고' *B*의 발생 확률은 $P(A)P(B)$이다. 한편 두 사건이 함께 일어날 수 없는 상호배타적인 사건의 경우(가령 동전을 한 번 던졌을 때 윗면이 나오는 사건과 아랫면이 나오는 사건), 두 사건 중 어느 하나가 발생할 확률은 각각의 발생 확률의 합이다. 따라서 *A*, *B*가 상호배타적인 사건이라면, *A* '또는' *B*가 발생할 확률은

$P(A)+P(B)$이다.

자, 이제 네 번 시행해서 두 번 이기는 상황을 살펴보자. 표기를 단순화하기 위해 p가 $p(W)$를 q가 $P(L)$을 나타낸다고 하자. 한 번 이길 확률이 p이고 한 번 질 확률이 q인데, 이기고 지는 사건들은 서로 독립이므로(서로 영향을 주지 않으므로) 네 번 시행에서 두 번 이길 확률은 p^2q^2이다. 왜냐하면 두 번 이기고 두 번 지면, 논리연산자가 '그리고'이므로 확률을 곱해야 하기 때문이다. 하지만 앞서 보았듯이, 이것은 아래와 같이 여섯 가지의 방법으로 생길 수 있다. *WWLL*, *WLWL*, *WLLW*, *LWWL*, *LWLW*, *LLWW*.

이 사건들은 '또는'이 논리연산자이기에(즉, 상호배타적 사건이기에), 이 여섯 가지 사건들 중 어느 하나가 일어날 확률은 $ppqq+pqpq+pqqp+qppq+qpqp+qqpp$, 즉 $6p^2q^2$이다.

〈표 7.1〉은 네 가지 종류의 게임에 대해 각각의 p와 q의 값으로 계산하여 네 번 시행 중에 0, 1, 2, 3, 4번 이길 확률을 보여준다.

이론상으로 볼 때 룰렛과 동전 던지기의 경우 〈표 7.1〉에 따르면, 게임 참가자는 네 번 시행에서 두 번 이길 가능성이 가장 크다(이 책에서는 룰렛에서는 붉은색 숫자가 나오는 것이 이기는 사건이고, 동전 던지기에서는 윗면이 나오는 것을 이기는 사건이라고 본다_옮긴이). 룰렛과 동전 던지기를 100번 시행하는 경우에 대한 확률들을 담은 도표도 만들 수 있지만, 그러려면 도표가 쓸데없이 길어질 것이다. 대신에 결론만 밝히자면, 동전 던지기를 100번 하는 경우 50번 이길 가능성이 가장 높은 반면에, 룰렛을 100번 시행할 경우에는 47번 이길 가능성이 가장 크다.[03] 게임 참가자의 성배는 어떤 47인지를 아는 것이다.

룰렛과 동전 던지기는 대칭성이 나타나는 반면에 주사위 던지기는 비대칭성이며 복권은 비대칭성이 매우 크다는 점에 주목하자. 〈표 7.1〉에서 룰렛에 관한 열을 살펴보자. 막대그래프 형태로 붉은색 숫자가 나오는 횟수 대 그 숫자가 나올 확률을 그린 것이 〈그림 7.1A〉이다. 여기를 보면 숫자 2 주위로 조금 삐딱한 대칭성이 나타나는데, 무게중심(기하학적인 균형점)은 2보다 조금 아래에 놓인다. 시행횟수를 8로 높이면, 삐딱한 정도는 훨씬 더 두드러진다(〈그림 7.1B〉 참고).[04]

〈표 7.1〉

이긴 횟수	이기는 경우의 수	이길 확률	룰렛에서 붉은색 숫자가 나올 확률	동전 던지기에서 윗면이 나올 확률	주사위 한 쌍을 던져 합이 7이 나올 확률	텍사스 로또 복권 당첨 확률 (대략)
0	1	$1q^4$	0.077	0.0625	0.4823	0.999999848
1	4	$4p^1q^3$	0.276	0.25	0.3858	1.52×10^{-7}
2	6	$6p^2q^2$	0.373	0.375	0.1157	8.66×10^{-15}
3	4	$4p^3q^1$	0.224	0.25	0.0154	2.19×10^{-22}
4	1	$1p^4$	0.050	0.0625	0.0008	2.09×10^{-30}

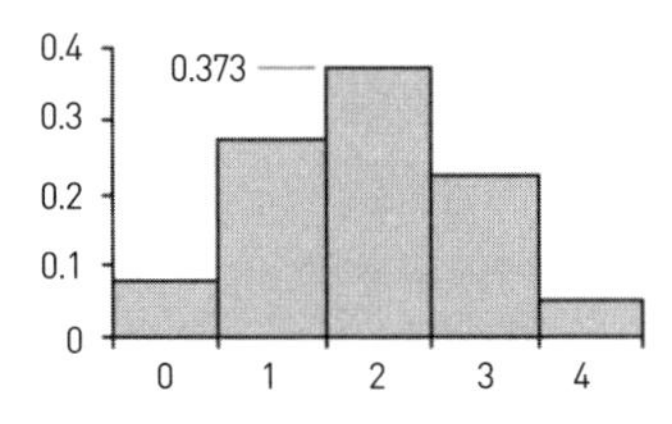

〈그림 7.1A〉 룰렛을 네 번 할 때 붉은색 숫자가 나올 확률

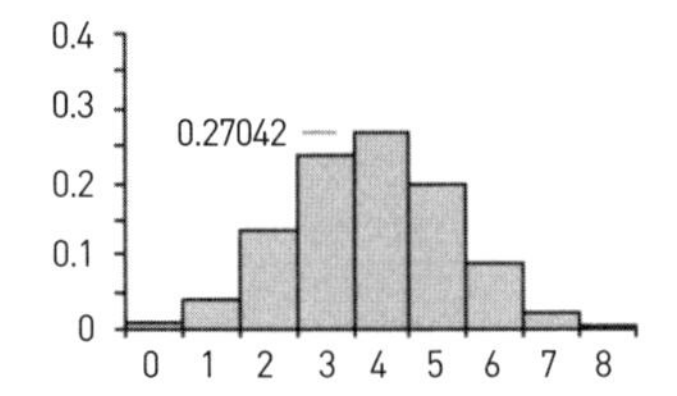

〈그림 7.1B〉 룰렛을 여덟 번 할 때 붉은색 숫자가 나올 확률

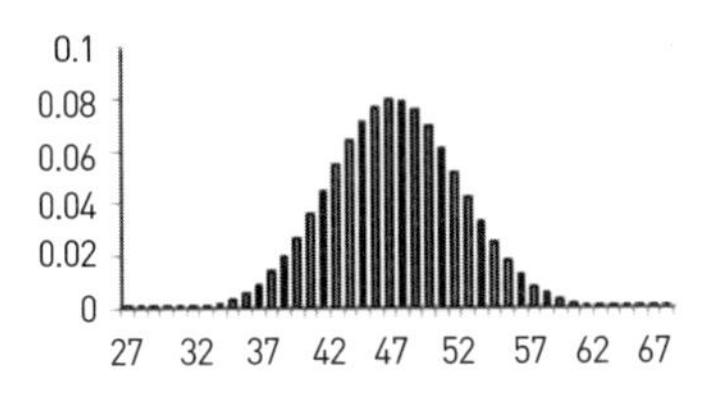

〈그림 7.2〉 룰렛을 백 번 할 때 붉은색 숫자가 나올 확률

룰렛 시행의 횟수를 늘리면 그래프는 매끄럽게 변한다. 가령, 100번 시행하면 밑변의 폭이 1인 직사각형이 101개나 생기므로 전체적으로 곡선에 가까워진다.[05]

〈그림 7.2〉가 그런 그래프의 예인데, 이 그래프를 가리켜 '빈도 분포'라고 한다. 각각의 성공 횟수에 대응하는 높이는 그런 성공이 얼마나 자주 일어날 것으로 예상되는지를 알려준다. 막대들은 수평축 상에서 분포되어 있는데, 면적의 총합이 1이다. 달리 말해서, 그래프 아래의 총 면적은 모든 사건이 발생할 100퍼센트의 확률을 나타낸다. 빈도 분포의 대다수는 32와 62 사이에 집중되어 있으며, 47에서 가장 높다. 32 아래와 62 위쪽에서는 확률이 매우 낮아서 그래프에서 거의 보이지 않는다. 가령, $P(31)=0.00034$이며 $P(63)=0.0006$이다. 붉은색 숫자가 20번이나 8번 나올 가능성은 매우 낮지만, 그래도 우연의 일치 사건들과 마찬가지로 불가능하지는 않다.

동전 던지기의 경우는 p와 q가 동일하므로 완벽한 대칭성이 나타난다. 하지만 일반적인 경우에 p와 q가 꼭 같아야 하는 것은 아니다. p가 q로부터 멀어질수록 대칭성이 삐딱해지는 정도는 커진다. 〈표 7.1〉을 보면 왼쪽에서부터 다섯 번째 열은 완벽한 대칭성을 보이지만 일곱 번째 열은 거의 대칭성이 나타나지 않는다. 하지만 모든 계산은 세 번째 열에서 나온다. 이것은 '파스칼 삼각형'이라고 하는 굉장한 결과로서, 확률 이론의 문을 열어줄 열쇠이다.

파스칼 삼각형은 아래와 같은 삼각형 형태의 숫자 배열이다.

$$
\begin{array}{c}
1 \\
1 \quad 2 \quad 1 \\
1 \quad 3 \quad 3 \quad 1 \\
1 \quad 4 \quad 6 \quad 4 \quad 1 \\
1 \quad 5 \quad 10 \quad 10 \quad 5 \quad 1 \\
1 \quad 6 \quad 15 \quad 20 \quad 15 \quad 6 \quad 1
\end{array}
$$

〈그림 7.3〉 파스칼 삼각형

〈그림 7.3〉의 각 수는 바로 위에 있는 두 수의 합이다. 가령 다섯째 줄의 세 번째 수(10)는 네 번째 줄의 4와 6의 합이다. 파스칼 삼각형에서 우선 눈에 띄는 것은 각 줄의 수들이 좌우로 대칭이라는 사실이다. 그리고 두 변수, 가령 p와 q의 합의 거듭제곱을 전개했을 때 나오는 수들이라는 사실이다. 즉, $(p+q)^n$을 전개했을 때 나오는 계수들이다.

가령, $n=2$일 때,

$$(p+q)^2=(p+q)(p+q)=p(p+q)+q(p+q)=p^2+pq+qp+q^2=p^2+2p^1q^1+q^2.$$

일반적으로 $n=0, 1, 2, 3, 4, 5, 6, ...$에 대해 전개해서 위의 과정을 수행하면 아래와 같은 삼각형 모양의 배열이 나온다.

$$(p+q)^0=1$$

$$(p+q)^1=1p^1q^0+1p^0q^1$$

$$(p+q)^2=1p^2q^0+2p^1q^1+1p^0q^2$$

$$(p+q)^3=1p^3q^0+3p^2q^1+3p^1q^2+1p^0q^3$$

$$(p+q)^4=1p^4q^0+4p^3q^1+6p^2q^2+4p^1q^3+1p^0q^4$$

$$(p+q)^5=1p^5q^0+5p^4q^1+10p^3q^2+10p^2q^3+5p^1q^4+1p^0q^5$$

$$(p+q)^6=1p^6q^0+6p^5q^1+15p^4q^2+20p^3q^3+15p^2q^4+6p^1q^5+1p^0q^6$$

임의의 n에 대해 다항식 $(p+q)^n$의 전개식의 계수들이 바로 파스칼 삼각형의 수들이다.

이 삼각형의 역사는 블라제 파스칼 훨씬 이전부터 시작된다.[06] 12세기 중국의 대수학자인 주세걸(朱世傑)의 저서에 나타났으며, 파스칼이 자기 이름을 딴 이 삼각형을 연구하기 1세기도 더 전인 1527년에 독일 학자 페트루스 아피아누스(Petrus Apianus)의 『산수책』(이 책은 독일 화가 한스 홀바인(그림 〈대사들〉(1533년) 속에도 나온다)의 표지에 등장했다.[07]

현대 이란에서 이 삼각형은 '카이얌 삼각형'으로 알려져 있는데, 페르시아의 유명한 시인 겸 수학자인 오마르 카이얌(Omar Khayyám)의 이름을 딴 명칭이다. 그는 12세기에 n제곱근의 값을 찾는 방법을 알아내기 위해 그 삼각형을 이용했다고 한다. 현대 중국에서 이 삼각형은 13세기에 중국에 도입했던 또 한 명의 중국인을 기념하여 '양휘(楊輝) 삼각형'이라고 불린다. 이탈리아에서는 파스칼보다 1세기 전에 살았던 수학자 니콜로 타르탈리아(Niccolò Tartaglia)의 이름을 따서 타르탈리아 삼각형이라고 불린다. 하지만 이미 알려진 여러 결과들을 집대성하여

이 삼각형을 확률 이론에 적용한 사람은 분명 파스칼이다.[08]

확률 분포

〈그림 7.2〉는 룰렛 게임을 100번 해서 붉은색 숫자가 나올 확률을 보여준다. 이것을 보면, 〈표 7.1〉에 나오는 계산 예들 및 이항식 $(p+q)^n$의 계수들로부터 그래프가 어떻게 그려지는지 알 수 있다. 그래프 속 막대들의 분포는 '이항 분포(binominal distribution)'라고 한다. 이항이라는 용어는 p와 q의 두 항을 바탕으로 삼았다는 뜻이다. n이 증가할수록 막대그래프의 꼭대기들은 매끄러워져서 종 모양 곡선을 닮아간다. n이 클수록 곡선은 더 매끄러워진다.

어떤 큰 n값을 선택해보자. 우리는 곡선의 면적, 즉 확률을 그대로 유지하면서 막대그래프를 변환시킬 것이다. 각 막대의 밑변은 폭이 1이므로, 확률들의 분포는 직사각형의 넓이, 즉 막대의 높이로 표현된다. 적절한 이동, 축소 및 확대를 통한 그래프의 수정을 통해 우리는 원래 그래프의 유용한 정보를 전부 간직한 새로운 그래프를 얻을 수 있다.[09] 물론 수정된 그래프에서 수직축은 더 이상 (원래 그래프에서와 동일한) 확률을 나타내지 않을지 모른다. 문제는 직사각형들의 면적에 달려 있는데, 우리는 똑같은 인자로 수직축을 확장하고 수평축을 축소했기 때문에 면적은 달라지지 않았다.

수정을 통해 얻은 것은 무엇일까? 기적과도 같은 굉장한 개념이다. 가령, 룰렛 게임을 100번 해서 붉은색 숫자가 몇 번 나오는지에 관한 확률을 나타내는 이항 분포 막대그래프를 특정한 수학 곡선으로 가깝게 근사할 수 있다. 여기서 이해해야 할 중요한 점은 이 특정한 곡선이 우연히 발생하는 듯한 수많은 자연현상을 기술해준다는 것이다. 놀랍게도 이 특정한 곡선은 룰렛 휠의 숫자 란에 떨어지는 공들과 분명한 관련성이 없는데도 룰렛의 사건들을 기술해낸다.

더욱 놀라운 것은 이 곡선이 동전 던지기도 기술해준다는 점이다. 단 하나의 곡선이 수많은 상이한 현상들의 확률을 모형화해내는 것이다. 특정 사건의 확률에 관한 정보를 얻으려면 어떤 정보를 그 모형에 입력해야 한다. 이때 반드시 필요한 두 가지 수가 평균과 표준편차이다.[10] 이 두 수는 가령 룰렛을 예로 들면 성공 확률 p(공이 붉은색 란에 들어갈 확률)가 9/19라는 정보를 모형에 제공한다. 일단 구체적인 p와 N(룰렛 게임의 총 시행 횟수)이 주어지면, 룰렛에서 붉은색 숫자가 나오는 분포에 대한 표준편차를 계산할 수 있다.[11] 이것은 결과가 평균에서 얼마나 흩어져 있는지를 나타내는 값, 즉 '평균으로부터의 표준편차'인데, 흔히 간단하게 '표준편차'라고 한다.[12]

평균과 표준편차를 이용하여 이항 빈도 그래프를 수학적 기법(이동과 크기 조정)을 통해 특정한 곡선으로 변환한 것이 바로 '표준정규곡선'이다. 이 위력적인 곡선이 〈그림 7.4〉에 그려져 있다.[13]

〈그림 7.4〉의 곡선의 수평축에 있는 수들은 평균으로부터의 표준편차의 수를 센 것이다. 우리는 시행횟수를 표준편차의 집단으로 묶었다. 사건 결과의 개별 확률은 더 이상 보이지 않는다. 〈그림 7.4〉의 곡선 아래에 나오는 변수 X는 가장 가능성이 높은 성공 횟수로부터 성공 횟수들이 벗어나 있는 편차를 나타내는 값이다. 따라서 수평축의 X는 표준

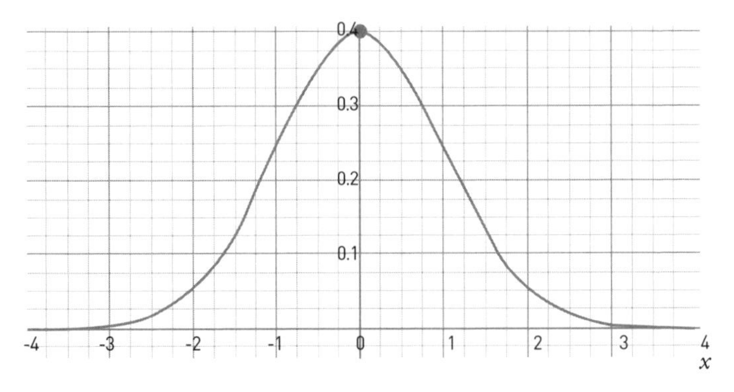

〈그림 7.4〉 표준정규곡선의 그래프

편차로 측정된다. 곡선의 높이는 더 이상 확률이 아니다. 왜냐하면 곡선 아래의 면적을 보존하기 위해 크기가 조정되었기 때문이다. 하지만 크기 조정에도 불구하고 우리는 매우 유용한 정보들을 여러 가지 얻을 수 있다.

첫째, 곡선 아래 면적의 약 68퍼센트가 평균으로부터 1 표준편차 범위에 놓여 있으며, 면적의 약 95퍼센트가 평균으로부터 2 표준편차 범위에 놓여 있다. 둘째, 1 표준편차의 위치는 변곡점으로 표시된다. 변곡점은 곡선이 위로 볼록한 모양에서 아래로 볼록한 모양으로 바뀌는 점이다.

룰렛 게임을 100번 시행에서 붉은색 숫자가 나오는 결과에 대한 1 표준편차가 동전 100번 던지기에서 윗면이 나오는 결과에 대한 1 표준편차와 똑같지 않은데도, 두 사례에 대한 곡선은 놀랍게도 똑같다. 그렇긴 해도 각각의 곡선이 어떤 의미인지 해석하기는 서로 다를 것이다. 그리고 수많은 종류의 도박 게임의 확률 분포가 모두 〈그림 7.4〉에 나오는 곡선의 형태를 띠긴 하지만, 축에 표시된 값들은 평균과 표준편차의 특정한 계산 값에 의해 해석되어야 한다. 그 정보는 특정한 게임마다 총 시행횟수 및 성공 사건의 확률에 의존할 것이다.

빈도 분포를 살펴볼 때 우리는 주로 평균 주변 영역을 살피는 경향이 있다. 하지만 평균 범위로부터 훨씬 멀리서 벌어지는 일이 전체 누적 결과에 심각한 영향을 끼칠 수도 있다. 우리는 바깥 영역에 별로 주목하지 않는데, 왜냐하면 가능성이 가장 높은 중심적 경향에 관심을 가질 뿐, 일어날 법하지 않는 사례에는 관심이 적기 때문이다.

일어날 법하지 않는 사례나 최악의 시나리오에 우리가 신경 쓰기는 하는가? 아주 드문 일이니 그냥 무시하지 않는가? 그런 일은 우연의 일치나 자연의 요행이다. 즉 우연의 바람을 타고 일어나는 특이한 사건일 뿐이다. 정상적인 동전의 던지기 횟수가 늘어날 때, 윗면이 나오는 총 횟수는 아랫면의 총 횟수를 훨씬 능가할지 모른다(반대 경우도 마찬가지다). 가령, 동전 하나를 100번 던질 때 승산은 1 대 1인데도 매번 윗면이 나올 수 있다. 일어나기 무척 어려운 사건이긴 하지만 불가능하지는 않다.

당분간 좀 더 보수적으로 접근하기 위해, 100번 던질 때 윗면이 41번 아랫면이 59번 나오는 경우(각 사건의 발생 확률이 0.41과 0.59인 경우)를 예로 들어보자. 큰 차이처럼 보이지만, 100번 던질 때 윗면과 아랫면의 차이는 고작 18이다. 하지만 (6장에서 했듯이) 동전을 500번 던졌더니 비율이 1/2의 확률에 매우 가깝게 줄어들었다면, 가령 총 던지기 횟수에서 윗면이 나온 횟수의 비가 0.45이고 아랫면이 나온 횟수의 비가 0.55라면, 윗면은 225번 아랫면은 275번이 나와서 차이는 50이다.

달리 말해서, 차이는 비율이 1/2에 가까이 접근하더라도 여전히 계속 커질 수 있다.

요약하자면 동전 던지기 횟수가 커질 때 윗면이 반복해서 나올 확률 또한 커질 수 있기에, 결과의 분포를 예측할 수는 없다. 또한 우리는 동전을 100번 던진 후 잠시 쉬었다가 다시 100번 던지고, 이런 식으로 계속할 수도 있다. 각각의 100번 던지기를 묶어서 새로운 한 시기라고 볼 수 있다. 그렇다면 500번 던져서 윗면과 아랫면의 차이가 50이라면 매 100번마다 10번의 차이가 생긴 것일까? 차이 50은 언제 생기는가? 마지막 100번 던지기에서 연속적으로 생길 수 있지 않을까? 물론 그렇게 되기란 우연의 일치이겠지만, 어떤 가능성도 나름의 확률이 있다!

이론상으로 볼 때, 룰렛은 우리가 본 적이 없는 세계, 결코 존재한 적이 없는 세계 속의 완전히 정지된 실내에서 이상적인 구형 공을 완벽하게 균형 잡인 휠 주위로 굴리거나 튕겨서, 정확하게 간격이 정해진 숫자란에 넣는 방식으로 진행된다. 현실의 룰렛 게임은 공과 휠이 매우 큰 오차를 나타낼 수밖에 없는 제조 상황에서 생산된 기계에 의해 진행된다. 그런데 이상 세계와 현실 세계는 우리가 쉽사리 이해할 수 없을 만큼 심오하게 연결되어 있다.

이상 세계 vs. 현실 세계

현실 세계의 룰렛 휠이 편향되지 않는 정상적인 제품인지 검사하려면 빈도 분포 그래프를 그려서 검사해 보면 된다. 이때 나온 그래프는 완전한 모형의 그래프와는 닮지 않을지도 모르지만, 휠이 정말로 정상이라면 그리고 충분히 큰 시행횟수 동안 관찰한다면, 관찰된 결과의 그래프는 〈그림 7.4〉의 그래프와 (적어도 형태상으로) 분명 닮았을 것이다.

한 실험을 n번 시행해서 n가지의 결과 $O_1, O_2, O_3, \ldots, O_n$을 얻었고, 각 결과에 대한 발생 확률은 $p_1, p_2, p_3, \ldots, p_n$이라고 하자. 이를 통해 확률 분포를 관찰할 수 있다. 가령 앞서 보았듯이, 주사위를 던질 때 여섯 가지 눈이 각각의 결과일 수 있고, 각각의 확률은 1/6이다. 정상적인 게임의 경우, 실험에서 얻은 분포는 이론적인 분포와 분명 매우 가까울 테지만, 실험이 완벽하지 않은 세계에서 진행되는 바람에 어느 정도의 오차는 생길 수밖에 없다.

여기서 '완벽한'이라는 말은 '수학적'이라는 뜻이다. 실제 확률을 알려면 관찰로 수집한 데이터를 완벽한 세계에서 '기대되는' 계산치와 비교해야 한다. 도박꾼들은 승산이 자신들한테 낮다는 것을 알면서도, 현실 세계는 이론적 계산치에서 벗어나서 자신들한테 유리해질지 모른다고 내다본다. 이와 같은 생각은 '누군가는 이기기 마련'이라는 강력한 믿음에서 나온다. 운명의 수학적 기댓값을 무시하고 위험한 모험을 하는 것이다.

영국 수학자 칼 피어슨(Karl Pearson)은 몬테카를로 카지노에서 발표된 1892년 7월부터 8월까지의 4주간 기록을 분석하여 다음 사실을 알아냈다. 즉, 카지노 시스템은 비록 룰렛 테이블의 기계장치가 최대한 정확하게 설정되어 있었는데도 우연의 법칙을 완벽히 따르지 않았다.[14] 수학적으로 정확하다고 가정한다면, 확률 법칙에 따라 공은 휠의 서른일곱 숫자 칸 어디에나 똑같은 확률로 들어가야 한다.

0칸을 제외하면 공이 붉은색 숫자 칸이나 검은색 숫자 칸에 들어갈 수학적 확률은 똑같다.[15] 즉, 휠을 아주 많이 돌리면 공은 붉은색 숫자 칸에 총 횟수의 50퍼센트만큼 들어가야 한다는 뜻이다.

하지만 몬테카를로 카지노 룰렛 휠을 4,274번 돌렸을 때의 결과를 피어슨이 2주간 검사했더니, 평균에서 벗어난 표준편차가 기대되는 값보다 거의 열 배였다. 정상적인 룰렛 휠에서 그럴 확률은 10조 분의 1보다 낮다! 피어슨은 이렇게 적었다. "설령 몬테카를로 룰렛 게임이 지구의 지질학적 시간의 시작부터 진행되었더라도, 그 게임이 우연에 의해 작동한다고 가정한다면 우리는 이 2주간에 벌어졌던 것과 같은 일이 '한 번이라도' 발생하길 기대하지 않아야 한다."[16]

기적과도 같은 우연의 일치로 피어슨은 지구의 역사에서 딱 한 번 일어날까 말까 할 정도로 생기기 어려운 한 사건을 접했다. 그렇다면 룰렛 휠이 정상이 아니라고 의심해야 하지 않을까?

피어슨의 제자 한 명이 또 다른 2주간의 데이터를 조사했더니, 처음 것보다는 일어나기 어려운 정도가 덜했지만 그래도 하루 24시간 내내 계속 게임을 시도해서 5,000년에 딱 한 번 일어나리라고 예상되는 결과가 버젓이 나왔다. 또 다른 이가 몬테카를로 카지노에서 2주간 벌어진 7,976번의 룰렛 게임을 살폈더니, 승산이 263,000 대 1인 결과가 있었다. 다른 검사들에서도 마찬가지로 승산이 매우 낮은 결과가 발견되었다. 30,575번의 룰렛 게임을 살펴본 1893년의 조사에서는 무려 승산이 5천만 대 1 미만의 결과가 나오기도 했다. 피어슨은 이렇게 말했다. "몬테카를로 룰렛은 공식적으로 부인되지 않은 수익률 발표로 판단하건대, 만약 우연의 법칙이 지배한다면 정확한 과학의 관점에서 볼 때 19세기의 가장 엄청난 기적이 아닐 수 없다…."[17]

이론에서 벗어난 정도가 도저히 가능할 법하지 않게 컸기에 피어슨은 이렇게 적었다. "그 정도로 벗어날 승산은 10억 대 1로서…."[18] 그의 관찰 결과가 수학적으로 기대되는 이론과 벗어날 승산이 10억 대 1이었던 것이다!

저명한 수학자 워렌 위버(Warren Weaver)도 1950년대 어느 날에 몬테카를로 카지노의 한 휠이 심지어 스물여덟 번 연속 성공을 기록한 사례를 언급했다. 그런 일이 생길 승산은 268,435,456 대 1이다. 몬테카를로 카지노의 일일 룰렛 게임 수를 바탕으로 계산했을 때, 그런 사건은 500년에 고작 한 번 일어날까 말까다.[19] 그리고 미국의 마술사 겸 도박 전문가 존 스칸(John Scarne)도 1959년 7월 9일 푸에토리코의 엘산후안 호텔에서 룰렛 공이 여섯 번 연속으로 10에 들어간 사례를 언급했다. 그런 사건의 승산은 133,448,704 대 1이다.[20]

설령 게임이 공정해 보이는데도 우리가 관찰하는 결과가 너무나 일어날 법하지 않는 것이라면, 실제로 그 게임은 공정하지 않을지 모른다. 하지만 우리가 큰 수의 약한 법칙을 통해 알고 있듯이, 지극히 드문 사건이라도 적어도 시도 횟수가 충분히 많으면 일어날 가능성이 꽤 높다.

유명한 〈카사블랑카〉 영화 속 우연의 일치를 기억하는가? 이 사건도 지구의 역사상 딱 한 번 일어날 수 있을 정도로 매우 가능성이 낮다. 영화에서 나이트클럽 릭스 카페의 소유주 릭 블레인은 한 젊은 불가리아 여성 아니나의 약혼자인 잰을 구해주려고 시도한다. 잰은 탈출 비자를 얻으려고 룰렛 게임을 했지만 돈을 잃고 있었다. 그 전에 젊고 아름답고 순진한 아니나는 릭에게 이런 고민을 터놓았다. 자신과의 잠자리를 조건으로 경찰서장 루이 르노가 탈출 비자를 주겠다고 약속했는데, 과연 그렇게 하면 약혼자에게 용서 받을 수 있을지 물은 것이다.

릭스 카페의 게임 룸에서 벌어진 다음 장면을 떠올려보자. 잰이 룰렛 테이블에 앉아 있다. 남은 칩은 이제 세 장뿐이다. 릭이 들어와서 잰 뒤에 앉는다.

딜러: (잰에게) 다시 한 번 더 거시겠습니까?

잰: 아뇨, 아뇨, 안 하고 싶네요.

릭: (잰에게) 자네, 오늘밤 22에 걸어봤나? (딜러를 쳐다보면서) 22라고 말했네.

(잰이 릭을 쳐다본 후, 남은 칩에 손을 댄다. 잠시 멈춘 후 남은 칩을 22 위에 놓는다. 릭과 딜러가 눈짓을 주고받는다. 휠이 돈다. 칼이 지켜보고 있다.)

딜러: 22, 검은색, 22입니다. (다시 그가 또 한 더미의 칩을 밀어서 22 위로 가져간다.)

릭: (잰에게) 다시 저기에 걸게.

(잰이 머뭇거리다가 22에 건다. 돌던 휠이 멈춘다.)

딜러: 22, 검은색입니다. (그가 칩 더미를 잰한테로 밀어서 놓는다.)

릭: (잰에게) 현금으로 바꿔서 여길 떠나 다시는 오지 말게.

(잰이 일어나 캐셔에게 간다.)

한 손님: (칼에게) 정말 여기 정직한 곳 맞나요?

칼: (흥분해서, 멋진 이디시어 억양으로) 정직하냐고요? 젠장, 해가 동쪽에서 뜨는 것만큼이나 정직하죠!

룰렛 공이 22에 두 번 연속 들어갈 승산은 1,369 대 1이기에, 영화를 볼 때 우리가 일어나리라고 결코 상상하기 어려운 확률이다. 하지만 영화는 허구다. 충분히 저런 일이 생길 만하다. 현실에서는 저렇게 승산이 낮은 게임에서 22가 두 번 연속 당첨 숫자로 나오면 놀라지 않을 수 없다. 그러나 영화에서는 릭이 그 숫자를 말했으며, 릭이 말한 그대로 저 숫자가 나왔다. 그랬기에 영화 속에서는 승산이 1,396 대 1보다 훨씬 높았던 것이다.

릭스 카페의 경이로운 허구적 정직성을 소재로 한 영화 이전에 시뇨르 에마누엘 라벨리(치코 막스가 맡은 역)와 교수(하포 막스가 맡은 역)가 속임수로 브리지(bridge) 게임을 하는 내용의 영화가 있었다. 바로 막스 형제(Marx Brothers)의 영화 〈애니멀 크래커스(Animal Crackers)〉이다. 라벨리와 교수(범죄에 늘 함께 하는 동업자)는 브리지 게임에서 파트너를 정하기 위해 카드를 뽑고 있었다. 라벨리가 자기 카드를 뽑은 뒤에 스페이드 에이스라고 알린다. 이어서 교수가 뽑은 후 자기 카드를 보여주자, 시뇨르 라벨리는 이런 재담을 날린다.

"스페이드 에이스네요. 하, 하! 그게 바로 우연의 일치라는 겁니다."

8장
원숭이 문제

우리는 세상의 크기에 속을 때가 왕왕 있다. 세상은 우리 생각보다 더 크기도 하고 더 작기도 하다. 100년 전에 우리는 작은 마을에 갇혀 살았다. 폴란드의 내 숙부님과 숙모님들은 고향 마을을 거의 벗어나지 못했다. 오늘날에는 국제적인 이동이 쉬워졌기 때문에 다른 나라에서도 친구나 친척을 예사롭지 않게 만나기도 한다.

우리는 뉴욕에서 홍콩까지 15시간 만에 갈 수 있기에 세상의 거대함을 잘 알아차리지 못한다. 여러분이 지금 이 문단을 읽는 동안에 세계 인구 중 몇 명이 자살을 하는지 아느냐고 내가 묻는다면, 여러분은 0명이라고 말할지 모르겠다. 하지만 세상이 실제로 얼마나 큰지 여러분이 가늠할 수 있도록 사실을 알려드리겠다. 세계보건기구의 추산치에 따르면 평균적으로 40초마다 세계 어느 곳에서 누군가 한 명이 자살로 죽는다. 매일로 치자면 평균 2,160명이다! 물론 국가마다 다르다. 가령, 자살이 불법인 인도에서는 자살률이 전 세계 평균의 거의 두 배다.

정의상, 우연의 일치는 명확한 원인 없이 생기는 사건이다. 그런데 누구한테 명확하다는 말일까? 원인이 아예 없다는 뜻은 아니다. 세상은 일반적으로 원인과 결과에 의해 작동한다. 내가 '일반적으로'라고 말한 까닭은 물리학, 심리학 및 종교에서 원인이 없는 현상이 존재하기 때문이다. 하지만 우연의 일치 사건의 원인을 우리가 알게 되는 순간, 그 사건은 시공간 상의 단순한 사건으로 축소된다. 그러니까 우연의 일치는 그것에 영향을 받는 사람들에게 상대적이라는 뜻이다. 또한 분명하지는 않지만 앞으로 드러날 수도 있는 원인이 존재한다는 뜻이기도 하다. 원인이 아예 없는 일이라야만 순전히 우연에 의해 발생한다.

잘 섞인 보통의 카드 52장에서 스페이드 에이스를 뽑을 승산은 51 대 1이다. 즉, 그 카드가 뽑히지 않는 가짓수가 51이고 뽑힐 가짓수가 1이다. 임의의 조의 에이스를 뽑을 승산은 12 대 1이다(스페이드, 하트, 다이아몬드, 클로버 총 4개 조에 에이스가 한 장씩 있기 때문이다_옮긴이). 즉, 카드 13장을 뽑으면 에이스가 나올 가능성이 매우 높다는 뜻이다. 실제로 어떻게 될지는 확률이 결정한다.

스페이드 에이스를 뽑은 다음 다시 전체 카드에 집어넣고 카드 한 장을 다시 뽑는다고 하자. 비록 두 번 연속 스페이드 에이스를 뽑을 승산은 2,703 대 1이긴 하지만, 두 번째 시도에서 그 카드를 다시 뽑을 승산은 여전히 51 대 1이다. 즉, 스페이드 에이스를 다시 뽑는 경우, 각각의 승산이 51 대 1인 두 가지 일이 일어나야 한다. 따라서 스페이드 에이스를 두 번 뽑을 확률은 $(1/52)(1/52)=1/2704$이다. 그러므로 그 카드를 두 번 뽑을 승산은 2,703 대 1인 것이다. 두 번째 뽑기가 첫 번째 뽑기보다 더 어려운 것이 아니기에, 위의 결과는 역설적으로 보일지 모른다.

저런 낮은 가능성에도 불구하고 두 번째 시도에서 여전히 스페이드 에이스를 뽑기가 가능하다. 우리의 경험상 그런 일은 꽤 자주 일어난다. 여러분은 두 번 연속 스페이드 에이스 뽑기에 1달러를 걸지 모르는데, 그렇다고 전 재산을 걸지는 않는다. 현명한 행동은 두 번 연속 스페이드 에이스 뽑기에 2,703 대 1 이상의 보상을 받는 조건으로 그 돈을 거는 것이다. 그럴 경우, 여러분은 여윳돈 몇 천 달러가 있다면 그런 게임을 몇 천 번 할 수 있는데…. 하하하…. 그러면 적어도 한 번은 돈을 딸 가능성이 꽤 있다.

물론 스페이드 에이스를 세 번 연속, 네 번 연속 뽑기는 훨씬 더 가능성이 낮다. 네 번 연속 뽑을 확률은 (1/52)(1/52)(1/52)(1/52)=1/7,311,616이기에, 승산은 7,311,615 대 1이다. 아주 가능성이 낮긴 하지만 불가능하지는 않다. 이번에는 절대 1달러를 걸지 말기 바란다. 정말이지 스페이드 에이스를 50번 연속으로, 100번 연속으로 심지어 그보다 큰 횟수만큼 연속으로 뽑는 것도 아예 불가능하지는 않다.

스페이드 에이스를 네 번 연속 뽑았다면, 여러분은 전체 카드를 의심할지 모른다. 하지만 확률은 재미있다. 확률의 세계에서는 스페이드 에이스가 네 번 연속 나오지 말라는 법은 없다. 어쨌든 수많은 음표들을 공중에 던졌더니 떨어져서 베토벤 소나타가 될 가능성보다는 높다. 그런데 음표들을 공중에 던져서 베토벤과 같은 음악을 작곡할 수 있다는 데에 여러분은 돈을 걸지 않을 것이다. 물론 음표들을 아주 많은 횟수 동안 던지다 보면, 그럴 듯한 소나타가 분명 나올 수 있다.

이제 여러분이 다른 열 명과 함께 포커 게임을 한다고 하자. 클로버 로열플러시, 즉 A♣ K♣ Q♣ J♣ 10♣를 뽑을 승산은 2,598,959 대 1

이다. 왜 그럴까? 첫 번째 뽑을 때는 카드를 뽑을 가짓수가 52개, 두 번째 뽑을 때는 51개, 세 번째 뽑을 때는 50개, 네 번째 뽑을 때는 49개, 마지막으로 다섯 번째 뽑을 때는 48개이다. 따라서 다섯 카드를 뽑을 총 가짓수는 52×51×50×49×48이다.

하지만 이 수는 너무 크다. 위의 수는 특정한 순서로 카드를 뽑는 상황을 가정하고 있다. 그러나 어떤 특정 순서여야 할까? 그것은 중요하지 않다. 가령, 에이스를 처음에 뽑아도 되고, 두 번째나 세 번째나 네 번째나 다섯 번째 뽑아도 상관없다. 에이스가 뽑히는 순서를 고정시키면, 킹을 뽑을 순서는 네 가지가 되고, 퀸은 세 가지, 잭은 두 가지, 10은 한 가지이다. 따라서 로열플러시의 다섯 카드를 뽑을 총 가짓수를 계산하려면 (52×51×50×49×48)을 (5×4×3×2×1)로 나누어야 한다. 그러면 2,598,960이 나온다. 즉, 포커 카드에서 다섯 장의 카드를 꺼내기를 2,598,960번 하면 A♣ K♣ Q♣ J♣ 10♣가 뽑히지 않는 횟수가 2,598,959이고, 뽑히는 횟수가 1번이다.

그러나 어떤 무가치한 패를 뽑을 승산도 마찬가지다. 누구나 동의하듯이, 3♠ 6♥ 8♣ J♦ Q♠란 패는 별 의미가 없다. 저 카드 다섯 장이 나올 승산도 역시 2,598,959 대 1이다. 이런 식으로 생각해보자. '어떤 한 사람'이 A♣ K♣ Q♣ J♣ 10♣를 뽑을 확률은 이 패를 다른 임의의 사람들이 뽑을 확률보다 훨씬 적은 것이다(각각의 사람이 뽑을 확률은 누구나 동일하므로 임의의 여러 사람들이 뽑을 확률이 특정 개인보다 더 크다는 뜻이다. 결국 어느 특정 개인이 저 패를 뽑을 확률이 매우 낮다는 점을 말하고 있다_옮긴이).

생일 문제

우연의 일치를 평가하는 적절한 수학 모형은 적어도 두 가지가 있다. 하나는 생일 문제이다. 요지는 스물세 명의 사람들을 모았을 경우 그중 두 사람의 생일이 같을 확률이 1/2이라는 것이다. 다른 하나는 원숭이 문제로서, 다음과 같은 질문이다. 시간이 충분하다면, 원숭이가 무작위로 컴퓨터 키보드를 두드려서 셰익스피어 〈소네트〉의 첫 번째 행을 적을 수 있을까?

생일 문제는 인터넷상에서 그리고 대중적인 수학책에서 자주 다루어졌으며 교실에서도 가장 많이 취급된 주제여서, 너무 식상한 느낌이 들지 모른다. 하지만 생일 문제는 우연의 일치를 생각하기 위한 (어쩌면 최상의) 모형이다. 우리는 대체로 그 문제를 '우연의 일치 문제'라고 여기는 경향이 있다. 어쨌거나 우리는 큰 집단 내의 두 사건 A와 B가 일치할 가능성을 문제 삼기 때문이다. 우리는 A와 B가 일치할 확률이 1/2보다 크려면 집단의 크기가 얼마나 커야 하는지 물어볼 수 있다. 또한 이 문제를 일반화하면 확률 법칙이 어떻게 직관에 반해서 작용하는지 알 수 있다. 무작위로 선택된 N명의 집단에서, 그 집단 내의 두 사람이 생일이 같으려면 N이 얼마나 커야 할까? 답은 $N=23$, 놀랍도록 작은 수다.

N을 찾기란 어렵지 않다. N명이 생일이 같지 '않을' 확률을 $p(N)$이라고 표시하자. 그렇다면 $p(2)=365/365\times364/365$이다. 왜냐하면 두 명 중 한 명은 365일 중 어느 날이나 태어날 수 있으니, 다른 한 명에 대해서는 그 하루만 빼면 되기 때문이다. 이 $p(2)$는 1에 매우 가깝다. 놀랄 게 없다. 그 다음으로 $N=3$이라고 하자. $N=2$인 사례와 비슷한 이유

로 세 번째 사람은 앞의 두 사람 중 누구와도 생일이 같지 않다. 따라서 $p(3)=365/365\times364/365\times363/365$이다. 이 곱은 계산기로 쉽게 계산할 수 있다. 이런 식으로 계속하면 N이 증가할수록 $p(N)$이 감소함을 알 수 있다. 마침내 $N=23$에 이르면, 그 지점에서 다음 계산 결과가 얻어진다.

$$p(23)=365/365\times364/365\times363/365\times\ldots\times343/365$$
$$=(1/365)^{23}\times(365\times364\times363\times\ldots\times343)=0.4927$$

〈표 8.1〉과 〈그림 8.1〉을 보면, $p(23)$(23명의 사람들 중에서 생일이 같은 사람이 없을 확률)이 0.4927이라고 나온다. 그렇다면 23명의 사람들 중에 생일이 같은 사람들이 있을, 즉 적어도 두 명이 생일이 같을 확률은 $1-0.4927=0.5073$으로서 0.5보다 크다.

〈표 8.1〉

N	2	3	4	5	6	7	8	9	10	11	12
p	0.9972	0.9918	0.9836	0.9836	0.9595	0.9435	0.9257	0.9054	0.8831	0.8589	0.8330
N	13	14	15	16	17	18	19	20	21	22	23
p	0.8056	0.7769	0.7471	0.7164	0.6850	0.6531	0.6209	0.5886	0.5563	0.5243	0.4927

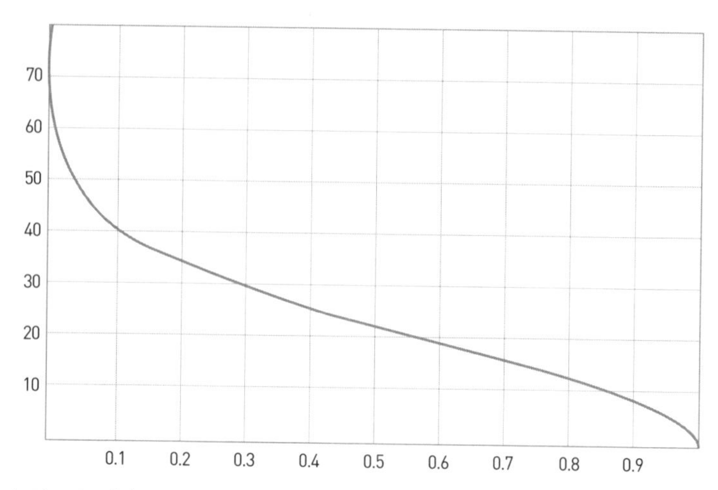

〈그림. 8.1〉 집단 중 어느 두 명도 생일이 같지 않게 되는 집단의 크기와 집단의 어느 두 명도 생일이 같지 않을 확률 사이의 관계를 나타낸 그래프

이처럼 체계적인 문제에도 해답을 어긋나게 만드는 가정이 들어 있다. 사소한 가정으로는 윤년을 무시했다는 것이다. 더 중대한 가정은 생일이 우리의 생각처럼 일 년에 걸쳐 무작위로 분포되어 있지 않다는 점을 무시했다는 것이다. 우리가 알기로 생일은 뭉쳐 있는 경향이 있는데, 이는 휴가일, 자연재해, 계절 및 다른 알 수 없는 불균형과 관련이 있을지 모른다.

다른 흥미로운 사안들도 있다. 집단 내에 세 명이 생일이 같을 확률이 1/2을 넘으려면, 이전 집단의 크기에 다시 23명이 추가된 수에 가까우리라고 여러분은 짐작할지 모르겠다. 하지만 정확한 수는 88이다. 네 명이 생일이 같으려면 집단의 크기는 187이다.[01] 〈표 8.2〉와 〈그림 8.2〉를 보면, k가 생일이 같은 사람의 수일 때 집단의 크기 N이 어떻게 증가하는지 알 수 있다.[02]

〈표 8.2〉

N	2	3	4	5	6	7	8	9	10	11	12	13
p	23	88	187	313	460	623	789	985	1,181	1,385	1,596	1,813

이 도표는 다음 출처에서 나왔다. 브루스 레빈에게 감사드린다. Bruce Levin, "A Representation for Multinominal Cumulative Distribution Functions," *Annals of Statistics* 9 (1981): 1123–1126.

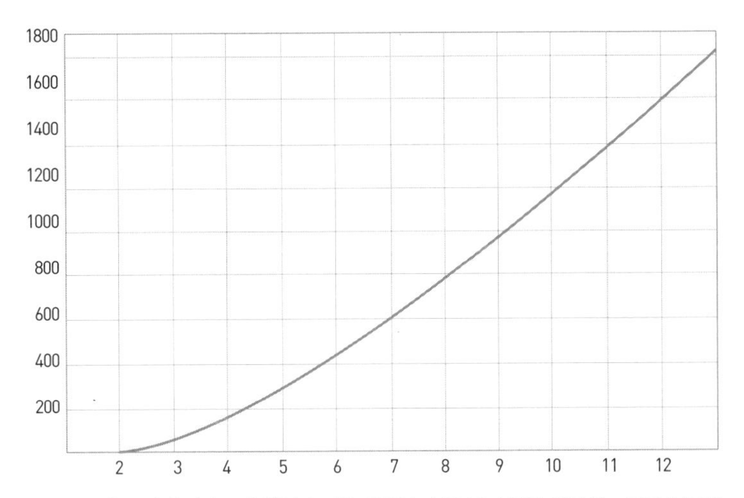

〈그림. 8.2〉 x명의 사람들이 생일이 같을 확률이 1/2을 넘기 위한 집단의 크기를 나타낸 그래프

표준적인 생일 문제를 처음으로 소개한 사람은 리하르트 폰 미제스(Richard von Mises)이다. 오스트리아 출신의 유대계 응용수학자였던 그는 현명하게도 1933년에 베를린을 떠나서 이스탄불 대학에서 교수직을 얻었다. 거기서 유체역학, 항공역학 및 확률 이론에 굵직한 연구 업적을 남겼고, 1939년에 하버드 대학에 자리를 얻어서 미국으로 갔다.[03]

생일 문제에는 여러 사안들이 숨겨져 있다. 어떤 관점에서 보자면 생일 문제는 조합론의 문제이다. 또 다르게 보자면, 순전히 가상의 주사위 문제로 볼 수도 있다. 즉, 면이 365개인 주사위 하나를 23번 던져서 같은 면이 두 번 나올 확률이 얼마나 되는지 묻는 문제이기도 하다. (365면을 가지면서 공정한 결과가 나오는 실제 주사위를 만들 수 없기에 이것은 가상적인 사고실험이다.) 하지만 이 문제는 일 년의 모든 날들에 차례로 숫자를 매겨서 무작위적인 패턴으로 골라내기라고 볼 수도 있다. 가령 1부터 365까지의 수를 그 수만큼의 플라스틱 조각에 새기거나 회전하는 작은 상자에 넣은 다음에, 한 번에 하나씩 고른 후 다시 집어넣기를 N번 한다고 하자. 그런 다음에 이렇게 묻는다. N번 골랐더니 한 숫자가 두 번 나올 확률 $p(N)$은 얼마인가?[04]

이 문제는 미국에서 어떤 학술회의가 열렸을 때 참여자의 사회보장번호 마지막 네 자리 숫자가 똑같은 사람들의 수를 묻는 것과 비슷하다. 다만 이 경우 차이라면 숫자가 365 대신에 9999로 바뀌는 것뿐이다(0000이 마지막 네 숫자가 아니라고 가정한다). 이렇게 가정할 때, 회의에 118명이 참여하면 두 명이 사회보장번호 마지막 네 자리 숫자가 똑같을 확률은 1/2을 넘는다.[05] 그 마지막 네 숫자는 어떤 것인지 중요하지 않으며 참여자의 생년월일과도 별로 관련성이 없다.

이 책을 막 쓰기 시작하려고 할 때, 한 온라인 여성잡지의 기고가인 아그네스가 내가 책을 쓰고 있다는 사실을 우연히 알게 되었다. 아그네스는 이런 이메일을 보내왔다. "마주르 교수님. 결례일지 모르지만, 좀 이상한 질문을 하나 드릴게요. 생년월일이 똑같은 사람을 만날 (온라인 검색이 아니라 실제로 만날) 가능성이 얼마나 되나요? 저는 그런 적이 두 번 있었는데, 묘하게도 둘 다 인생의 의미심장한 순간에 그렇게 되었어요."

그때까지 나는 그녀가 낸 복잡한 질문을 생각해본 적이 없었다. 하지만 생각해보니 그 질문을 분석하면 거의 모든 우연의 일치에 대한 핵심적인 수학이 드러날 것 같았다. 아그네스는 집단 내 '임의의' 두 사람이 생일이 같을 확률을 묻는 것이 아니었다. 그게 아니라 자신이 집단 내의 누군가와 생년월일이 같을 확률을 묻고 있었다. 답하기 훨씬 어려운 질문이었다. 생일 문제와 구별하여 아그네스의 질문을 '생년월일 일치 문제'라고 해보자.

답을 어떻게 찾아야 할까? 이제 우리가 고려할 날은 365일이 아니라 수천 일이다. 변수들은 무엇일까? 그녀의 질문은 임의의 두 사람의 생년월일에 관한 것이 아니라 그녀 '자신의' 생년월일이 지인들 가운데 누군가의 생년월일과 일치하느냐는 것이다. 그리고 설상가상으로 단지 그녀에게 생년월일이 같은 지인이 있느냐의 문제만이 아니라, 그녀가 생년월일이 같은 지인을 만나서 그 사실을 알게 되어야 한다(여기서 지인이란 잘 아는 사람이라는 뜻이 아니고, 어쩌다 만나게 되어 생년월일을 물을 수 있는 정도의 아는 사람을 뜻한다_옮긴이).

아그네스가 자신의 지인이 자기와 생일이 같을 확률을 계산하는 데 관심이 있었다면, 아주 쉽게 답을 알아냈을 것이다. 가령 그녀의 생일이 7월 1일이라고 하자. 실제 생일이 언제인지는 이 문제에서 중요하지 않다. 단지 한 날을 정해서 다른 누군가도 그날에 생일일 확률을 구하면 된다. 한 지인이 가령 7월 1일에 태어나지 않았을 확률은 364/365이다. N명의 지인이 7월 1일에 태어나지 않았을 확률은 $(364/365)^N$이다. 따라서 N명의 지인이 그녀와 생일이 같지 않을 확률이 1/2인 것을 계산하려면, $(364/365)^N=1/2$를 풀어서 N을 구하면 된다. 그러면 $N=252.62$이다.[06] 따라서 아그네스는 253명의 지인 중 한 명과는 생일이 같을 확률이 1/2을 넘는다.

하지만 이는 생일 문제이지 생년월일 일치 문제가 아니다. 아그네스의 문제를 풀려면 아직 더 남았다. 아그네스가 제기한 우연의 일치는 생일과 더불어 출생년도가 함께 고려되어야 한다. 설명을 단순하게 하기 위해, 보통의 지인들 대다수가 그녀 나이 위아래로 십 년, 즉 ±3,650일 이내에 있다고 가정하자. 생년월일이 같은 지인과 마주칠 확률이 1/2을 넘으려면 지인의 수가 5,105명보다 많아야 한다.[07] 아주 많이 만나야 할 것처럼 보일지 모른다. 활동적인 전문직 여성이기에 분명 5년의 기간 동안 5,105명은 만날 것이다. 하루에 세 명 미만이다. 하지만 논의의 전개상, 확률을 더 낮게 잡자. 그녀가 생년월일이 같은 사람을 만날 확률을 가령 10퍼센트 정도로 낮춘다면, 마주쳐야 할 사람은 770명으로 줄어든다. 그렇다면 문제는 아그네스가 5년 동안 몇 명의 서로 다른 지인과 만나느냐는 것이다. 게다가 아그네스는 적어도 770명과 만나야 하고 '아울러' 그들 중 한 명이 생년월일이 같을지 모른다는 낌새를 차려야 한다.

그녀가 5년의 기간 동안 $N>770$명의 사람들과 마주치며, 그 N번의 만남의 어떤 부분집합에서 대화의 주제가 생일에 관한 정보로 흘러간다고 가정하자. 이 문제를 완전히 풀기 어려운 이유는 생년월일이 그녀와 같은 사람이 770명 중에 한 명 있느냐는 것이 '아니라' 그 사람이 생년월일이 같은지를 대화중에 무심코 그녀가 알게 되느냐는 것이다. 그럴 가능성은 얼마나 될까?

이 문제의 답을 내놓기 어려운 점은 생일에 관한 대화를 그녀가 얼마나 자주 하는지 추산하기가 만만치 않다는 데 있다. 평균적으로 10년의 기간 동안 그녀가 하는 100건의 대화에서 한 번꼴로 생일 주제를 다룬다고 가정하자. 따라서 앞서 계산한 서로 다른 지인의 수에 100을 곱해야 한다. 달리 말해서, 한 지인이 생년월일이 같다는 사실을 알게 될 10퍼센트의 확률이 얻어지려면 77,000명의 사람을 만나야 하는 것이다. 그리고 생일이 같은 사람을 단 한 명 만날 확률이 1/2보다 높으려면 510,500명을 만나야 한다.

하지만 아그네스의 말에 의하면, 생년월일이 같은 사람을 두 번이나 만났다고 한다! 게다가 그녀가 누군가를 처음 만난 자리에서가 아니라 어느 정도 안면이 있는 사람과의 대화중에 알게 된 사실이었다. 첫 상대는 그녀의 딸을 받아낸 산파였는데, 직업 특성상 생년월일을 쉽사리 묻게 되는 경우였다. 두 번째 상대는 12년 전에 만난 사람인데, 그때 아그네스는 뉴워크 공항(Newark Airport)에서 부모님을 마중하러 리무진을 타고 공항으로 가는 중이었다. 운전사와 대화하던 중 그녀는 자신의 50세 생일을 축하하러 오시는 부모님을 마중하러 가는 길이라고 말했다. 그녀는 내게 보낸 이메일에서 이렇게 썼다. "더 자세히 말하자면, 생년월일이 저랑 같은 그 두 명은 내가 이전에 만나본 적이 없는 직업의 소유자였으며, 저랑 나이대가 엇비슷할 가능성이 높은 (많은) 지인들에 꼭 속한다고 할 수도 없었어요."

따라서 어떤 관점에서 보든 두 번이나 그런 사람을 만났다는 것은 정말로 놀라운 일임은 분명하다.

한편 생일에 적용되는 내용은 사망일에도 적용된다. 실제 사례로, 세 명의 대통령—존 애덤스, 토머스 제퍼슨 그리고 제임스 먼로—이 7월 4일에 사망했다. 음… 존 애덤스와 토머스 제퍼슨은 둘 다 같은 해인 1826년에 죽었다. 소름이 오싹 돋을 지경이다. 하지만 당시 7월 4일은 미국 역사의 초석을 이룬 매우 중요한 날이었다. 알다시피, 사망일은 당사자의 생존의지에 따라 몇 시간이나 며칠은 앞당겨질 수도 늦춰질 수도 있다. 따라서 이 미국의 초기 대통령들은 7월 4일 무렵까지는 살려고 버텼던 것이다. 특히 애덤스와 제퍼슨은 미국독립선언 50주년을 간절히 바라마지 않았던 사람들이었다. 따라서 저런 우연에도 분명 이유가 있었다. 우연의 일치가 아니었던 것이다.

원숭이 문제

원숭이 문제는 확률 이론에서 통계학적 질문으로서 시작되었다. 이 문제는 《통계역학과 비가역성(Mécanique Statistique et Irréversibilité)》이라는 학술지에 프랑스 수학자 에밀 보렐(Émile Borel)이 1913년에 실은 논문에서 처음 등장했다. 원숭이가 아무렇게나 타자기를 두드린다고 할 때 충분한 시간을 준다면 셰익스피어의 작품 전부를 완성할 수 있을 것인가를 묻는 문제였다. 물론 '충분한 시간'이란 무한한 시간을 의미한다.

영국 물리학자 아서 에딩턴 경(Sir Arthur Eddington)은 1927년에 에든버러 대학에서 기포드 강연을 해달라는 초대를 받았을 때 무작위성에 매우 관대했다. 그는 이렇게 말했다. "내 손가락들로 타자기의 키를 아무거나 마구 치다보면, 이해가능한 문장이 나타날'지도 모른다.' 만약 한 무리의 원숭이들이 타자기를 마구 치다보면 영국박물관에 있는 모든 책들을 쓸 수 있을지 모른다."[08]

자, 이번에도 상황을 단순화시켜 보자. 영국박물관이나 셰익스피어 작품 전부는커녕 소네트 한 편조차 기대하지 말고, 다만 셰익스피어 소네트 18편에 나오는 'shall I compare thee to a summer's day?(내 그대를 여름날에 비할 수 있으리까?)' 한 줄만을 기대해보자. 만약 한 원숭이가 s-h-a-l-l-I-c-o-m-p-a-r-e-t-h-e-e-t-o-a-s-u-m-m-e-r-'-s-d-a-y를 순서대로 쳤다면, 분명 우리는 그 결과를 굉장한 우연의 일치라고 여길 것이다. 그럴 확률은 얼마일까? 실로 엄청나게 낮다!

영어 타자기가 소문자만 지원한다고 가정할 때 원숭이가 shall의 첫 문자를 칠 승산은 25 대 1이다. 그리고 하나의 키를 치는 사건은 다른 키를 치는 사건과 무관하므로,[09] 첫 다섯 문자를 칠 확률은 $26 \times 26 \times 26 \times 26 \times 26 = 11,881,376$분의 1이다. 승산으로는 11,881,375 대 1이다. 하지만 이는 고작 첫 번째 시도에서 그렇게 할 확률이다. 일어나기 어려운 일은 마땅히 한 번 시도로는 어림도 없다. 훨씬 더 많이 시도해야 한다. 원숭이가 첫 번째 시도에서 첫 단어를 치지 못할 확률을 살펴보자. 그것은 $1(1/26)^5 \approx 0.99999991583$로서 1에 가깝다. N번 시도 후 원숭이가 첫 단어를 치지 못할 확률은$(1(1/26)^5)^N$이다.

N=8,235,542일 때 원숭이가 셰익스피어의 유명한 소네트의 첫 단어를 칠 확률은 1/2을 넘을 것이다. 〈그림 8.3〉을 보면, 치지 못할 확률이 5천만 번의 시도 후부터 영에 가까워'지리라는' 것을 알 수 있다.[10]

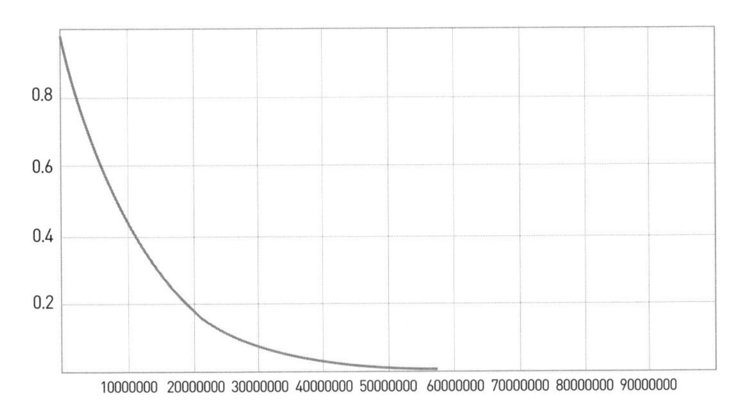

〈그림 8.3〉 원숭이가 약 n번의 시도 후에 특정한 다섯 문자를 치지 못할 확률의 그래프

이것을 패스워드 보호에 적용해보자. 그러면, 문자를 무작위적으로 확인하는 컴퓨터 프로그램은 다섯 문자의 캐릭터로 된 패스워드를 쉽게 푼다는 것을 알 수 있다. 요즘 비교적 느린 컴퓨터 중앙처리장치(cpu)라도 10초 미만에 50,000,000번의 시도를 할 수 있다. 하지만 문자를 하나만 더 추가해도 214,124,096번의 시도 후에야 패스워드를 풀 확률이 1/2보다 커진다. (숫자, 기호 및 대소문자 사용 등을 포함하여) 문자를 하나씩 추가할 때마다, 어려움은 기하급수적으로 증가한다. 〈그림 8.4〉를 보기 바란다.

키패드를 무작위로 쳤을 때 π의 첫 여섯 숫자가 나올 확률은 0.000001, 즉 100만 분의 1이다. 원숭이 1,000마리가 각각 1,000번씩 키패드를 치면 π의 첫 여섯 숫자가 나올 가능성은 1/2보다 높을 것이다. 아마도 π는 어쨌거나 대단히 특별한 숫자가 아니다. 물론 우리는 π의 첫 여섯 숫자만을 고려하고 있다. π의 처음부터 100번째까지의 숫자를 고려해보자. 세상이 끝날 때까지 세상의 모든 모래알과 우주의 모

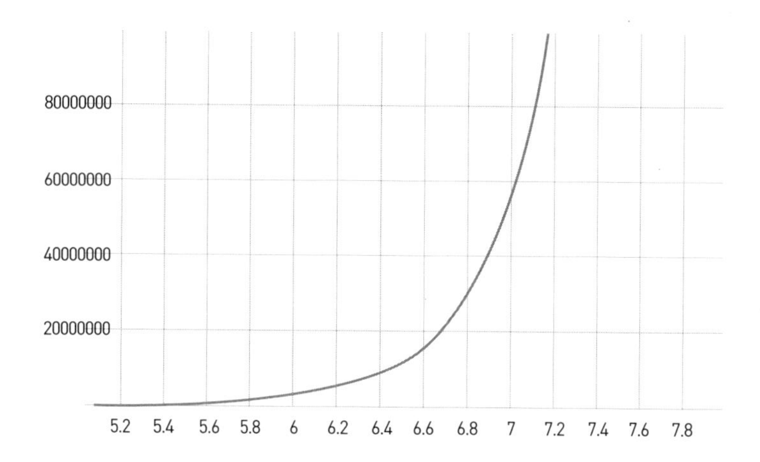

〈그림 8.4〉 n개의 문자를 지닌 암호를 무작위로 풀 확률이 1/2을 넘기 위한 시도횟수를 보여주는 그래프

든 별의 개수만큼 숫자들을 선택해도 π의 처음부터 100번째까지 숫자를 적을 확률은 거의 영에 가까울 것이다. 1913년 에밀 보렐은 원숭이 100만 마리가 하루 10시간씩 타자기를 아무렇게나 치는 상황을 상상해보자고 했다.[11]

> 일자무식 일꾼들이 검은 글자가 찍힌 종이들을 모아 엮어서 방대한 책을 만들 것이다. 한 해가 끝날 때면 그 방대한 책에는 세상의 매우 큰 도서관들에 소장되어 있는 온갖 주제와 언어의 책들의 사본이 담길 것이다.

그리고 영국 물리학자 제임스 진스 경(Sir James Jeans)은 자신의 책 『불가사의한 우주(The Mysterious Universe)』에서 이렇게 썼다.[12]

내가 기억하기로 헉슬리가 이런 말을 했다. 원숭이 여섯 마리를 수천억 년 동안 아무렇게나 타자기를 두드리게 하면, 언젠가는 대영박물관에 있는 모든 책들을 쓸 수밖에 없을 것이라고 말이다. 만약 한 특정한 원숭이가 아무렇게나 친 마지막 페이지를 우리가 살펴봤더니 우연하게도 셰익스피어 소네트가 나왔다면, 우리는 분명 그 일을 놀라운 우연이라고 여길 것이다. 하지만 원숭이들이 수천억 년 동안 만들어낸 수없이 많은 페이지 전부를 살펴본다면, 분명 우리는 아무렇게나 쳐서 우연히 만들어낸 결과물인 셰익스피어 소네트를 찾을 수 있을지 모른다. 마찬가지로 수천억 개의 별들이 수천억 년 동안 아무렇게나 공간 속을 이리저리 돌아다니다보면, 온갖 종류의 사건에 처할 수밖에 없을 터이며 언젠가는 어떤 제한된 개수의 행성계를 내놓을 수밖에 없을 것이다. 하지만 그런 행성계의 수는 우주의 모든 별의 개수에 비해 틀림없이 매우 적을 것이다.

그런데 실제로 가상의 원숭이들을 이용하여 원숭이 문제를 시뮬레이션했다. 2004년 8월 4일 컴퓨터들이 아무렇게나 타이핑하는 가상의 원숭이 역할을 하여 시뮬레이션상으로 42,162,500,000×10억×10억 년 동안 타이핑을 했더니 다음 결과가 나왔다. "VALENTINE. Cease toIdor:eFLP0FRjWK78aXzVOwm)-'; 8t...,"[13] 깜짝 놀랍게도 이 횡설수설의 첫 열아홉 문자는 아래에 나와 있듯이 셰익스피어의 『베로나의 두 신사』에 나오는 첫 줄의 첫 열아홉 문자와 똑같다.

VALENTINE: Cease to persuade, my loving Proteus:

아홉 번 연속으로 나오는 대문자를 보니, 캡스락(Caps Lock)이 "우연히" 짧은 시간 동안 켜져 있었던 듯하다. 물론 저 위에 나오는 시간은 엄청나게 긴 시간이긴 하지만, 열아홉 문자를 저 특정한 순서대로 치는 데 그처럼 오래 걸렸다고 해서 그런 일이 훨씬 일찍 벌어질 수 없다는 뜻은 아니다. 두말 할 것도 없이 첫 번째 시도에서 그런 일이 벌어진다는 것은 상상할 수도 없이 희한한 일이겠지만, 불가능하지는 않다. 뜻밖의 일은 생길 수 있으며, 실제로도 생긴다. DNA 일치를 예로 들어보자. 이 세상에서 아무 관련이 없는 두 사람이 완전히 일치하는 DNA를 갖고 있을 수 있을까? 가능성은 상상도 못할 정도로 낮지만 불가능하지는 않다. 사실, 가능성은 고작 10억 분의 1이다.

3부
분석

서로 구별되는 범주에 속하는 1부의 이야기들을 여기서 분석한다.

이야기 1: 앤서니 홉킨스 이야기(유형: 찾던 것을 뜻밖의 장소에서 찾음)

이야기 2: 앤 패리시 이야기

(유형: 잊었던 대상이 멀리 떨어진 장소에서 뜻밖에 나타남)

이야기 3: 흔들의자 이야기

(유형: 완벽한 타이밍 그리고 인간 이외의 사물을 우연히 만남)

이야기 4: 황금풍뎅이 이야기(유형: 드물지 않게 일어나는 꿈과 현실의 일치)

이야기 5: 프란체스코와 마누엘라 이야기

(유형: 정확한 시간에 뜻밖에 사람을 만남)

이야기 6: 택시 운전사 이야기

(유형: 넓은 시간대와 공간대에 걸쳐 사람을 우연히 만남)

이야기 7: 자두 푸딩 이야기(유형: 거듭된 우연한 만남과 드문 대상과의 연관)

이야기 8: 바람에 날려간 원고 이야기

(유형: 자연 현상과 관련된 원인으로 발생한 우연의 일치)

이야기 9: 에이브러햄 링컨의 꿈(유형: 예언적인 꿈)

이야기 10: 조앤 긴더의 복권 당첨(유형: 굉장히 좋거나 나쁜 도박 운)

9장
세계의 거대함

세상이 큰 줄은 누구나 알지만, 실제로 얼마나 큰지는 제대로 가늠하지 못한다. 딸 캐서린이 여덟 살이었을 때 나는 캐서린과 함께 어떤 놀이를 했다. 지구의 거대함과 스케일의 정도를 느끼게 해주기 위한 놀이였다. 어느 날 딸이 재채기를 하기에, 방금 지구에서 몇 명이 재채기를 했을지 짐작해보라고 물었다. 200명 미만이라는 답을 내놓았는데, 여덟 살 치곤 그다지 나쁜 추측은 아니었다. 딸 입장에서는 깜짝 놀라겠지만 나는 수만 명이라고 짐작했다. 그래도 현재 70억을 넘어선 지구 인구의 크기를 감안하면 아마도 실제 수보다 꽤 낮은 값일 것이다.

오늘날 그보다 더 어려운 질문을 꼽자면, 슈퍼마켓 계산대에서 연속적으로 들리는 바코드 찍는 삑 소리의 횟수일 것이다. 나는 여러분이 그 수를 아주 낮게 짐작하리라고 예상한다. 전 세계의 바코드 스캔 횟수는 하루당 50억 번이다. 즉, 위의 문장을 읽는 동안에 거의 수십 만 개의 상품이 구매되었으며, 그것도 온라인 구매는 포함하지 않은 수치다. 그런 수치를 통해 세계의 크기를 대충이나마 가늠할 수 있을 듯하다. 하지만 심지어 초당 바코드 스캔 수조차도 더욱 미세한 분자 수준에서 벌어지는 일에 비하면 적다.

이 원자와 분자의 세계에서는 100퍼센트 확실한 것은 없다. 그러므로 우리는 확실한 것이 아니라 개연성이 있는 것을 알아낼 방법을 마련해야 한다. 분명 우리는 지구가 회전하고 태양이 내일 떠오른다는 것을 한 점 의심 없이 받아들일지 모르지만, 지구에서 일어나리라고 예상되는 현상들 대다수는 인간의 집단적인 경험에 의해서 인정된다.

이상적인 주사위 쌍의 이론적 수학은 실제 사람이 실제 주사위를 던졌을 때 벌어지는 일을 예측할 수 있다. 주사위는 둥그스름한 모서리를 지닌 불완전한 정육면체이긴 하지만, 분명 움푹 들어간 검은 점들이 회전 대칭성을 방해하지 않도록 만들어진다. 제조업자는 면의 무게를 줄이게 만드는 여섯 개의 살짝 패인 검은 점들이 주사위를 어느 한쪽으로 치우치게 만들지 않도록 주의해야 한다.[01] 특히 카지노 주사위는 매우 엄격한 오차 기준으로 제작된다. 카지노 주사위 눈의 평균값은 보통의 보드게임 주사위보다 훨씬 더 3.5에 가깝다.

큰 수의 법칙은 수학 이론을 실제 현상과 연결시키는 인상적인 수단이다. 이 법칙은 물질과 에너지의 무질서도를 증가시키는 자연의 엔트로피를 포함하여 우주의 경이로운 여러 현상들을 지배한다. 심지어 우주에서 벌어지는 방대한 현상들 대다수는, 비유하자면 주사위 던지기와 동전 던지기를 엄청나게 많은 횟수로 시행했을 때 생기는 결과임을 암시하기까지 한다.

사건들은 무작위의 우연에 의해서가 아니라 어떤 유형의 조직화된 운명에 의해 시간과 공간상에서 함께 찾아온다고 우리는 믿기 쉽다. 과연 그럴까? 잉크가 물에 어떻게 퍼지는지를 예로 들어 살펴보자. 물통 속에 잉크 한 방울을 떨어뜨리면 물의 색깔은 균일하게 변한다. 잉크는 물통 전체에 걸쳐 균일하게 확산되는 운명일까 아니면 물의 색깔은 그저 우연에 의해 균일하게 바뀔까?

잉크의 색깔이 푸른색이라고 하자. 먼저 여러분 눈에는 푸른 잉크 방울이 떨어지는 모습이 보일 것이다. 잉크 방울이 물과 접촉할 때 튀지 않는다면, 푸른색 구가 아래로 내려가면서 멋진 모습으로 바뀐다. 모양이 도넛 모양, 즉 토러스가 된다. 그 토러스는 늘어나면서 네모난 토러스가 되고, 모서리마다 구가 달린다. 이 구들이 나뉘어져 네 개의 토러스가 된다. 네 개의 토러스는 이 과정을 반복하여 16개의 토러스가 된다. 변형과 튀기기가 계속되다가 마침내 그런 형태들은 물통 벽이나 바닥에 닿아 부서진다. 물리학은 이 과정을 구와 토러스에 가해지는 모든 힘들을 고려하여 멋지게 예측해낸다. 따라서 색깔 있는 잉크는 예측 가능한 운명, 즉 물리학 (액체의 표면장력, 두 매질 간의 압력/부력 관계, 위쪽으로 밀어 올리는 부력 벡터 그리고 분자들의 속도) 및 형태에 관한 수학에 의해 질서를 갖추고 조직화될 운명을 지닌 셈이다.

하지만 그런 형태들이 벽에 부딪힐 때는 새로운 작용이 등장한다. 표면장력이 약해지고 분자 결합이 흐트러지며 대칭이 깨지고 무작위적인 요소가 개입한다. 그 순간에 두 액체 사이에 난류가 발생하여 새로운 변형을 창조함으로써, 대칭성이 있던 형태로 되돌아갈 가능성은 지극히 낮아진다. 분자들의 확산으로 인해 액체의 결합 상태는 무작위적인 방향으로 흩어지고 만다.

만약 잉크 방울이 물과 접촉할 때 조금 튀면 어떻게 될까? 그 경우에는 구가 천천히 내려가다가 거대한 형태로 퍼지게 된다. 마치 미풍 속의 새털구름처럼 말이다. 몇 분 이내에 차츰 아래를 향해 물은 균일하게 푸른색을 띠어 가다가, 잉크가 다 퍼지면 아무런 형태도 남지 않는다.[02] 비록 원래의 형태로 되돌아갈 터무니없을 만큼 낮은 확률이 있긴 하지만, 그 확률은 지극히 낮아서 사실상 무시해도 좋다. 그와 같은 일이 생겼다는 기록도 전혀 없다. 이런 있을 법하지 않은 일이 생길 확률은 너무나 적어서 소수점 아래 0의 개수는 지구의 모래알의 숫자보다 많을 것이다. 물론 그렇다고 해서 생길 수 없다는 뜻은 아니다. 어쨌거나 잉크 방울의 확산은 시간의 진행 방향을 알려준다. 즉, 잉크 방울은 과거의 일이었고 균일해진 푸른색 물은 현재의 일이다.

물통 속에서 물이 무색에서 푸른색으로 바뀌는 과정은 실제로 어떻게 벌어졌을까? 이 질문을 분자 수준에서 살펴보면, 푸른색 잉크의 분자 각각이 물 분자 속에서 아무렇게나 돌아다니는 것이 아니다. 분자들이 달라붙게 해주는 결속이 존재하며, 분자들이 어느 방향을 취하든지 간에 무작위처럼 보이지만 실제로는 어떤 질서 있는 운동을 한다.

만약 분자들의 결속이 더 약하다면 어떤 일이 벌어질까? 답을 얻기 위해 실험을 변경해보자. 잉크 대신에 매우 미세한 커피 가루를 이용하자. 매우 미세하게 갈린 커피 가루 소량을 찬 물이 든 직사각형 접시의 왼쪽 면에 쏟는다. 〈그림 9.1〉은 미시 규모에서 어떤 일이 벌어지는지를 보여준다. 점의 분포를 보면, 커피 가루의 농도가 왼쪽에서 오른쪽으로 갈수록 감소함을 알 수 있다. 농도는 왼쪽에서 오른쪽으로 갈수록 차츰 낮아지다가, 결국에는 가루의 농도가 접시 전체에서 균일해진다.

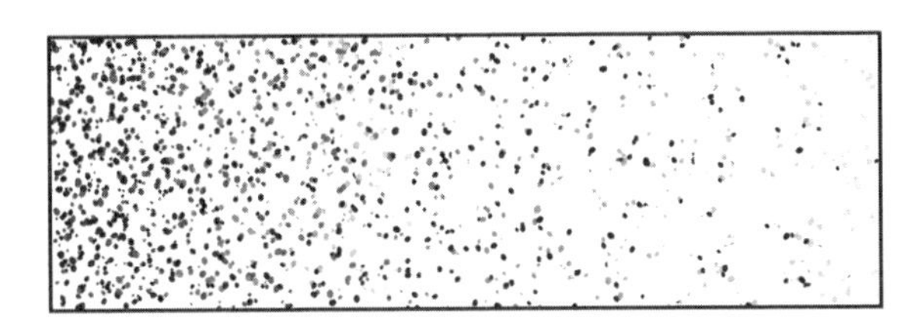

〈그림 9.1〉 차가운 물에서 입자들이 확산하는 모습

가루들이 더 밀집한 영역에서 덜 밀집한 영역으로 이동하도록 만드는 어떤 힘이 존재하리라고 여러분은 여길지 모른다. 그런 힘은 없다. 가루들이 딱히 더 가고 싶은 장소가 있지는 않다. 이 계 내의 가루들 각각은 다른 가루에 대해 독립적이다. 각각의 가루는 물 분자와의 충돌에 의해 이리저리 튕기면서 전적으로 예측 불가능한 방식으로 움직인다. 임의의 가루의 경로는 순전히 무작위적으로 또는 적어도 현실 세계의 다른 어떤 것만큼이나 무작위적으로 결정된다.

무슨 일이 생기는지 이해하려면 접시를 가로지르는 가상의 선을 그어 고밀도 측과 저밀도 측을 구분한 다음, 가상의 선 상에 있는 가루 하나가 오른쪽으로 이동할 가능성이 얼마나 되는지 물어보자. 답은 오른쪽으로 이동할 가능성과 왼쪽으로 이동할 가능성은 정확히 반반이라는 것이다. 왼쪽에서 오른쪽으로 이동하는 가루들이 더 많은 까닭은 다만 가상 선의 오른쪽보다 왼쪽에 가루들이 더 많기 때문이다. 따라서 균일한 상태를 향해 확산하는 까닭은 단지 분자들이 임의의 방향으로 이동할 가능성이 동일하기 때문이다. 골턴 보드에서 벌어진 사태와 마찬가지이다(〈그림 5.3〉 참고).

열역학 제2법칙에 의하면 기체에 대해서도 똑같은 일이 벌어진다.

두 개의 용기가 있는데, 하나에는 일정 기압의 기체가 들어 있고 다른 하나는 비어 있다고 하자. 두 용기를 관으로 연결하여 기체가 두 용기 사이를 넘나들도록 하자. 두 용기 모두 처음 압력의 절반이 될 때까지 기체는 빠르게 퍼질 것이다. 이러한 압력 동일화 과정은 입자들이 최대한 온갖 방법으로 퍼지는 보편적 경향의 한 예다.

놀라운 것은 바로 다음 사실이다. 즉, 기체 분자들은 냄비 속의 뜨거운 물거품들처럼 서로 무작위적으로 부딪히다가 시간이 지나면 다시 처음 있던 용기로 되돌아온다. 앙리 푸앵카레는 이 과정을 해명할 역학계에 관한 일반적인 정리를 내놓았다.

체커판 한가운데에 벼룩을 많이 놓아두었을 때 어떤 일이 벌어질지 상상해보자. 벼룩들은 재빨리 사방으로 튀어서 체커판을 채울 것이다. 차가운 물속의 미세한 커피 가루들처럼 벼룩들은 미리 정해진 방향 없이 여기저기로 풀쩍풀쩍 뛸 것이다. 임의의 벼룩 한 마리는 혼자서 더 많은 공간을 차지하려고 뛰지 않는다. 설령 많은 공간을 얻었더라도 그 벼룩은 다시 새로운 무작위적인 방향으로 뛸 것이다. 벼룩들은 무작위적인 도약을 통해 퍼져나간다. 벼룩들이 계속 뛰어다니다 보면 원래 자리로 되돌아올까? 아마 아닐 것이다.

그렇다면 아래와 같은 사고실험을 고려해보자. 바구니가 두 개 있다. *A*라고 적힌 바구니에는 공이 100개 들어 있는데, 각각의 공에는 1부터 100까지의 수가 하나씩 적혀 있다. *B*라고 적힌 다른 바구니에는 아무것도 들어 있지 않다. 그리고 통 하나가 있는데, 여기에는 각각 1부터 100까지의 숫자가 적힌 100개의 칩이 들어 있다. 무작위로 칩 하나를 골라서 칩에 적힌 숫자 *N*을 읽는다. 바구니 *A*에서 *N*이 적힌 공을 꺼내서 바구니 *B*에 넣는다. 칩을 다시 통에 넣고 위의 과정을 반복한다. 새로 뽑힌 칩에 적힌 숫자 *N*을 보고서, 두 바구니 중 어디에서든 *N*이 적힌 공을 찾아 다른 바구니에 넣는다. 이 과정을 계속하면 어떻게 될지 짐작이 되는가?

바구니 *A*에 든 공의 개수는 기하급수적으로 줄어들다가 두 바구니에는 거의 동일한 개수의 공들이 들어 있게 된다. 하지만 바구니 *A*에 든 공의 개수가 줄어듦에 따라, 통에서 고른 칩의 숫자가 적힌 공이 바구니 *A*에 들어 있을 가능성도 줄어든다. 자 그러면, 질문을 다시 해보자. 장기적으로는 어떻게 될 것으로 짐작되는가? 깜짝 놀랄 정도로 직관에 반하는 답일지 모르지만, 절대적으로 확실하게 모든 공은 결국 바구니 *A*로 되돌아갈 것이다. 비록 그런 일이 일어나려면 엄청나게 긴 시간이 걸리겠지만 말이다.

역학계에 관한 푸앵카레의 일반적인 정리가 이 결과를 예측해낸다.[03] 그 정리는 플라톤과 베르누이가 넌지시 내비쳤듯이, "무수한 세기가 흐른 후 만물은 자신의 원래 상태로 되돌아간다"[04]는 만유의 회복(apocatastasis)을 암시한다. 천문학 발전과 물리학의 대중화 업적으로 기사 작위를 받았던 저명한 물리학자 고(古) 제임스 진스는 이런 말을 하곤 했다. 오늘날 우리가 들이마시는 공기는 율리우스 카이사르가 죽을 때 내쉬었던 바로 그 공기라고 말이다.

이런 사례들이 통하는 까닭은 우리가 아주 많은 개수의 대상들을 다루고 있기 때문이다. 잉크 방울 속의 분자들이나 지구의 전체 인구처럼 수가 엄청나게 많을 때는 무작위적 요소를 평균화하거나 무리 속의 개별 대상에게 생길 일을 알아내기가 훨씬 더 수월하다.

자연의 수많은 복잡한 현상들도 동전 던지기나 수 하나 고르기를 엄청나게 많은 횟수를 시행하는 과정으로 설명할 수 있을지 모른다. 그처럼 엄청나게 방대한 수들로부터 우연은 끊임없이 진화하는 역학계를 창조해낸다. 덕분에 색깔이 있는 잉크는 궁극적인 목적 없이 물에 균일하게 퍼지고, 기체는 진공과 압력을 공유함으로써 열역학 법칙을 만족시키고, 벼룩들은 아무렇게나 뛰어서 체커판에 고르게 흩어지고, DNA는 아무 계획 없이 조금씩 이전의 상태와 조금 다르게 자신을 복제하여 각양각색의 인간들을 우연히 창조해낸다.

숨은 변수

숨은 변수는 우리를 속인다. 그래서 우리는 원인이 없거나 있어도 찾기가 너무 어렵다고 생각하고 만다. 세계의 거대함 그리고 세계의 각 부분들을 연결하는 보이지 않는 모든 고리들이 숨은 변수 역할을 한다. 우리는 아원자입자에서부터 은하까지 세계를 구성하는 부분들 사이의 다양한 상호작용을 고려하지 않고서 국소적인 관점에서 생각하기 쉽다.

때로는 완전히 독립적인 두 변수가 제3의 변수를 통해 어떤 통계적 관련성을 가진 듯 보인다. 그런 일이 생길 때 우리는 데이터 내지는 데이터들이 제시되는 방식으로부터 허구적인 상관관계를 보게 된다. 만약 수학 수업을 듣는 학생들의 점수와 머리카락 길이를 순진하게 수집하면, 머리카락 길이와 점수 사이에 직접적인 상관관계가 있게 나올 가능성이 높다. 머리카락이 긴 학생들이 성적이 높을 가능성이 높을 것이다. 제3의 변수를 살펴보지 않는다면, 그런 상관관계로부터 학생들은 수학 수업에서 좋은 점수를 받으려면 머리카락을 길게 길러야 한다고 결론 내릴지 모른다.

그러나 우리는 제3의 변수, 가령 나이나 성별과 같은 변수를 놓칠 만큼 어리석지는 않다. 머리카락 길이는 막 머리를 길게 기르기 시작한 나이 든 학생들이나 남자보다 머리를 길게 기르는 여자들 쪽으로 치우칠 수 있다.[05] (조금 나이 든 학생들 또는 여자들이 어린 학생들이나 남자보다 점수가 더 좋게 나온 것이지, 머리카락 길이가 점수와 직접적인 상관관계가 없을 수 있다는 뜻이다_옮긴이)

또 다른 예로 인생 후반기의 소득과 대학 성적 간의 상관관계를 들 수 있다. 우리는 둘의 관계를 혼동하여, 인생 후반기의 소득이 개인의 대학 성적에 의존한다고 잘못 결론 내릴지 모른다. 그런데 사실은 인생 후반의 소득을 결정하는 숨은 변수는 학생이 기꺼이 쏟아 부은 노력과 시간의 양이다.[06]

숨은 변수는 통계 데이터 상관관계에서 보편적으로 등장한다. 그런 변수를 간파해내지 않고서는 온갖 헛소리에 현혹될 수밖에 없다. 이를테면 '흡연자가 비흡연자보다 대학 성적이 높기' 때문에 대학 성적이 높으려면 흡연을 해야 한다는 터무니없는 말을 믿게 된다.

또는 좀 더 심각한 예를 들어보자. 최근까지 남태평양의 뉴헤브리데스 제도(New Hebrides)에서는 몸에 들끓는 이가 건강을 지켜준다고 믿었다. 오랜 세월 동안 연장자들이 우연히 알아낸 바에 의하면, 건강한 사람들은 이가 있었고 아픈 사람들은 종종 이가 없었다. 그리하여 사람들은 이가 건강의 이유라고 결론 내렸다. 하지만 더 철저하고 체계적으로 조사해보니, 그곳의 거의 모든 사람들은 인생 대부분의 시간 동안 이가 있었다. 그런데 이는 발열을 초래하여 사람들을 죽일 수도 있다. 혼동이 초래된 지점은 건강하지 않았던 사람들은 발열이 있었고 이가 없었다는 데 있었다. 출간된 지 60년을 훌쩍 넘었지만 여전히 베스트셀러인 『새빨간 거짓말, 통계』에서 대럴 허프(Darrell Huff)는 이렇게 썼다. "거기서는 원인과 결과가 함께 혼란스럽게 왜곡되었고 뒤바뀌었고 뒤섞였다."[07]

언론에는 우리가 무엇을 믿어야 할지에 관하여 여론조사를 통해 알아본 온갖 이상한 내용들이 가득하다. 가령 이런 내용들이다. 농장의 살충제가 자폐증을 유발한다, 전깃줄이 뇌종양을 일으킨다, 와사비 뿌리로 만든 차가 근육을 이완시킨다, 의사 10명 중 9명은 아침식사용 시리얼이 건강을 촉진한다는 데 동의한다, 팔이 긴 아이가 팔이 짧은 아이보다 추론 능력이 뛰어나다, 일주일에 한 번 소나무 숲속을 산책하면 스트레스 호르몬 코르티솔, 혈압 및 심장박동이 감소한다 등등. 여성은 심장마비 확률을 줄이려면 에스트로겐을 투여 받아야 한다. 하지만 이미 심장 질환이 있는 여성에게는 에스트로겐 요법이 심장마비 가능성을 높인다. 에스트로겐 요법은 골다공증 그리고 어쩌면 직장암으로부터 여성을 지켜줄지 모르지만, 심장질환, 뇌졸중, 혈액응고, 유방암 및 치매의 위험을 높일지 모른다.[08]

잘못된 통계의 대표적인 사례로 로널드 에일머 피셔 경(Sir Ronald Aylmer Fisher)의 대실수를 들 수 있다. 1890년 런던 교외에서 태어나 1962년에 호주의 애들레이드에서 결장암으로 사망한 피셔는 많은 생명과학자와 통계학자에게 현대 통계학과 실험 설계의 아버지로 통한다. 리처드 도킨스는 피셔를 다윈 이후 가장 위대한 생물학자라고 칭송한 바 있다.

피셔는 매력적이고 다정다감한 사람이었다. 다방면에 관심이 있었고 과학 연구에 열정적으로 몰두했으며 화술에도 능했다. 하지만 또한 자신이 보기에 오류를 저지르거나 초래하거나 퍼뜨린다고 여기는 사람한테는 종종 버럭 분통을 터뜨렸다. 게다가 그가 쓴 글은 모호했으며 강의도 마찬가지였다. "피셔는 평균적인 학생들한테 너무 어려웠다. 그가 수업하는 교실에는 학생들이 급격히 줄어들어서, 결국에는 수업 내용을 따라갈 수 있는 두어 명의 학생들만 매혹된 사도처럼 자리를 지켰다."[09]

통계학자로 활동하던 초반에 피셔는 한 실험적인 농업 연구소에서 근무했다. 실험 설계를 발전시켜 나중에 세계적으로 유명해지게 될 곳이었다. 피셔는 그곳에서 오늘날 이른바 분산(分散) 분석법으로 불리는 방법을 발전시켰고, 무작위화(randomization)의 원리를 확립했으며 복제의 중요성을 주장했다.[10] 또한 우연의 일치를 정량적인 기법으로 검사하는 실험을 고안하여 초능력의 존재를 체계적으로 연구했는데, 전체 포커 카드 52장에서 뽑힌 카드를 피험자가 맞히는지 알아보는 방법이었다.[11] 카드들이 분포되는 순열을 바탕으로 한 점수 집계 시스템이 필요한 매우 실용적인 방법이다.

지금 우리로서는 좀체 믿기 어렵지만, 피셔와 같은 천재적인 생물학자도 1930년대 이전에 유행했던 그릇된 학설인 우생학 연구를 권장했다. 하지만 그도 그럴 것이, 당시 정부들은 '바람직한' 유전 특징을 지닌 가족의 출산은 장려했던 반면에, 문명의 쇠퇴에 이바지한다고 여긴 '열

등한' 유전 특징을 지닌 가족의 출산은 막았다.

더군다나 1958년 8월 피셔는 《네이처》에 이런 글도 실었다. "흡연 습관과 관련하여 드러나는 폐암과의 흥미로운 연관성만으로, 우리들 중 일부가 보기에, 기관지 표면에 닿은 담배의 연소 물질이 긴 시간 간격이 지난 후까지 암의 발현을 유도하리라는 단순한 결론을 쉽게 내리기는 어렵다. 가령 만약 흡연이 이 질병의 원인이라고 추론할 수 있다면, 마찬가지 근거에서 담배 연기 흡입이 그 질병에 대한 상당한 예방적 가치를 지닌 활동이라고 추론할 수 있다. 왜냐하면 담배 연기 흡입은 폐암 환자들이 다른 이들보다 더 드물기 때문이다."[12] 그리고 아래 인용문처럼 피셔는 폐암을 흡연과 연관시키는 주장들을 확인되지 않은 가설이라고 보았다.[13]

> 이 주제는 복잡한데, 앞서 언급했듯이 다음 세 가지의 논리적 구별이 존재한다. A가 B의 원인이거나, B가 A의 원인이거나, 이외의 다른 어떤 것이 둘 다의 원인이거나. 그렇다면 폐암 — 그러니까, 명시적으로 폐암에 걸리게 될 사람들한테서 명백히 존재하며 몇 년 동안 존재한다고 알려진 폐암의 전조 단계 — 이 흡연의 원인들 중 하나일 수 있을까? 나는 그걸 배제할 수 없다고 본다. 그렇다고 해서, 그것이 원인이라고 말할 만큼 우리가 충분히 알고 있다고 생각하지는 않는다.[14]

피셔의 연구는 결함이 있었다. 데이터 분석이나 판단에서 실수를 한 사람한테 감정을 폭발시켰다는 사실에서 알 수 있듯이, 피셔는 성급하게 결론을 내리고 입수 가능한 모든 데이터를 살펴보지 않은 사람한테는 대단히 분개했다. 하지만 자신의 사적이면서도 공적인 모순을 알아 차리지는 못했다. 그는 담배업계에 고용된 흡연자였던 것이다.

안타깝게도 아주 많은 의료 연구 결과들은 어떤 질병의 원인과 예방법에 관해 추측을 내놓고, 이런 추측은 언론을 통해 재빠르게 퍼진다. 우리는 생선을 더 많이 먹고 트랜스지방을 적게 먹고 전자기파에 가까이 가지 말라는 권고를 받는다. 그런 세간의 의료 권고사항들은 위험을 초래할 수 있다. 지금은 통하지 않는 말이지만, 한때는 심장질환을 줄이려면 비타민 C와 E 그리고 베타카로틴을 항산화제로 섭취해야 한다는 말이 나돌았다. 또한 직장암을 예방하려면 섬유질을 더 많이 먹어야 한다는 말이 돌다가 어떤 때는 저섬유질 식사를 해야 한다는 이야기를 듣는다.

그러나 여러 대규모 관찰 연구들도 이 이론들 중 어느 것이 옳은지 확인해낼 수 없었다. 실험군과 대조군 수만 명을 대상으로 한 임상연구에서 어떤 가설이 확인되었다고 해서 하나의 사건이 다른 사건의 원인이라는 뜻은 아니다. 그와 같은 임상연구로는 하나의 가설이 옳을 확률을 얻는 것이 고작이다. 기껏해야 한 사건이 다른 한 사건을 일으킨다는 정황 증거만 제시할 뿐이다. 원인을 확실히 모르기에 우리는 어떻게 구체적인 권고를 내릴지 거의 모른다. 게다가 만약 그 원인이 틀렸다면, 권고사항은 오히려 해를 끼칠지 모른다.[15]

그렇다고 해서 임상연구가 아무 내용도 알려주지 않는 것은 아니다. 사실은 알려주는 내용이 많다. 가령 우리는 흡연이 폐암과 심혈관계 질환과 어느 정도 인과적 관련성이 있음을 분명히 알고 있다. 확실한 원인은 모르지만 말이다. 흡연은 '분명' 암 발생 원인들 중 하나다. 이것을 알게 된 계기는 제2차 세계대전 중 여성의 암 발생률이 우연히 치솟았기 때문이다. 당시 미국 여성들이 대량으로 노동자로 일하게 되면서 처음으로 흡연을 시작했기 때문이다.

이와 비슷하게 미국인의 식생활과 생활양식이 유방암 발병과 어느 정도 관련성이 있다는 점도 드러났다. 일본인 여성과 미국인 여성의 유방암 발병률을 조사했더니 미국인 여성의 유방암 발병률이 더 높게 나왔고, 이후 일본계 미국인 2세를 조사했더니 미국인 여성과 동일한 비율로 유방암에 걸렸다는 사실을 알게 되어 밝혀진 결과이다. 문제는 인과관계가 단순한 개념이 아니라는 데 있다. 어느 것이 다른 것의 원인이라고 여기게 만드는 혼란스러운 상황도 종종 있다. 가령, A가 실제로 C를 유발하는데 A가 간접적으로 B를 유발하는 경우, 우리는 C가 B를 유발한다고 여길지 모른다.

임상실험의 문제점은 예상되는 것만큼 무작위적이지 않다는 것이다. 누구도 나에게 임상실험의 피험자가 되어달라고 부탁했던 적이 없다. 따라서 우리는 궁금하지 않을 수 없다. 임상실험의 피험자들은 누구일까? 자발적으로 참여하는 사람도 있다. 그러나 많은 이들이 돈을 받고 참여하는데, 이런 피험자들은 돈을 대는 측의 이익과 어떤 연관이 있을지 모른다. 따라서 이와 같은 피험자들은 무작위적인 집단이 아니라 어떤 매우 특수한 집단에서 오는 셈이다. 임상실험에 참여하는 사람들의 부류는 건강에 유익한 권고사항을 충실히 지키는 사람들일 것이다. 그들은 더 마른 사람이거나 건강 위험이 적은 사람들일 가능성이 높다. 우리는 사회경제적 지위의 효과를 감안하여 통계 조정을 할 수 있지만, 그게 언제나 잘 통하지는 않는다.[16] 게다가 이와 같은 연구의 발견 결과들은 잠정적이어서 10~20년 지나서 다음 연구가 나오면 이전 연구 결과에 의문이 제기된다. 달리 말해서 임상연구의 편향성은 매우 피하기 어렵다.

그렇기는 해도 대중들이 임상연구에서 나오는 건강 관련 조언을 들었기에 유익한 결과가 뒤따랐다. 흡연이 폐암과 심혈관계 질환의 원인으로 지목된 것이 그릇된 일이었다면, 우리는 지난 50년 동안 나타난 폐암과 심혈관계 질환의 극적인 감소를 보지 못했어야 했다. 분명 그 기간 동안 미국의 흡연 인구는 57퍼센트 감소했다.

역사를 통해 알고 있듯이, 지금 우리가 믿는 것은 1세기 전에 믿던 것과 다를지 모른다. 세상에는 우리가 보는 것, 측정하는 것 그리고 우리가 안다고 여기는 것보다 더 많은 것이 존재한다. 우리의 과학적 믿음은 지금 이 순간 우리가 확신하고 있는 내용이다. 새뮤얼 아브스만(Samuel Arbesman)은 책 『지식의 반감기』에서 이렇게 적었다. "우리는 과학 지식을 시계처럼 축적한다. 그리하여 세계를 더 잘 이해하려는 탐구 과정에서 정기적으로 이전의 사실들은 뒤집어진다."[17] 믿음은 현재 아무리 강하더라도 결코 최종적인 것이 아니다. 단지 통하는 가설일 뿐이다. 우주의 원래 구성 방법에는 얼마간의 무작위성이 존재했으며, 우리의 관찰 도구는 제한적이다. 따라서 우리는 모든 것을 알 수는 없다.

그렇다. 우리는 한계가 있다. 자연의 사건들은 아주 많은 변수들에 의존하므로 정확한 측정이 불가능할 때가 종종 있다. 확실성을 철저히 신봉하는 이들을 외면하는 것이다. 동전 던지기와 같은 단순한 사건조차도 무작위로 충돌하는 전자들의 카오스적 세계에서 벌어지는 무수한 파악 불가능한 현상들에 의존한다고 할 때, 암과 같은 복잡한 현상에는 얼마나 많은 현상들이 관여하겠는가?

암의 원인을 찾는 일은 누가 용의자인지를 잘 짐작하는 일과는 다르다. 어떤 과학자들은 제2차 세계대전 후 산업화된 국가에서 나타난 폐암 증가를 직업적인 요인들과 새로운 산업 생산물 탓으로 돌렸다. 아스팔트가 용의자로 지목되었다. 왜냐하면 미국과 유럽에서 도로를 많이 닦으면서 아스팔트가 많이 포장되었기 때문이다. 하지만 1950년 말에 흡연과 암의 관련성을 드러낸 연구들이 쏟아지면서 흡연이 중대한 요인임이 분명해졌다. 통계학의 과제는 원인을 찾는 것이 아니라 오히려 용의자를 찾는 일이다. 법칙으로 설명할 수 없거나 관찰로 측정할 수 없는 많은 관계들도 통계적 측정에 의해 밝혀질 수 있다.

BC 5세기에 히포크라테스는 두통을 완화시키고 열을 내리는 나무껍질 추출 가루에 대해 적었다. 그 가루에 아스피린 성분이 들어 있었던 것이다. 독일 제약회사 바이엘은 19세기부터 이 가루를 알약 형태로 제조했다. 하지만 이 알약이 왜 효능이 있는지는 1971년 전까지는 밝혀지지 않다가, 그 해에 영국인 약리학자 존 로버트 베인(John Robert Vane)이 아스피린이 근육 조직의 수축과 이완을 조절하는 어떤 분자 화합물의 생성을 억제함을 밝혀냈다.

모르핀도 16세기부터 진통제로서 존재해왔지만, 2003년 이전에는 그것이 왜 인체에서 자연스럽게 생성되는지 아무도 몰랐다. 우리는 이유도 모른 채 이로운 것들을 이용해왔던 것이다. 박테리아가 존재하는지 알기 훨씬 전부터 사람들은 식사 전에 손을 씻었다. 요즘에는 심지어 항균성 비누로 너무 자주 씻어서 이로운 박테리아를 죽이기도 한다. 그런데 우리는 어떻게 일부 박테리아가 건강에 이로운지 알아냈을까?

과학은 원인과 결과 사이의 직접적인 관계를 알아내길 좋아하지만, 그렇다고 우리가 꼭 그런 관계가 있는지 알아야 하는 것은 아니다. 과학자들은 두 복잡한 현상이 있으면, 서로 상관관계가 있지 않을까 여기곤 한다. 진짜 문제는 우리가 없는 관계는 있다고 여기고 예측하기 너무 복잡한 관계는 무시하는 경향이 있다는 것이다. 우리는 우연한 사건을 접하면 어떤 심오한 계획에 의해 불가사의하게 벌어진 사건이라고 여긴다. 그럴 수도 있고 아닐 수도 있다. 상호 연결된 현상들로 이루어진 매우 복잡한 세계에서 어떤 관계들은 간접적인 고리들의 긴 연쇄를 통해 너무 미묘하게 연결되어 있기에, 우리는 어느 한 사건이 다른 사건에 미치는 효과를 결코 알아낼 수 없다.

10장
우연의 10가지 유형에 대한 수학적 고찰

우연의 일치 사건은 확률에 대한 관심을 일깨워주는 각별한 이야기다. 그런 이야기가 지극히 드물다는 데는 누구도 의심하지 않는다. 하지만 우연의 일치 사건이 일어났을 때 우리가 세상이 지극히 작은 시간과 공간으로 축소되었다고 느낄 정도가 되려면, 얼마만큼 드물게 일어나는 사건이어야 할까? 아래 이야기들은 정말로 드문 사건이지만, 필연적으로 일어났을 만한 일이었다.

이야기 1. 앤서니 홉킨스 이야기

홉킨스 이야기는 단지 동시성의 한 예일지 모른다. 『페트로프카에서 온 여인』이 얼마나 많은 장소에 있었을지 생각해보라. 홉킨스가 보기 전에 그 책을 집었을 사람들의 수를 생각해보라. 홉킨스가 그 제목의 책 그리고 하필 바로 그 책—조지 파이퍼의 것이었던 책—을 왜 찾았는지 생각해보라. 그런 다음에 홉킨스가 그 책 옆에 앉았지만 그 책을 알아보지 못했을 확률을 살펴보자.

이 이야기와 매우 흡사한—어쩌면 더 나은—버전으로서, 똑같은 일이 생기지만 홉킨스가 그 책에 관해 몰랐고 우리도 그런 이야기를 듣지 못하게 되는 경우도 상상할 수 있다. 하지만 홉킨스에게 실제 생긴 일이 아주 흥미로운 이유는 특정한 사람, 그것도 유명인이 개입되어 있기 때문이다. 어떤 면으로 보나 굉장한 이야기인데, 주된 이유는 사건의 당사자를 우리가 알기 때문이다. 그런데 홉킨스 이야기가 정말로 굉장한 우연의 일치일까? 우리가 엄청난 우연의 일치라고 여기는 근거는 무엇일까? 굉장한 일일지 모르지만, 과연 그 점을 뒷받침할 정보가 무엇일까? 발생 가능성을 짐작하게 할 수치가 나와 있지는 않다.

이 사건은 동시성의 한 예일지 모른다. 하지만 동시성과 수학적 타당성의 차이를 확실하게 구별하기 위해, 가령 다음과 같은 몇 가지 수들을 살펴보자. 기차역에 사람들이 놓고 가버린 책의 수, 런던 중심부에 있는 서점의 수 그리고 어떤 특정한 책을 찾기 위해 매일 타운에 오는 사람의 수.

이야기는 1976년에 벌어진 일이다. 시기가 중요한 까닭은 당시에는 책을 아주 쉽게 구하도록 만들어주는 인터넷도 아마존도 없었기 때문이다. 당시 가장 손쉬운 방법은 서점에 직접 가서 책이 있는지 알아보느라 많은 시간을 허비하지 않도록 서점마다 전화를 걸어보는 것이었다.

홉킨스 이야기를 분석하려면 런던 시의 거대함을 고려해야만 한다. 이 책을 쓰는 현재, 런던에는 인터넷 시대임에도 불구하고 작은 독립 서점이 111군데나 있다. 살아남기 위해 각 독립서점은 하루에 평균 적어도 10명의 도서 구매자를 확보해야 한다. 적게 잡더라도 이들 서점들은 전부 다 합쳐 하루에 적어도 1,000권을 팔아야 한다. 더욱 현실적인 추산치에 의하면 대략 3,000권이다. 서점에 오는 사람들 중에는 그냥 책을 훑어보러 오는 이들도 있고, 사려고 작정한 특정한 책을 찾으러 오는 이들도 있고, 또한 비를 피해서 시간을 보내려고 들어오는 이들도 있다. X라는 제목의 특정 도서를 사려고 딱 100명이 매일 서점에 온다고 하자.

이들 100명의 독자 중에서 한 명이라도 지하철 역 근처의 벤치에 앉아 있다가 자신이 구하려던 책을 찾을 가능성은 거의 없다. 하지만 몇 명이나 공공장소에서 무심코 책을 놓아두는지 그리고 몇 명이나 기차와 지하철역에서 읽던 책을 놓아두고 나오는지 잠시 시간을 내서 생각해보자.

처음 출간되었을 때 책 X가 꽤 인기를 끈다면, 첫 달에 적어도 1,000권은 팔릴 것이다. 이 책들은 어떻게 될까? 일부는 읽히지 않는 채로 한 개인 가정의 책장에 꽂혀 있을 것이다. 일부는 중고서점에 팔릴 것이고, 또 일부는 공공장소에서 분실될 것이다.

추측컨대 『페트로프카에서 온 여인』은 10,000권 이상 팔렸다. 그렇다면 큰 수의 법칙에 의해 홉킨스 사건은 미미한 발생 확률과 적당한 발생 확률 사이에 위치하는데, 적어도 누군가에게는 일어날 법한 일이다. 어째서 그럴까? 10권이 런던의 공공장소에서 분실되는데, 일부는 공원 벤치에, 일부는 카페에, 일부는 대기실, 호텔 로비 등에서 분실된다고 가정하자. 아주 타당한 추산이다. 이들 책 중 한 권을 찾으러 런던에 오는 사람들의 수를 N이라고 하자. 그런 N명의 사람들은 공공 벤치에 놓여 있는 책이 눈에 띌 가능성이 높다. 그렇다면 관건은 다음 질문들이다. 이 사람들이 자신이 찾고 있던 책을 보게 될 확률 p는 얼마일까? 어떻게 p를 알아낼까? 안타깝게도 주사위를 던지거나 포커 카드를 뽑는 것과 달리 이 시나리오는 p를 계산하기가 만만치가 않다. p를 정확하게 알기란 거의 불가능하다.

하지만 방법이 하나 있다. 쉽지는 않은 방법인데, 왜냐하면 실제 사람들의 생각이 행동으로 이어지게 만드는 데는 숨은 변수들이 많이 관여하기 때문이다. 하지만 그런 모형은 수학적 확률 p — 현재로선 우리가 파악할 수 없는 수 — 를 근사적으로 알려준다. 더 간단한 방법은 사람들이 무언가를 찾으러 도시의 거리를 돌아다닐 때 어떻게 행동할지를 직감으로 상상해보는 것이다. 물론 편향성이 있는 주관적 느낌에 빠질 위험이 있긴 하지만, 문제를 더 깊게 생각해볼 수 있게 해준다.

일단 앤서니 홉킨스와 조지 파이퍼가 등장하는 실제 이야기를 잠시 접어두자. 대신에 어떤 책을 찾으러 런던 중심가에 오는 임의의 사람들이 공공장소 어딘가에 놓여 있는 그 책을 찾을 가능성이 얼마나 될지 짐작해보자. 이것은 훨씬 더 쉬운 일이다. 만약 우리가 그 가능성을 알아냈더니 매우 작은 수치라면, 홉킨스와 파이퍼가 등장하는 실제 이야기는 훨씬 더 가능성이 낮을 것이다.

자, 그렇다면 수학자들이 종종 하는 일을 우리도 해보자. 즉, 우리가 찾고자 하는 수에 상한을 정하자. 이 경우 상한은 책을 찾는 어떤 사람이 자신이 찾는 책을 성공적으로 찾을 확률의 상한이다. 또한 우리는 수학자들이 하는 그 외의 다른 일도 할 것이다. 즉, 문제를 명확하게 만들기 위해 단순화시키자. 나중에 다루겠지만 실제 문제는 훨씬 더 복잡하기 때문이다.

런던은 대도시다. 60,000개의 거리, 3,000개 이상의 작은 공원과 정원, 8개의 대형 왕립 공원, 111개의 서점 그리고 276개의 지하철역이 도시 전역에 흩어져 있다. 잠시 홉킨스 이야기로 되돌아가 더욱 적절한 수치로 영역을 제한해보자. 홉킨스의 말에 의하면, 하이드 파크 광장 근처의 지하철역에서 책을 찾았다고 한다. 파이퍼가 한 친구에게 책을 주었고 그 친구가 하이드 파크 광장 근처에서 잃어버린 것이었다. 하이드 파크 광장에서 가장 가까운 지하철역은 마블 아치(Marble Arch)인데, 그곳에서 거의 직선으로 위그모어 거리를 따라 30분쯤 걸으면 대영박물관이 나온다. 홉킨스의 이야기가 있던 당시 그곳은 런던 최대의 서점 밀집 구역이었다. 따라서 찾는 지역을 좁혀서 대영박물관을 중심으로 반경 2마일 주변을 둘러보는 것은 합리적이다. 그 구역에는 거의 1,000개의 거리가 있다. 하지만 다수의 거리는 서점이 몇 개 없는 짧은 길이이며, 책을 찾는 사람들이 큰 도로를 벗어나 다니지도 않는다. 게다가 분실된 책은 지하철역 그리고 공원과 같은 휴식 장소처럼 사람들이 많이 다니는 장소에서 발견될 가능성이 더 크다.

이야기의 핵심은 앤서니 홉킨스가 아니라 『페트로프카에서 온 여인』이다. 특정한 책 한 권을 어느 특정한 날에 매우 뜻밖의 장소에서 찾았다는 것이 핵심이다.

따라서 *N*명의 사람들이 책을 찾기 위해 대책 없이 이 서점 저 서점을 돌아다닌다고 상상하자. 이들의 이동 반경을 대영박물관에서 2마일로 한정하자. 게다가 해당 구역 내의 공공장소에 10권의 책이 분실되어 놓여 있다고 가정하자.

*N*명의 사람들 중 어느 한 명이라도 10권의 책들 중에서 자신이 찾던 특정한 책을 찾아낼까? 만약 *N*이 작은 수라면, 아마도 그렇지 않을 것이다. 아주 거친 사고실험 모형이지만, 여러분이 생각하는 만큼 그렇게 거칠지는 않다. 왜냐하면 책을 찾는 이들은 런던 시내의 아무 길이나 무작위로 다니지 않기 때문이다. 대신에 버려진 책을 한 특별한 장소에서 찾아낼 가능성이 더 크다.

이제 *N*이 어떤 큰 수라고 하자. 하루 종일 찾아다니면 버려진 책 $k(\leq 10)$권을 찾으리라고 기대할 수 있다고 하자. 그러면 대략적인 성공률은 k/N이다. 달리 말해서 *N*번 시도해서 *k*번 성공한다는 뜻이다. 큰 수의 약한 법칙에 의하면 이 성공률은 *N*이 충분히 클 때 *p*에 대한 아주 좋은 근사치이다. 이제 관건은 *N*이 얼마나 커야 하냐는 것이다. 분명 N=10,000이면 *k*가 0보다 훨씬 클 가능성이 꽤 높을 것이다. 비록 대도시 런던의 인구가 860만 명 이상이긴 하지만 누구도 만 명의 사람들이 책을 찾으러 런던 거리를 이리저리 돌아다니리라고 예상하지는 않을 테다. 하지만 시간의 한계를 1년으로 늘이고 100명이 매일 책을 찾으러 다닌다고 (다수는 반복적으로 찾으러 다닌다고) 가정하면, N=36,500이다. 2년이라면 N=73,000이다. 그렇게 *N*을 넉넉하게 택하면, 그 사람들 중 한 명이 자신이 찾던 책을 찾을 확률은 분명 1/2을 넘는 값에 가까울 것이다. 물론 왜 꼭 2년인가? 10년이면 안 될까? 왜 꼭 런던에서 찾아야 하나? 서점이 22,500개인 미국 전역을 대상으로 하면, 아니면 전 세계를 대상으로 할 수도 있다. 큰 수에 관한 이 경이로운 법칙은 세상의 크기를 과소평가하지 말라고 우리에게 알려준다.

위에서 나온 모형은 독창적이긴 하지만, 전체 이야기를 들려주지는 않는다. 숨은 변수들은 어디에나 있다. 심지어 특정한 책을 찾는 사람들이 자신들이 찾던 책 근처에 있으면서도 알아차리지 못하기 쉽다. 게다가 N명의 사람들 중 어느 한 명이 자신들이 찾던 바로 그 책을 찾게 되려면, N이 엄청나게 커야, 73,000보다 훨씬 더 커야 할 수 있다. 따라서 그런 일이 벌어질 가능성은 우리가 k/N을 얼마로 상상하든 확실히 그것보다 훨씬 더 작다.

하지만 큰 수의 약한 법칙이 알려주는 바에 의하면, p와 k/N의 차이는 만약 N이 충분히 크다면 우리가 원하는 만큼 작을 것이다. $N=73{,}000$(매일 100명이 2년 동안 찾아다니는 경우)이라면 k는 적어도 1일 것이라고 우리는 직감적으로 추측할 수 있고, 그렇다면 $P[|k/N-p| < 0.001] > 0.5$라고 가정할 수 있을 만큼 N이 충분히 크다고 할 수 있다. 그러면 p는 0.000014에 가까울 것이다. 이 확률은 승산으로 치면 71,427 대 1로서, 포커에서 스트레이트 플러시가 나올 승산에 매우 가깝다!

이 모든 이야기로 알 수 있듯이, 실제 확률의 상한은 끔찍할 정도로 낮지가 않다. 물론 실제 이야기, 즉 그런 일이 어떤 특정한 사람한테 일어날 가능성은 꽤 낮긴 하다. 따라서 원래 이야기가 말도 안 되게 드물다는 것을 입증할 결정적인 확률 수치는 확보하지 못했지만, 대체로 그런 이야기가 아주 드물지 않다는 것은 알 수 있다.

이 사안과 관련하여 대단히 놀라운 점은 홉킨스가 『페트로프카에서 온 여인』을 찾았다는 것이 아니라, 그것이 하필 파이퍼가 갖고 있었던 책이라는 사실이다! 정말로 상상할 수 없을 정도로 확률 p가 낮은 대단한 우연의 일치이다. 더군다나! … 더군다나 파이퍼의 말에 의할 때 그가 책을 잃어버린 장소가 나중에 홉킨스가 책을 발견한 장소 근처라는 사실을 고려하지 않았을 경우에만.

이야기 2. 앤 패리시 이야기

앤 패리시 이야기는 다르다. 패리시는 자기 책이든 남의 책이든 책을 찾아다닌 것이 아니라 그냥 구경했을 뿐이다. 홉킨스 이야기를 분석하고 나면 패리시 이야기는 덜 드물다는 것이 이해가 된다.

패리시의 삶을 전혀 모른다면 그녀의 이야기는 아주 놀랍게 들릴 것이다. 분명한 이유가 없이 일어난 놀라운 사건뿐인 듯하다. 패리시와 아는 사이였던 《뉴요커》의 문학평론가 알렉산더 울코트(Alexander Woolcott)는 패리시 부인이 생존해 있을 때 그 이야기를 썼다. 아래 울코트의 글을 보자.

> 운율을 딱 맞춘 말에서 묘미를 느낀다는 것은 우리가 미지의 바다 같은 인생의 불가사의에 얼마나 두려움을 갖고 있는지를 드러내준다. 적어도 그 이야기를 처음 들었을 때 나는 그걸 부적처럼 마음속에 되새기면서, 이런 믿음이 꽤나 생겼다. 앤 패리시가 거리를 돌아다니다가 헌책방에 들렀을 때 미지의 우주 공간 어딘가에서 별 하나가 빙긋빙긋 웃었으리라고, 우주 속의 운행 경로에서 빙긋빙긋 웃었고 폴짝폴짝 뛰었으리라고.[01]

(글 솜씨나 뽐내려는 아리송한 문장들은 웃어넘기고) 실제로 사건이 일어나기까지의 과정들을 추적해보자. 패리시의 어머니 안느(Année)는 1860년에 펜실베이니아 미술 아카데미에서 회화를 공부했다. 펜실베이니아 아카데미에서 안느가 사귄 가까운 친구 중에 메리 커셋(Marry Cassatt)이 있었다. 메리 커셋은 유명한 인상파 화가가 되었고 파리로 건너가서 미술을 배웠으며 그곳에 정착해서 작품 활동을 했는데, 화가 에드가 드가 및 카미유 피사로와도 친분을 쌓았다. 자, 그렇다면, 안느가 그 책을 친한 친구인 메리한테 건넸더니, 메리가 그걸 파리로 가져갈 수 있었을까? 메리는 1926년에 죽었다. 사후에 그녀의 소장 도서를 포함한 재산이 여기저기로 흩어졌는데, '아마도' 앤 패리시의 미국 책은 1926년과 1929년 사이의 언젠가 파리의 헌책방에 흘러들어 갔을 것이다.

이 이야기를 더 깊게 파헤쳐보자. 만약 당신이 1929년에 파리에 여행 온 미국인이라면, 아마도 체류 도중 한 번은 셰익스피어&컴퍼니 그리고 센 강변의 헌책방 거리에 들를 것이다. 희귀하지 않은 중고 영어 책들을 사고파는 유명한 서점들이다. 특히 당신이 어린이 책 저자라면, 어린이 책 서가를 뒤질 가능성이 크다. 사실, 내가 아는 대다수 작가들은 기회가 생기기만 하면 서점의 서가—특히 자신들이 쓰는 장르의 서가—를 뒤진다. 따라서 센 강변 헌책방에 있던 『잭 프로스트 그리고 다른 이야기들』이 그 책을 아끼던 옛 소장자인 여자아이한테 다시 돌아가게 만드는 연쇄적인 고리들은 충분히 존재할 수 있다.

하지만 잠깐만. 이 사건에도 여느 훌륭한 우연의 일치와 마찬가지로 타이밍이 필수적이었다. 앤은 책이 센 강변의 헌책방에 있는 시기에 파리에 머물러야 했다. 일찍 왔거나 누군가가 그 책을 산 다음에 왔다면, 그녀는 기회를 놓쳤을 것이다. 어쩌면 다른 미국인이 사서 책을 미국으로 가져간 뒤에 앤한테 또 다른 기회를 주었을 수도 있다. 하지만 그랬다면 다른 이야기가 되었을 테고, 책이 파리로 갔다가 다시 미국으로 돌아오는 과정은 아무도 모르는 역사 속에 묻힐 테니 우연의 일치라고는 해도 놀라움은 훨씬 덜할 것이다. 이 이야기에서는 타이밍이 넉넉했기에 그런 사건이 벌어질 가능성이 높았다(그 책이 파리 센 강변의 헌책방에 충분히 오래 머물러 있는 바람에 앤의 손에 들어올 가능성이 높았다는 뜻으로 하는 말인 듯하다_옮긴이).

이 사건의 발생 확률을 수치로 나타내기는 어려울 것이다. 하지만 합리적인 추측을 해보자. 첫째, 앤이 1929년 여름에 파리로 여행을 떠날 확률을 추측하자. 나는 그 확률을 낮게 잡아도 0.1에 가깝다고 본다. 앤은 돈을 보고서 한 사업가와 결혼했다. 파리는 그리스 섬들을 배로 여행하는 사람들이 들르는 곳이었고 또 1929년에 부유한 미국인들이 찾는 최고의 여름 여행 코스였다. 그녀가 파리 센 강변의 헌책방 거리에 들를 확률은 얼마일까? 나는 확률이 0.3이라고 본다.

가장 확정하기 어려운 것은 그 책이 거기에 있을 확률이다. 바로 여기서 배경 이야기—앤의 어머니와 메리 커셋과의 인연, 메리의 죽음 그리고 중고 영어책을 취급하는 몇 안 되는 파리의 서점들—가 도움이 된다. 내가 보기에 확률은 0.01 근처이다. 따라서 그런 사건이 벌어질 확률 p는 대략 $0.1 \times 0.3 \times 0.01 = 0.0003$일 것이다. 승산으로 치자면, 3,331 대 1이다. 일어나기 어렵지만, 어떤 특정한 책을 찾을 목적으로 어느 도시에 와서 공원 벤치에서 그 책을 찾는 것만큼 어렵지는 않다. 정말이지 우리의 추산을 복잡하게 만들 무수한 숨은 변수들이 존재하겠지만, 그렇다고 해서 확률이 1/10,000 이상 변하지는 않을 것이다. 따라서 앤 패리시 이야기의 발생 확률은 포커 게임에서 받은 카드 다섯 중에 네 장이 같은 종류일 확률보다 살짝 높은 정도이다.

이야기 3. 흔들의자 이야기

앤 패리시 이야기는 타이밍이 넉넉했던 이점이 있었다. 『잭 프로스트 그리고 다른 이야기들』은 앤이 파리에 다른 때에 갔더라도, 여러 달 전부터 이후로 여러 달 동안 센 강변 헌책방에 계속 남아 있었을 수 있다.

흔들의자 이야기는 정확한 타이밍 하에서만 일어날 수 있는 유형의 사건이다. 2장에 나왔듯이 이야기의 세부 내용을 다시 정리하자면 이렇다. 매사추세츠 주 케임브리지에 사는 어머니 집 거실에 흔들의자가 하나 있었다. 아내가 이 의자와 똑같은 제품을 케임브리지에 있는 한 가구점에서 주문했다. 그런데 재고가 없어서 나중에 내 동생 집으로 배달을 해주기로 했다. 몇 주가 흐른 어느 날, 동생 집에서 작은 파티가 열렸는데, 손님 한 명이 동생의 흔들의자에 앉았다. 그 의자가 산산조각 나며 부서진 지 몇 초 후에 초인종이 울렸다. 새 흔들의자의 배달을 알리는 초인종이었다.

이런 유형의 이야기들이 으레 그렇듯이, 확률을 수치로 알아내기는 어렵다. 하지만 어느 정도 수준의 확률인지는 가늠할 수 있다.

이 이야기는 동시성의 사례에 속한다고 볼 수 있다. 그런데 변수들을 자세히 살펴보자. 주문한 흔들의자는 똑같은 복제품이었다. 이런 사실이 이야기에 중요한 요소이기는 하나 사건의 동시성에는 아무런 역할도 하지 않는다. 왜냐하면 아내는 내 동생의 거실에 있는 흔들의자를 보고서 똑같은 의자를 사길 원했기 때문이다. 아마 아내는 어디에서 파는 제품인지를 물어서 알아냈을 것이다. 이 사건에 관여하는 첫 번째 변수는 의자의 재고가 없었다는 점이었다. 재고가 있었더라면, 놀라운 이야기가 되지 못했을 테다.

두 번째 변수는 손님의 방문이었다. 손님이 그때 동생의 거실에 있었던 것은 충분히 그럴 만했다고 볼 수 있다. 친구 사이여서 종종 동생 집을 찾아왔기에, 그가 그곳에 있을 확률은 0.1보다 높다고 무난히 추산해볼 수 있다. 그러므로 동생 친구가 동생 집에 올 확률을 p_1이라고 하면 $0.1 < p_1 \leq 1$이다. 물론 그가 흔들의자에 앉을 확률도 고려해야 한다. 그건 알아내기 쉽다. 내가 기억하는 한, 동생 집에는 여섯 명이 앉을 수 있는 두 개의 카우치가 있었고, 흔들의자를 포함해서 의자가 네 개 있었다. 만약 앉을 데를 무작위로 고른다면 그리고 어느 누구도 아직 앉지 않았다면, 동생 친구가 흔들의자를 선택할 확률을 p_2라고 할 때, $0.01 < p_2 \leq 1$ 정도일 것이다.

하지만 사람들은 실내에서 앉을 자리를 무작위로 고르지 않는다. 특히 흔들의자가 하나뿐일 때는 더더욱 그렇다. 따라서 사람의 성향을 파악하지 않고서는 흔들의자를 고를 확률은 알아내기가 어렵다. 그렇기는 해도 논의의 편의상 위에 나온 p_2값에 동의하기로 하자.

한편 의자가 부서지는 타이밍을 추산하기는 어렵다. 즉, 흔들의자가 손님이 앉는 순간에 부서질 확률을 알아내기는 어렵다. 우리가 할 수 있는 일이라고는 흔들의자가 막 부서지려던 참이었다고 가정하는 것이 고작이다. 따라서 이 사안을 고려하고 안 하고는 자유재량에 맡길 일이다.

배달 타이밍은 알아내기가 조금 쉽다. 의자의 재고가 없을 때 배달이 주문 후 2주째 올 것으로 예상된다면, 두 번째 주의 업무 시간 동안의 언젠가에 도착할 것으로 예상해야 한다. 한 주의 업무 시간은 대략 3,360분으로 정할 수 있다. 이 사건에 맞게끔 초인종이 울리는 초를 특정할 수도 있지만, 세부사항이 너무 복잡해지는 것을 막기 위해 분으로 한정하자. 그래도 상황의 분위기는 마찬가지로 전달된다. 그러면 동생 친구가 흔들의자에 앉는 특정한 순간(분)에 초인종이 울릴 확률 p_3은 1/3,360으로서, 대략 0.0003이다.

그렇다면 사건이 일어날 확률 $p=p_1 \times p_2 \times p_3$이다. 값을 계산하면 p는 0.0000003과 0.0003 사이이다. 이 사건은 누가 보기에도 엄청나게 일어나기 어렵다. 승산으로 치자면 3,333,332 대 1과 3,332 대 1 사이이다. 가장 낮은 쪽을 보자면, 복권 네 장을 사서 한 장이 당첨될 확률보다 더 낮다. 가장 큰 쪽을 보자면, 포커 카드 다섯 장을 받았더니 네 장이 같은 종류일 확률보다 높다.

이야기 4. 황금풍뎅이

황금풍뎅이(Scarabaeidae)는 딱정벌레의 특정 부류를 이루는 과(科)의 명칭이다. 몸집이 크고 금속색이 나며 몽둥이 모양의 촉수가 특징이다. 이 과 소속으로서 미국에서 흔히 보이는 대표적인 종을 꼽으라면 왕풍뎅이(June bug)와 알풍뎅이(Japanese bug)가 있다.

카를 융의 환자 중 한 명이 황금풍뎅이가 꿈에 나왔다고 융에게 말했다. 닫힌 창문에 등을 기댄 채 의자에 앉아서 꿈 이야기를 듣던 융은 창문을 가볍게 두드리는 소리를 들었다. 뒤돌아보니, 창밖에 날아다니는 곤충 한 마리가 보였는데 마치 그의 관심을 끌려는 행동 같았다. 창문을 열자 곤충이 날아들었고 융은 그 곤충을 잡았다. 황금풍뎅이였다. 융은 그 우연의 일치를 자신이 명명한 동시성의 대표적인 예라고 여겼다. 동시성이란 명확한 이유 없이 두 가지 사건이 동일한 시간과 공간에서 함께 발생하는 것을 말한다.

만약 황금풍뎅이 꿈이 정말로 동시성의 예라면, 발생 확률을 알아낼 수 없을 것이다. 이 사건은 흔들의자 이야기와는 다른 범주에 속하긴 하지만, 역시 마찬가지로 결정적인 타이밍이 핵심이다. 황금풍뎅이가 반 시간 전에 창문을 두드렸다면 이야기는 달라졌을 것이다. 물론 우주에 동시성이 작동하고 있을지 모르나 이 이야기 역시 분명 확률이 개입한다. 하지만 유념해야 할 점이 있다. 바로 그 젊은 여성의 꿈에 깃들어 있는 집단무의식이라는 숨은 변수를 무시해서는 안 된다는 것이다.

왕풍뎅이는 유월에 흔하다. 여성 환자가 꿈을 꾸고 있을 때 왕풍뎅이 한 마리가 그녀 집의 창문을 두드렸을 수 있다. 그녀가 잠을 자면서 그 소리를 들었다면, 꿈에 영향을 미쳤을지 모른다. 우리의 꿈은 실제 소리와 빛에 종종 영향을 받기도 하는 의식적 경험과 무의식적 경험의 혼합일 때가 많다. 가령, 실제 천둥이 칠 때 잠을 자는 사람은 천둥 치는 꿈을 꿀 수 있다. 따라서 관건은 이것이다. 그녀가 꿈을 꾸는 동안 황금풍뎅이가 집 창문을 두드릴 확률은 얼마일까? 그리고 여성이 꿈 이야기를 하는 순간에 황금풍뎅이가 융의 진료실 창문을 두드릴 확률은 얼마일까?

융은 그 사건이 일 년 중 어느 때에 일어났는지 알려주지 않는다. 유월일 수도 있다. 내가 황금풍뎅이를 만난 경험으로 판단하자면, 첫 번째 질문에 대한 답은 대략 1/30이다. 적어도 일 년에 한 번 그리고 거의 언제나 유월에 적어도 한 마리의 왕풍뎅이가 내 집 창문을 두드렸으니 말이다. 두 번째 질문에 대한 답은 내놓기가 더 어렵다. 황금풍뎅이가 융 진료실 창문에 부딪힐 가능성도 1/30이지만, 이 답은 두 가지 다른 사건에서 매우 중요한 정확한 타이밍을 고려하지 않고 있다. 바로, 여성 환자가 꿈을 꾸는 시간대 그리고 융이 진료실 창문에서 황금풍뎅이를 발견한 시간대를 고려해야 한다. 빛에 이끌려 왕풍뎅이는 주로 밤에 창문에 부딪힌다. 그녀의 꿈은 융과의 진료 상담 시간에 터놓아야 할 만큼 의미심장했음을 볼 때, 매우 드물게 꾼 꿈이다. 만약 그녀가 유월 밤의 임의의 날에 꿈을 꾸었다고 가정한다면, 황금풍뎅이가 찾아온 바로 그 날 밤에 그런 꿈을 꾸었을 확률은 1/30×1/30≈0.001일 것이다. 승산으로는 998 대 1이다.

젊은 여성 환자가 일주일에 한 번씩 한 시간 동안 진료를 받았다고 가정하자. 그리고 융이 주말을 제외하고 하루에 평균 여섯 명의 환자를 진료했다고 가정하자. 유월 달에는 한 시간짜리 진료가 총 132번 있다. 황금풍뎅이 꿈은 132번의 진료 상담 중에 대략 십 분의 시간 간격 동안 꺼낸 이야기다. 유월에는 이와 같은 시간 간격이 792번 있다. 즉, 유월 한 달 동안 그 꿈을 이야기하는 시간에 황금풍뎅이가 창문에 부딪힐 확률은 1/792일 것이다. 승산으로는 791 대 1이다. 그러므로 이 사건의 발생 확률은 1/30×1/30×1/792≈0.0000014이다. 즉, 포커 게임에서 로열 플러시가 나올 확률보다 낮다!

이야기 5. 프란체스코와 마누엘라 이야기

앞서 나왔듯이, 프란체스코와 마누엘라의 이야기는 우연의 일치에 관한 책을 쓰는 사람이 이야기의 당사자한테서 들은 내용이다. 이 사건을 이렇게 보자. 특정한 이름인 프란체스코와 마누엘라는 중요하지 않다. 다른 누군가의 이름, 가령 빌과 조앤 내지 프레드와 프레드리카여도 상관없다. 다른 어느 곳에서 벌어졌어도 괜찮다. 꼭 두 남자와 두 여자에 관한 이야기가 아니어도 좋다.

추상화시켜서 살펴보면, 그 이야기는 각각 이름의 쌍이 동일한 두 쌍의 사람들이 지구상 어딘가에서 처음 만나는 내용이다. 이제 그 이야기는 이름의 쌍들을 세는 문제로 귀결된다. 세상에는 이름이 몇 개나 있으며, 이름 쌍의 소유자 몇 쌍이 가령 일 년에 어떤 시기에 서로 만날까? 수치는 가히 짐작하기조차 어렵다. 58,000명의 주민이 사는 도시인 올비아(Olbia)만 해도 이 책을 쓰는 현재 프란체스코라는 이름을 가진 이가 2,834명이고 마누엘라는 276명이다.

하지만 한 가지는 확실하다. 이름 쌍을 지닌 사람들의 쌍의 수는 매우 크다. 사실은 엄청나게 크다! 위에서 나온 것과 같이 사람을 잘못 알아본 이야기는 그다지 특이하지 않다. 특이한 것은 두 쌍의 사람들이 잘못된 만남인 줄도 모른 채 긴 시간을 함께 보냈다는 사실이다. 당연히 이와 같은 착오 사태는 수치를 상당히 줄여준다. 그런 제약 조건 덕분에 수치가 적어도 100배는 낮아진다.

확률을 감쪽같이 짐작할 조금 느슨한 방법이 있다. 가령, 프란체스코가 2,834명인 올비아에서, 몇 명의 마누엘라가 어느 특정일에 마드리드를 떠나 올비아를 방문할까? 그런 방문자들 중 몇 명이 이야기가 시작되는 장소인 호텔 드 플람에 묵을까?[02] 그리고 몇 명이 호텔 드 플람의 로비에서 초면인 누군가를 만날까?

이 질문들의 답을 알기 위해, 가령 내일 아침에 마누엘라라는 이름의 두 사람이 초면인 프란체스코라는 이름의 두 사람을 호텔 로비에서 기다리고 있을 확률을 알아내보자. 그러기 위해 우리는 매일 아침마다 로비에 가서 사람들한테 이름을 물어보고 또한 초면의 누군가를 만나러 와 있는지 여부를 물어볼 수 있다. 그런 다음 열흘의 기간 동안, 로비에 앉아 있는 이름이 마누엘라인 사람들의 평균수를 매일 기록하여 그 값을 로비에 앉아 있는 사람들의 일일 평균 명 수로 나눌 수 있다. 어쩌면 이 수는 0일지도 모른다. 하지만 일수를 365로 증가시키면 수는 훨씬 더 0보다 클 가능성이 높다. 물론 이런 식으로 확률을 측정하려면 시간과 비용이 많이 든다.

또 다른 방법이 있다. 임의의 어떤 날에 올비아를 찾는 사람들의 평균수에서부터 시작하자. 사르디나는 섬이므로 방문객은 틀림없이 바다 아니면 하늘로 온다. 2013년 9월 이전에는 이베리아 항공사에 논스톱 항공편이 있었다. 하지만 나와 아내가 그 섬을 떠난 직후 올비아는 폭풍우로 홍수가 나는 바람에 도시가 쑥대밭이 되었다. 그래서 논스톱 항공편은 취소되었고 이후로 다시 재개되지 않았다.

마드리드에서 오는 편도 항공편의 수(10편) 그리고 이 하늘 길을 이용하는 에어버스 320과 340의 평균 승객 수(200명)를 통해, 매일 마드리드를 떠나 올비아에 찾아오는 사람들은 평균 2,000명임을 알 수 있다. 그리고 올비아는 대체로 종착지이므로 오는 사람들 거의 모두는 그날 다른 비행기에 탑승하지 않는다. 물론 승객 수는 여름부터 겨울까지 변동이 있다.

마드리드 전화번호부 표본을 검색해보면, 마드리드 인구 중 1.3퍼센트가 이름이 마누엘라다. 보수적으로 대략 가정하자면, 마드리드에서 오는 항공기 10편의 승객들 중 4분의 1(500명)은 마드리드 및 주변 지역의 주민들일 것이다. 따라서 임의의 어떤 날에 올비아를 찾는 방문객 중 마누엘라라는 이름을 가진 사람은 6.5명이다. 어떤 이는 기차나 버스를 타고서 다른 도시로 갈 수도 있다. 그렇기에 수를 조금 낮춰서 3명의 방문객이 올비아를 찾는다고 추측하자.

이제 그 방문객들이 어디에 묵을지 그리고 어떤 부류의 사람이 어떤 종류의 호텔을 고를지가 관건이다. 나로서는 호텔 드 팜에 묵는 마누엘라들의 평균수를 0.17로 본다. (평균적으로 볼 때, 호텔 선택지들은 무리지어 있다고 볼 수 있다. 일부 호텔들은 단체로 특정일에 그리고 일 년 중 특정 시기에 특별 서비스를 제공한다.) 어떤 마누엘라는 그 전날 올비아에 도착했을 수 있다. 다른 마누엘라는 방금 도착했을지 모른다. 호텔이 무리지어 있고 도착 시간이 제각각인 점을 고려할 때, 두 마누엘라가 각자의 프란체스코의 제안으로 그 호텔을 선택할 확률은 대략 1/36일 것이다. 주사위 한 쌍을 던졌을 때 6이 두 개 나올 확률이다.

마드리드에서 온 두 마누엘라가 호텔 드 팜에 있다는 것이 놀라운 일일까? 답은 여러분에게 맡기겠다. 이 사건의 핵심은 프란체스코-마누엘라의 두 쌍이 그렇게 오랫동안 서로 엮어 있으면서도 뭔가가 잘못되었다는 사실을 어떻게 알아차리지 못했냐는 것이다. 나로서도 답을 모르겠는데, 다만 서로 모르는 사람들은 보통 처음 만났을 때 만남의 실제 목적을 바로 밝히지 않고서 주변적인 이야기를 주섬주섬 늘어놓기 때문인 듯하다.

이 사건은 놀라운 우연의 일치였을까? 사람을 잘못 알아보는 일은 의외로 흔한데, 왜냐하면 그런 만남과 관계되는 수가 우리 생각보다 훨씬 크기 때문이다. 우리의 분석은 고작 두 명의 이름 프란체스코와 마누엘라만 다루었다. 이 이야기가 놀랍게 다가오는 까닭은 특정한 이름들 때문이 아니라 내가 그 이야기를 바로 당사자인 프란체스코한테서 들었기 때문이다.

이야기를 다른 각도에서 살펴보자. X라는 이름의 누군가가 호텔 H의 로비에서 Y라는 이름의 누군가를 만나게 되어 있다. X라는 이름의 또 다른 사람이 호텔 H의 로비에서 Y라는 이름의 또 다른 사람을 만나기로 되어 있다. 지금까지 이것은 우리가 8장에서 마주쳤던 유명한 생일 문제의 한 변형일 뿐이다.

하지만 거기서 한 걸음 더 들어간다. 각각의 사람은 한 시간 동안 상대를 잘못 알아보았다. 이제 경우의 수가 훨씬 더 많은 사례를 살펴보자. 만약 X와 Y가 네 가지 상이한 이름들 중 하나를 나타낸다고 하면 어떻게 될까? 가령 X는 마르코, 안드레아, 프란체스코 또는 루카이다(이탈리아에서 가장 흔한 남성 이름 네 가지). 마찬가지로 Y는 마리아, 로라, 마르타 또는 파울라(스페인에서 가장 흔한 여성 이름 네 가지).

물론 이해당사자의 만남에 있어서 X든 Y든 특정 성별의 이름에 국한되지 않아도 된다. 그러면 그러한 만남의 가능성은 매우 커진다. 이제 경우의 수는 16가지다. 마르코는 마리아나 로라나 마르타 또는 파울라와 만날 수 있다. 마찬가지로 안드레아, 프란체스코 및 루카도 그렇게 할 수 있다. 이렇게 하면 결국 호텔 H 로비의 만남에서 상대를 잘못 알아볼 가능성이 16배 커진다.[03]

이탈리아에서 가장 흔한 이름 100가지와 스페인에서 가장 흔한 이름 100가지로 해서 안 될 게 무엇인가? 만약 n이 이름 쌍들의 수라고 하면, 효과는 n의 제곱으로 커진다고 추측할 수 있을 것이다. 즉, 이름 쌍이 100가지면, 가능성은 10,000배로 커진다. 하지만 유명한 이름의 목록에서 이름의 유명도가 감소함에 따라 그런 이름을 지닌 사람들의 수도 마찬가지로 감소한다. 만약 이 분석을 가령 $n \leq 25$로 한정한다면, 효과가 n의 제곱으로 커진다고 안심하고 말할 수 있을 테다. 그러면 확률이 625배 늘어난다.

하지만 잠깐. 이탈리아에서 별 셋 등급 이상의 호텔은 51,733개 있다. 그리고 전 세계의 모든 호텔 로비를 다 포함하면, 확률 값은 너무나 커지기에 두 쌍의 사람들이 어느 곳의 어느 호텔 로비에서 매 시간마다 상대를 잘못 알아보는 일이 반드시 생긴다고 말할 수 있을 정도다!

"그런데, 잠깐만." 여러분도 내 아내처럼 말할지 모른다. "프란체스코는 '당신에게' 그 이야기를 했잖아요. 프란체스코-마누엘라의 만남처럼 상대방을 잘못 알아본 사건의 확률은 이 세상 어느 장소 어딘가에서 임의의 두 사람이 만나서 잘못 알아볼 확률과는 다릅니다. 우연의 일치는 그런 일이 일어났다는 게 아니라 당신이 특정한 그 이야기를 들었다는 겁니다."

그렇다. 맞는 말이다. 하지만 위의 분석에 의해, 그런 일은 하루에도 전 세계에서 여러 번 일어난다. 내가 평생 그런 이야기를 딱 한 번 들었다는 게 놀랍지 않은가? 일어날 수밖에 없는 일이라면 그걸 들었다고 왜 놀라야 한단 말인가?

이 책의 우연의 일치 이야기는 전부 수의 관점에서 분석할 수 있다. 어려움은 중요한 여러 숨은 변수를 찾는 데 있다. 언뜻 확률 값은 프란체스코-마누엘라 만남의 경우에서처럼 크지 않아 보일지 모른다. 하지만 사건들의 모든 가능한 조합을 면밀히 살펴보면 처음에는 작아 보였던 수가 자꾸 커지는데, 불가능해 보였던 일이 급기야 필연적인 일로 변할 정도로 커지고 만다.

이야기 6. 택시 운전사 이야기

한 여성이 시카고에서 택시를 부른다. 3년 후 그녀는 마이애미에서 택시를 부르는데, 택시 운전사는 시카고에서 만났던 바로 그 사람이다. 이 사건을 설명하기 위해 우선 그녀가 택시를 부르는 빈도를 조사해보자. 그녀는 사모펀드 회사의 중역이어서 여러 대도시에서 택시를 자주 이용한다. 백색증이 없는 택시 운전사는 특별히 눈에 띄지 않는다. 그러므로 택시를 자주 이용하는 사람은 택시를 부를 때 운전사가 백색증이 있지 않는 한 낯익은 사람이라고 의식하지 않는 편이다. 따라서 다른 두 도시에서 똑같은 운전사를 그녀가 의식하지 못한 채 두 번 부르는 일이

가능하다.

시카고에서 택시를 부르고 3년 후에 똑같은 운전사—이름을 A라고 하자—의 택시를 마이애미에서 다시 부를 확률을 알아보자. 단, 지금으로선 운전사가 백색증이 있는지 여부는 상관하지 않는다. 시카고에서 A를 부를 확률은 1이다. 왜냐하면 누가 되었든 아직은 택시에 운전사가 있어야 하기 때문이다.

우선 시카고의 한 택시 운전사가 3년 후에 마이애미로 이사 갈 확률을 추산해보자. 오늘날 시카고에는 택시 운전사가 15,327명이고 마이애미에는 약 5,000명이다. 몇 명이 시카고에서 마이애미로 이사 가는지에 관한 통계를 얻을 수 없으니, 우리가 할 수 있는 것이라고는 전출 수를 살펴보는 것뿐이다. 데이터에 의하면, 2014년에 시카고 인구 2,722,389명 가운데 95,000명이 다른 주로 이사했다. 연간 29명당 한 명꼴이다. 만약 이 비율이 시카고에 있는 15,327명의 택시 운전사에도 적용된다면, 3년 이내에 529명의 택시 운전사가 이사 간다고 대담하게 가정할 수 있다.

시카고는 미국에서 세 번째로 큰 도시고 마이애미는 마흔네 번째로 큰 도시다. 시카고에서 이사 가는 택시 운전사의 목적지 도시를 짐작하기는 어렵다. 하지만 미국의 이사 업체 유홀(U-Haul)의 목적지 도시 목록에서 마이애미는 40위에 올라 있다. 따라서 시카고의 택시 운전사 중 마이애미로 이사 가는 사람은 매우 적으리라고 가정할 수 있다. 아마도 20명보다는 많고 40명보다는 적을 것이다. 그러므로 그녀가 A를 부를 확률은 20/15,327=0.013보다 크고 40/15,327=0.026보다 적다. 승산은 75 대 1에서 36 대 1 사이이다. 꽤 높은 확률이다!

이제 백색증을 지닌 운전사로 돌아가자. 그녀가 택시 운전사를 알아보았는지 여부를 우리는 고려하지 않았기에, 확률은 매한가지다. 모든 우연의 일치 사건들과 마찬가지로 이 사건의 특별한 점은 알아차렸다는 사실에 있다.

이야기 7. 자두 푸딩 이야기

19세기 프랑스인 시인 에밀 드샹이 전해 주는 자두 푸딩 이야기는 입증 가능한 수치로 환원시킬 수가 없다. 내가 들은 것 중에 가장 대단한 우연의 일치에 속한다. 한 가지 이유를 대자면 이야기 속 사건들 사이의 시간 간격이 매우 크기 때문이다. 한편으로 그 시간의 길이는 가능성을 증가시키고 다른 한편으로는 이야기를 풍성하게 만든다.

핵심 상황은 다음과 같다. 젊은 드샹이 자두 푸딩을 먹고 있는 포트지부 씨를 처음으로 만났는데, 그 음식은 당시 프랑스에서는 거의 알려져 있지 않았다. 10년 후, 자두 푸딩을 까맣게 잊고 지내던 드샹이 한 식당을 지나가는데 메뉴에 자두 푸딩이 나와 있었다. 그래서 식당에 들어가 한 접시를 시켰는데, 웨이트리스의 말이, 대령 복장의 한 사내가 푸딩 전체를 이미 주문한 바람에 남은 게 없다고 했다. 그러면서 웨이트리스는 포트지부 씨를 가리켰다. 다시 세월이 흘렀고, 그동안 드샹은 자두 푸딩을 보지도 생각하지도 않았다. 그러다가 어느 날 드샹은 한 친구 집에 저녁식사 초대를 받아 갔다. 거기서 자두 푸딩이 나왔다. 드샹은 희한한 우연의 일치를 예전에 겪은 적이 있다면서, 포트지부 씨와 자두 푸딩 이야기를 주인과 손님들에게 했다. 드샹이 이야기를 마친 바로 그 순간 초인종이 울렸고 포트지부가 들어와 자기소개를 했다. 드샹의 이야기 속의 포트지부와 동일 인물이지만, 그는 동네의 다른 집에 저녁식사 초대를 받았다가 집을 잘못 알고 그 자리를 찾아왔던 것이다.

이 이야기는 기본적으로 우연한 만남에 가까운 부류에 속한다. 하지만 시간과 장소에 관한 네 가지 변수가 도저히 분리할 수 없을 정도로 함께 얽혀서 작용하고 있는지라 매우 혼란스럽게 느껴진다. 사건들 사이에 세월이 너무 많이 흘렀기 때문에 이 이야기는 분석이 거의 불가능해 보인다. 하지만 아예 불가능하지는 않으니, 이 이야기를 수치로 환원시켜 보자.

자두 푸딩을 먹고 있는 포트지부를 처음에 만날 확률은 1이다. 특정 인물이 누구냐 음식이 자두 푸딩이냐는 상관이 없다. 이 이야기는 처음에 또 다른 어떤 사람과 또 다른 음식을 중심으로 펼쳐질 수도 있었다. 10년 후 두 번째 만남의 확률을 찾는 것부터가 해결과제이다. 드샹은 그 식당을 지나갈 때 메뉴에 자두 푸딩이 있는 줄 몰랐을 수도 있다. 하지만 초코 무스(mousse au chocolat)면 몰라도 자두 푸딩은 그에게는 특별한 음식인지라 그러기는 어려웠을 테다. 따라서 자두 푸딩을 알아보았을 가능성은 매우 높았겠지만, 그렇다고 식당에 들어가서 한 접시를 주문했을 가능성은 조금 낮았을 것이다. 그런데 우연의 일치는 포트지부가 거기 있었다는 것이다.

문제를 이렇게 보도록 하자. 즉, 19세기 드샹이 살던 시절의 파리는 지금에 비하면 작은 도시였다. 인구 면에서가 아니라 사람들이 어디에 몰려 있느냐는 면에서 말이다. 파리의 특정한 구역들은 다른 데보다 사람들이 더 빈번하게 드나들었다. 포트지부가 그 식당을 지나갔다면, 그 역시도 자두 푸딩 안내판을 보고서 안으로 들어가 자두 푸딩을 주문했을 가능성이 크다. 백색증을 지닌 택시 운전사를 알아본 경우와 흡사하다. 특이한 것은 더 쉽게 눈에 띄기 마련이며, 특히나 과거의 기억을 떠올리게 하는 경우에는 더 그렇다.

그리고 명심해야 할 다른 점을 말하자면, 드샹은 그날 거기서 처음으로 식사를 했을 가능성이 높겠지만 포트지부는 그 식당에서 매일 식사를 했을 가능성이 높았을 것이다. 따라서 이 첫 번째 우연의 일치는 공통 관심사를 지닌 두 사람이 비교적 좁은 지역에서 우연히 만난 일이라고 할 수 있다. 대단히 특이하고 분석하기가 굉장히 어려운 것은 그 다음의 우연의 일치 사건이다. 즉, 드샹이 저녁식사를 하고 있고 자두 푸딩이 음식으로 나온 집에 포트지부가 잘못 찾아와서 초인종을 눌렀던 사건 말이다.

하지만 이 우연의 일치는 예전에 식당에서의 만남 이후 많은 세월이 지난 뒤였다. 게다가, 자두 푸딩이 나왔든 아니든 드샹이 저녁식사 자리의 손님 중 한 명으로 와 있는 집의 초인종을 포트지부가 잘못 누르지 않았던 그 긴 세월을 우리는 고려해야 한다.

이야기 8. 바람에 날려간 원고 이야기

19세기 프랑스 천문학자 겸 대중 과학 작가 니콜라 카미유 플라마리옹이 전해준 이야기다. 그는 대기에 관한 800쪽짜리 대중적인 논문을 쓰고 있었다. 하필 바람의 힘에 관한 장을 쓰고 있을 때 창문으로 돌풍이 들이닥쳐, 책상에 있던 그 장의 원고는 억수같이 비가 퍼붓는 바깥으로 날아갔다. 두 번째 우연의 일치는 여러 날이 지나서 벌어졌다. 플라마리옹의 집에서 1마일쯤 떨어진 출판사의 짐 배달꾼이 원고를 우연히 발견하여 플라마리옹에게 가져다준 것이다.

바람 때문에 원고가 몽땅 32번가인 옵세르바투아르 거리에서 그의 책을 출간할 아셰트 출판사가 있는 79번가의 생제르맹 거리까지 날아갔다는 것이 매우 놀랍게 들릴지 모른다. 하지만 이야기 속에는 인과관계의 배경이 되는 내용이 더 있다. 살짝 숨어 있는 내용이긴 하지만, 바람이 불던 그날 아침에 바로 그 짐꾼이 플라마리옹의 집에 와서 어떤 교정지를 전달해주었던 것이다.[04] 짐꾼은 플라마리옹의 집 근처에 살았으며, 교정지를 전달하고 나서 아침을 먹으러 갔다. 출판사로 돌아가는 길에 짐꾼은 땅 위에 흠뻑 젖은 원고를 보았는데, 플라마리옹의 글씨체를 알아보고서 그가 실수로 떨어뜨린 줄 여겼다. 출판사로 돌아가서 며칠 동안 아무한테도 알리지 않았다. 아마 원고가 마르기를 기다렸던 듯하다. 따라서 이 경우 원인은 원고를 발견한 사람이 이미 그걸 잃어버린 사람과 잘 아는 사람이었다는 것이다.

플라마리옹이 바람의 힘에 관해 쓰고 있을 때 돌풍이 불었다는 것도 딱히 놀랍지는 않다. 책의 한 장을 쓰기란 일사천리로 끝나지 않는다. 어쩌면 며칠 내지 몇 주 동안 쓰고 있었을지 모른다. 여름에 창문을 열어놓고 있으면 바람이 불어 닥칠 때 종이가 창밖으로 날아가 버리기 쉽다. 따라서 주된 사건은 날아가 버린 원고를 하필 그 짐꾼이 찾았다는 것이다. 짐꾼은 이웃에 살았고, 플라마리옹의 글씨체를 잘 알았으며, 출판업계에 종사하고 있었고(그러므로 어떤 논문을 집필중인지 관심이 있었을 것이고), 플라마리옹의 집에 종종 들르던 사람이었다. 이런 정황들을 종합하면 원고가 발견되어 되돌아올 가능성이 꽤 높아진다. 하지만 원고가 다른 누군가의 눈에 띄었는데 그 사람이 플라마리옹의 글씨체를 모르거나 거리 청소부가 다른 쓰레기와 함께 원고를 쓰레기통에 버렸을 가능성도 꽤 높은지라, 이 이야기는 마냥 일어나기 쉽지만은 않다.

이야기 9. 에이브러햄 링컨의 꿈

링컨은 이런 꿈을 꾸었다. 한 무리의 사람들이 흐느껴 우는 소리가 들렸다. 어디서 나는 소리인가 싶어 침실 밖으로 나갔다. 우는 사람들의 모습은 보이지 않았지만 소리는 사방에서 울려 퍼졌다. 이스트룸에 가보니 관에 시체가 놓여 있었고, 주위에 여러 명의 무장한 경비원들과 슬피 우는 사람들이 있었다. 사연인즉, 대통령이 암살당했다고 한다.

링컨은 예지몽을 여러 번 꾸었다. 남북전쟁 중에도 중요한 고비마다 그 결과를 암시하는 꿈을 꾸었다. 우연의 일치였을까? 아니면 무의식에 그럴 만한 불안감이 깃들어 있다가 꿈의 형태로 표현되었을 뿐일까?

링컨이 자신의 암살 꿈을 꾼 것은 대통령 자리가 위험함을 스스로 알고 있었다는 의미에 불과할지 모른다. 그전에 암살당한 미국 대통령은 아무도 없었지만, 그렇다고 해서 특히나 내전 상황에서 암살 위협을 느끼지 않았을 리 없다. 여느 꿈들이 대체로 그렇듯이 예지는 꿈의 메커니즘 속에 깃들어 있다. 우리는 꿈을 꾸는 중에도 여전히 '생각을 하거나'

우리가 꿈을 꾸고 있다고 '생각을 한다.'

이야기 10. 조앤 긴더의 복권 당첨

조앤 긴더는 복권에 네 번 당첨됐다. 첫 번째 당첨에서 540만 달러를, 두 번째에 2백만 달러를, 세 번째에 3백만 달러를 그리고 네 번째에 천만 달러를 벌었다. 1993년부터 시작해서 18년 동안에 벌어진 일이었다. 내가 보기에도 엄청나게 발생 확률이 낮은 일이지만, 그래도 불가능하지는 않다. 전문적으로 보자면, 그녀의 이야기는 우연의 일치가 아니다. 우연의 일치는 명확한 원인이 없는 사건이 생기는 것이다. 긴더의 이야기는 명확한 이유가 있다. 복권을 대량으로 구입함으로써 당첨 복권들을 고른 것이다. 네 번 복권 당첨은 무지막지한 행운이라고 우리는 여길지 모른다. 물론 그렇다. 그처럼 몇 번이나 당첨되기는 정말로 드물다. 하지만 숨은 요인들이 있다.

첫째, 첫 번째 당첨에서 돈을 많이 벌었기에 계속 복권을 살 수 있었다. 게다가 매번 복권을 살 때마다 돈을 썼지만 덕분에 세금 공제를 받았다. 현명한 행동인데, 사실 거액 당첨자들 80퍼센트가 그렇게 한다. 당첨자들은 다음 당첨을 바라며 계속 복권을 산다. 게임 이론 심리학자들은 이런 심리를 가리켜 우호적인 역사의 강화라고 부른다.[05] 그리고 거액 복권 당첨자는 복권을 한두 장 사지 않는다. 수백 장 또는 심지어 수천 장 산다. 하지만 당첨 번호는 어떻게 고르는 것일까?

〈표 10.1〉 텍사스 로또 당첨 확률

일치하는 수	당첨 금액	평균 승산	확률	기대 금액
6개*	잭팟*	25,827,165:1	0.0000000038	0.09달러
5개	2,000달러	89,678:1	0.00001115	0.02달러
4개	50달러	1,526:1	0.000654878	0.03달러
3개	3달러	75:1	0.013157894	0.02달러

팔린 복권의 개수 그리고 잭팟 당첨자가 나오지 않고 몇 주가 지났는지에 따라 달라짐.

네 장의 당첨 복권을 고를 확률은 10^{24}분의 1이라고 한다. 어느 특정인에게 그런 일은 1000조 년에 딱 한 번 생길 정도로 확률이 낮다.[06] (그런 계산이 어떻게 이루어지는지는 7장을 보기 바란다.) 그러나 긴더가 당첨 번호가 아닌 복권들을 몇 장이나 샀는지 모르기에(우리로서는 알 방법이 없기에), 진짜 확률을 알 도리가 없다. 그녀의 이야기에는 빠진 부분들이 있다. 사실 그녀는 스탠퍼드 대학에서 수학 박사학위를 받았기에, 당첨 번호를 추정하는 어떤 알고리즘을 이용하여 대량의 복권을 샀을지 모른다.

이제부터는 구체적으로 텍사스 로또 복권을 살펴보자. 이 복권 한 장을 사는 데는 1달러가 들며, 복권에는 1부터 54까지 여섯 개의 수가 적혀 있다. 텍사스 로또 복권은 당첨 확률을 〈표 10.1〉에서와 같이 선전한다. 긴더가 복권 한 장을 1달러에 샀고 당첨 번호 여섯 개를 골랐다고 가정하자. 잭팟 금액이 2백만 달러일 경우, 잭팟 당첨의 기대 금액은 1달러 투자에 대해 고작 9센트이다. 잭팟 금액이 아닌 다른 당첨 금액을 탈 수도 있기에, 잭팟 기대 금액에 7센트의 기대 금액(잭팟을 제외한 다른 당첨 기대 금액)을 더해야 한다. 그러면 어떤 당첨 금액이든 당첨될 경우의 기대 금액은 16센트이다. 따라서 1달러짜리 복권을 한 장 살 때마다 84센트를 날리는 셈이다.

그리고 세금과 공동 당첨까지 고려하면 기대 금액은 대략 12센트로 줄어든다. 잭팟 금액의 액수가 커지면 복권 사는 사람들이 많아지므로, 당첨자가 잭팟 금액을 공동 당첨자들과 나눌 가능성도 높아진다.

어쨌거나 네 번이나 잭팟에 당첨에 되기란 엄청난 행운이 아닐 수 없다. 한 번만 당첨될 확률도 무진장 낮다. 긴더처럼 네 번 당첨될 확률은 너무나 낮다. 소수점 아래로 32개의 0이 달려야 0이 아닌 수가 나올 정도로 낮은 확률이다. 그러나 이는 네 번 당첨되는 사람으로 조앤 긴더를 특정했기 때문이다. 분명 한 번에 복권 한 장씩 사는 한, 그녀가 복권에 한 번이든 여러 번이든 당첨될 확률은 다른 사람들과 똑같다. 하지만 '누군가'가 잭팟에 당첨될 확률은 꽤 높은데, 매년 텍사스 로또 복권 판매량이 거의 10억 장에 가깝기 때문이다. 비록 당첨자가 나오기 전에 몇 번에 걸쳐 추첨을 하기도 하겠지만, 결국에 누군가는 당첨될 것이다. 2014년의 추산치에 따르면 31,818,182명의 서로 다른 사람들이 미국에서 복권을 사는 데 700억 달러를 썼다. 만약 700억 장이 한 해에 팔리고 수가 무작위로 선택된다면(사실은 6장에서 설명했듯이 완벽하게 무작위는 아니지만), 누군가는 일 년 안에 틀림없이 당첨된다. 그리고 누군가가 한 달 내에 당첨될 확률도 꽤 높은 편이다.

한 사람이 당첨될 수 있다는 건 이해할 수 있다고 쳐도, 그 사람이 네 번이나 당첨되는 건 어떨까? 긴더 같은 당첨 사례도 거의 3억 2천만 명의 인구를 지닌 미국에서 일어날 가능성은 꽤 높다. 그녀의 당첨이 두드러져 보이는 까닭은 특정한 한 사람인 조앤 긴더한테 생겼다는 데 초점을 맞추기 때문이다.

한 사람, 그러니까 꼭 긴더가 아니어도 좋고, '어떤' 사람이 5년의 기간 내에 복권에 두 번 당첨될 확률을 계산해보자. 북미에는 26가지의 합법적인 주요 복권이 있는데, 매년 104번 추첨하므로 5년 동안 총 13,520번의 추첨이 벌어진다. 평균적으로 추첨 횟수의 1/6은 잭팟 당첨이 나오기에, 잭팟 당첨 횟수는 2,253이다. 우리는 당첨자의 80퍼센트가 적어도 5년 동안 늘 그렇듯이 매 추첨마다 복권을 산다고 가정한다. 그리고 잭팟 당첨이 있을 때 잭팟 당첨자의 수는 1.7이라고 가정한다.

이제 이런 당첨 사건들이 서로 독립적이라고 무턱대고 가정하자. 무턱대로인 까닭은 당첨자가 나오는 추첨이 있을 때마다 당첨자들이 많은 금액을 베팅하고, 다음 당첨에 영향을 미치기 위해 이전과 같은 전략을 사용한다고 가정하기 때문이다. 또한 우리는 분석이 가능하도록 만들기 위해 각 당첨자는 다른 당첨자들과 똑같은 전략을 사용한다고 가정한다. 달리 말해, 잭팟 당첨자들 간의 전략들을 평균화한다. 그렇지 않으면 분석하기에 문제가 너무 복잡해진다.

한 사람이 5년 동안 복권을 연속적으로 사서 두 번 당첨될 확률을 x라고 하자. 〈표 10.1〉에 나오듯이 단 한 번의 추첨에서 잭팟에 당첨될 확률을 p라고 하자. 먼저 $(1-x)$, 즉 처음 당첨된 사람이 5년 이내에 두 번째 당첨되지 '않을' 확률을 계산하자. 그리고 $y=1-x$라고 하자. 잭팟이 나올 때 잭팟 당첨자의 수는 평균 1.7이므로, 각각의 당첨 추첨에서 새로운 잭팟 당첨자의 수는 1.7의 인수로 증가한다.

무슨 말이냐면, 2,253번의 당첨 중 첫 번째에는 당첨자가 1.7명이다. 2,253번의 당첨 중 두 번째에는 당첨자가 1.7×2이며… 이런 식으로 2,253번의 당첨 중 마지막 번째에는 당첨자가 1.7×2,253이다. 달리 표현하자면, 한 번 당첨된 사람이 2,253번의 당첨 중 첫 번째, 두 번째, 세 번째, … 그리고 마지막 번째에서 다시 당첨되지 않을 확률은 각각 $(1p)^{1.7}$, $(1p)^{1.7\times 2}$, $(1p)^{1.7\times 3}$, ... $(1p)^{1.7\times 2,253}$이다.

우리는 각각의 당첨이 다른 이의 당첨과 독립적이라고 가정하므로, 한 번 당첨된 사람이 두 번째로 당첨되지 않을 확률은 위의 확률들의 곱인 $(1p)^{1.7}(1p)^{1.7\times 2}(1p)^{1.7\times 3}\ ...(1p)^{1.7\times 2,253}$이다.

그러므로 $y=(1p)^{1.7(1+2+3+...2,253)}=(1p)^{4,316,523\approx 0.49}$이다. 따라서 $x=0.51$로서, 누군가가 5년 동안 잭팟에 두 번 당첨될 확률은 반반의 가능성보다 높다.

1년의 기간 동안 전 세계를 대상으로 비슷한 계산을 해볼 수 있다. 전 세계에는 166가지의 복권이 존재한다. 미국 이외의 대다수 복권들은 매주 단 한 번 추첨을 한다. 따라서 전 세계적으로 1년 동안 전체 추첨의 횟수는 미국의 추첨 횟수를 포함하여 9,984이다. 그러므로 1년 동안 잭팟 당첨의 횟수는 2,496이다(총 추첨 횟수에서 잭팟 당첨의 횟수를 미국에서는 평균 5 대 1, 미국 이외의 나라에서는 3 대 1로 가정했을 때의 값이다). 동일한 방법을 써서 계산하면 $y=(1-p)^{1.7\times 2,496}=(1-p)^{5,297,635\approx 0.40}$이다. 그러므로 $x=0.60$이다.

2년 동안 어떤 사람이 두 번 당첨될 확률을 계산해보면 0.97로서 거의 1에 가깝다. 누군가가 잭팟에 2년 동안에 두 번 당첨되기란 거의 확실하다는 뜻이다.

조앤 긴더의 네 번 당첨은 18년에 걸쳐 일어났다. 그 시간 간격에서 전 세계의 누군가가 네 번 잭팟에 당첨될 확률은 1에 무진장 가깝다.

4부
머리긁개

분석하려야 할 길이 없는 우연의 일치도 존재한다. 이런 사건은 아무리 살펴봐도 순전히 우연으로밖에 보이지 않는다. 또한 그런 이야기는 3부에서 소개한 열 가지 범주 가운데 어느 것에도 속하지 않는다. 4부의 다섯 가지 내용 중 첫 번째는 범죄 현장에서 나오는 DNA 증거의 우연의 일치 그리고 DNA 증거가 틀리게 나올 희박한 가능성을 배심원들이 잘 모르는 실정에 대해 살펴본다. 두 번째 내용은 빌헬름 콘라트 뢴트겐이 거의 진공에 가까운 유리관 속에 전기를 흘리는 실험을 하다가 우연히 X선을 발견한 이야기다. 세 번째 이야기는 악덕 거래인(rogue trader. 고용주의 허락 없이 금융자산 등을 임의로 거래하는 사람_옮긴이) 제롬 케르비엘(Jérôme Kerviel)의 이야기다. 그는 두 가지 우연의 일치 사건에 대한 사전 지식 없이 천만 유로를 거래했다가, 한 번은 수백만 유로를 벌었고 두 번째에는 훨씬 더 많은 돈을 날렸다. 네 번째 이야기는 초능력에 관한 내용으로서, 그것이 우연의 일치의 범주에 속하는지 여부를 묻는다. 다섯 번째 이야기는 문학 작품 및 설화 속의 의도된 우연의 일치를 현실 생활의 예측 불가능한 우연의 일치와 비교한다.

11장
증거

무고한 사람 한 명을 죽음에 처하기보다는 범죄자 천 명에게 무죄를 선고하는 편이 더 낫다.[01]

마이모니데스

사람들은 우연의 일치 이야기를 무척 좋아하고 아주 드문 일이라고 여긴다. 그렇게 여기는 사람들이 누군가의 목숨이 걸려 있는 재판의 배심원을 맡을 경우, 그들 다수는 법의학 증거가 우연의 일치로 틀리기란 어렵다고 여긴다. 한편, 배심원들은 유죄 판결을 내리려면 강한 법의학 증거가 필요하다고 본다. 좋은 자세이긴 하다. 그런데 흥미롭게도 배심원들은 무죄를 가리키는 강한 법의학 증거가 있는데도 기꺼이 유죄 판결을 내리는 경우가 왕왕 있다. 일반 사람들은 DNA 증거가, 적어도 오염으로 인해 손상되지만 않았다면, 유죄냐 무죄냐를 가르는 절대적인 증거라고 잘못 가정한다. 하지만 잘못해서 유죄 판결로 이어지는 범죄 증거가 우연의 일치로 틀릴 가능성은 예상 외로 훨씬 높다.

DNA 증거는 효과가 매우 강력한데, 특히 DNA 증거를 피상적으로 이해하고 있는 사람들에게 그렇다. DNA의 복잡함을 잘 모르는 사람들은 믿음을 교묘히 조작하는 법정 사기꾼들의 먹잇감이 된다. 왜냐하면 DNA 증거는 골치 아픈 중범죄 조사에서 무죄 쪽으로도 유죄 쪽으로도 이용될 수 있기 때문이다. 무엇이 DNA 증거를 구성하느냐는 질문 — 그것이 무엇을 증명할 수 있고 무엇을 증명할 수 없는지에 관한 질문 — 은 무척 복잡해서 깔끔한 답을 내놓기 어렵다. 하지만 그럼에도 유무죄에 관한 증거 추론에 우연의 일치가 어떻게 작용하는지를 밝혀내기 위해서는 그와 같은 질문을 제기해야만 한다. 증거 — 정황적 증거, 우연적 증거 그리고 물적 증거 — 의 실수는 유죄에 관한 판결을 그르칠 수 있다.

DNA 검사가 쓰이기 전에는 혈액형 검사, 혈청 검사 및 지문 조회가 표준적인 수단이었다. 이런 재래식 법의학 수단들은 DNA 신원 확인(DNA fingerprinting)에 비해 매우 부정확하다. 미국인의 약 40퍼센트는 O+ 혈액형이며, 지문 일치는 많은 범죄 사건에서 결정적인 역할을 하지 않는다.

이노센스 프로젝트(Innocence Project)의 공동설립자이며 O. J. 심슨 변론 팀의 변호사였던 배리 셱(Barry Scheck)에 의하면, DNA 신원 확인이야말로 "진실을 느닷없이 내어놓는 마법의 블랙박스이자 무죄의 결정적 기준이다."[02] DNA 신원 확인은 요즘 잘못 유죄 판결을 받은 수감자가 무죄임을 밝히는 데 중요한 역할을 하고 있다. 그렇기는 해도 검사나 변호사는 DNA 검사를 자기 쪽에 유리하게 이용할 수 있다. 난공

불락의 과학적 정확성을 자랑하는 DNA 검사로 배심원의 마음을 사로잡거나 상대방의 증거 수집 및 확보 절차를 공격하는 데 DNA 검사를 이용할 수 있다. O. J. 심슨 사건에서 검사는 실질적인 DNA 증거를 내놓았다. 하지만 변호인단은 그 증거가 위조되었다고 배심원들을 설득시켰다.

DNA 신원 확인이라도 오류가 없을 수는 없다. 의도하지 않은 실수가 있을 수도 있고 의도적인 조작이 있을 수도 있다. 기기의 부정확성, 환경적인 문제 그리고 사람의 조작 실수, 이 모든 것들이 검사실에서 잘못된 결론을 내놓을지 모른다.

2006년 5월 11일, 어떤 조직에도 속하지 않은 한 연구자가 휴스턴 경찰청 범죄 연구소 겸 증거물 보관소에서 분석한 수백 건의 사건을 재검토했다. 혈청 검사, DNA 검사 및 미세증거 검사를 포함한 여러 법의학 분야에서, 1980년대부터 중대한 취급 부주의 문제들이 드러났다. 135건의 DNA 분석을 재검토했더니, 그중에서 43건(32퍼센트)이 중대한 취급 부주의 문제를 안고 있었으며, 고의로 조작한 것으로 의심되는 사안도 있었다.[03]

범죄현장에서 찾은 표본이 DNA 특성과 일치한다고 해서 유죄 또는 무죄라고 확신할 수는 없다. 많은 사례들 중에서 유명한 야라 감브라시오(Yara Gambirasio) 사건을 살펴보자. 2010년 11월, 열세 살의 야라는 이탈리아 북부의 작은 마을인 브렘바테 디 소프라(Brembate di Sopra)에 있는 자기 집에 있다가 실종되었다. 세 달 후 집에서 10킬로미터 남짓 떨어진 다른 마을에서 변사체로 발견되었다. 수사는 줄곧 지지부진하다가 만 2년 만에 일치하는 증거가 나왔다. 완벽한 일치는 아니었지만 야라의 속옷에서 나온 남성 DNA와 대단히 비슷했다. 알고 보니 그 사내는 범죄 당시에 남아메리카에 있던 사람이었다. 경찰은 다른 마을을 조사하다 한 사내가 침을 묻힌 두 장의 우표를 찾아냈는데, 정작 그 사내는 이미 1999년에 사망했다.

조사 반장은 유일한 단서를 포기하기 직전에 기자들에게 이렇게 말했다. "터무니없는 우연의 일치였을 뿐입니다. 아무 관련성이 없습니다. 앞뒤가 맞지 않아요. 사건 전체가 어처구니가 없지요."[04] 이야기는 이후로도 여러 번의 반전을 거듭하다가 결국 해결되었다. 마침 남아메리카에 있었던 그 사내는 그처럼 완벽한 알리바이가 있어서 다행이었다. 사망한 사내는 죽은 채로 있어서 다행이었고.

배심원은 다음 사실을 숙지하고 있거나 아니면 판사로부터 당부를 받아야 한다. 즉, DNA 분석은 매우 복잡하고 어려운 과정이어서 거짓 양성 또는 거짓음성 결과가 쉽게 나올 수 있다. 불가피하게 어떤 정보는 단지 정황만을 알려주는데도 유죄와 관련이 있다고 해석되거나 가공되기 마련이다. 실제로 정확하게 무슨 일이 벌어졌는지는 분석 절차상의 정확성에 가려 드러나지 않을 수 있다. 마찬가지로 어떤 정보는 사실은 유죄인데도 무죄의 증거로 해석될 가능성이 있다.

DNA 분석에는 범죄현장에서 나온 오염되지 않은 생체 표본이 필요하다. 이를테면 혈액, 정액, 피부 세포, 모근 또는 땀 등이 필요하다. 뿐만 아니라 주변 환경에서 얻은 DNA — 식물, 곤충, 박테리아 또는 다른 사람의 DNA — 가 표본을 오염시킬 때가 많다.

한편, DNA 신원 확인은 얼마만큼 확실한가라는 문제가 대두된다. 이런 질문을 제기할 수 있다. DNA 신원 확인은 얼마만큼 확정적일까?

(일란성 쌍둥이가 아닌) 두 사람이 우연히 DNA 특성이 똑같을 수 있을까? DNA 분석은 완벽할까? 거짓양성이나 거짓음성 결과가 나올 수 있을까? 아무리 만전을 기하더라도 서로 다른 (일란성 쌍둥이가 아닌) 두 사람의 DNA 특성이 동일할 확률은 (비록 지극히 낮은 확률이긴 하지만) 여전히 존재한다. 이런 상황에서 어떤 무고한 사람이 기소되어 오직 DNA 증거만으로 유죄 판결을 받는다면 그런 사람을 처벌해도 되는 것일까?

거짓양성의 경우는, 개별 정황에 따라 달라지긴 하지만, 전반적인 승산은 100 대 1에서 1,000 대 1 사이로 추산된다.[05] 표본 취급에 오차가 있기 때문에 거짓양성 결과가 나오기 마련이다. 그런데 거짓양성의 확률을 잘못 계산하면 무고한 사람을 범죄자로 만들 수 있는데, 특히 무분별한 DNA 수사를 통해서 그렇게 되기 쉽다. 연구소가 검사 결과를 잘못 해석하는 일은 매우 드물지만, 그래도 가끔은 실수를 저지른다. 검사 결과를 부정확하게 보고할 수 있는데, 그 이유는 우연일치확률(random match probability)의 존재로 인해 무관한 데이터들이 우연히 일치할 가능성이 있기 때문이다.

안타깝게도 배심원은 거짓양성의 빈도에 관한 통계 자료를 쉽게 제공 받지 못한다. 그렇기는 해도 우연한 일치의 확률(상이한 두 사람이 동일한 DNA 특성을 실제로 공유할 확률)과 거짓양성의 확률은 DNA 증거의 정당한 평가를 위해서 반드시 고려해야 한다.[06]

쓰레기 과학이 개입할 때도 가끔 있다. 많은 이들은 머리카락 표본 증거가 DNA 증거라고 믿는다. 하지만 그렇지 않다. DNA 증거는 오직 모근 표본으로만 밝혀낼 수 있다. 대다수의 법의학 사건에서 머리카락 표본은 주관적인 현미경 관찰 및 비교에 따른 것이기에 굉장히 허술한 증거다. 모근이 없는 머리카락 표본의 경우에는 신원을 밝혀낼 신뢰할 만한 과학적인 방법이 없다.[07] 그런데도 수십 년 동안 법정에서는 이른바 머리카락 표본 전문가들의 판단에 근거해 범죄 기소 증거를 구하고 있다.

도널드 게이츠(Donald Gates), 커크 오덤(Kirk Odom) 및 샌테이 트리블(Santae Tribble)이라는 세 흑인 사건을 살펴보자. 이들에 대한 유죄 판결은 현미경을 통한 머리카락 비교 증거를 바탕으로 이루어졌다가, 나중에 그 증거에 반하는 DNA 분석 결과가 나왔다. 1990년, 당시 재판에 참여한 배심원단은 검사가 머리카락 표본 일치의 통계적 가능성을 과장한 것에 현혹되어 트리블에게 살인죄를 인정했다. 트리블은 징역 20년에서부터 종신형까지의 선고를 받았다. 그렇게 감옥에서 23년을 복역하다가 무죄로 풀려났는데, 전부 방한용 얼굴 가리개에서 나온 머리카락 한 올 때문이었다.[08]

일치했다고? 도대체 무슨 일치? 표본 집단 내의 머리카락 특성에 관한 유의미한 통계적 빈도 분포는 아직 과학적으로 밝혀지지 않았다.[09] 그렇다면 위에서 나온 과학적 증거라는 것은 도대체 어디에서 나왔을까? DNA 증거가 없다면 대규모 표본 가운데서 머리카락 표본의 신원을 확인할 과학적인 방법이 없는데도, 인정받은 전문가라고 해서 어떻게 일치를 주장할 수 있었을까?

그럼에도 증거로 제출된 머리카락이 어느 특정인과 연관되었을 수 있다고 전문가들은 심심찮게 배심원에게 말한다. 가령 이런 말이다. "연구실에서 16,000개의 머리카락을 검사해본 경험으로 볼 때 저 머리카락들은 사망자의 몸에서 나온 것이 맞습니다."[10] 누구든 의견을 내놓을 수는 있다. 그러나 법정에서 전문가의 의견은 확실한 것으로 여겨질 때가 많다. 전문가의 의견이 완전히 터무니없는 소리는 아니다. 하지만 무고한 사람을 투옥시킬 수 있는 무게를 감안할 때, 꽤 무책임한 짓이다.

특정한 머리카락 표본이 특정한 출처에서 나왔음을 현미경 분석을 통해 통계적으로 밝혀낼 수는 없다. 그런데도 지난 20년 동안 FBI 연구실 전문가들 28명 중 26명이 머리카락 표본이 거의 확실하게 어느 특정인과 일치한다고 증언했다. 트리블 씨 사건의 경우, 한 전문가는 "모든 현미경적 특성을 볼 때" 일치가 확실하다고 주장했다. 마무리 발언을 할 때 검사는 조작되고 그릇된 통계를 강조하여, "그 머리카락이 트리블 씨 이외의 다른 사람 것일 확률은 1000만 분의 1에 지나지 않는다"고 주장했다.[11]

안타깝게도 실제 범죄는 TV나 영화에 나오는 것과 달라서, 법의학 분석에는 늘 오류가 따른다. 더욱이 실제 배심원단은 판사가 알려주는 내용이나 그 외에 자신들이 들은 내용을 대체로 믿는다. 가령 다음과 같은 검사의 말을 그대로 수용한다. "DNA 검사의 아름다움은 100퍼센트의 확실성을 보장할 수 있다는 것이다."[12]

어떤 법의학 검사도 100퍼센트 확실하지 않은데도 사람들은 DNA 검사가 확실한 결론을 내려줄 수 있다고 여전히 잘못 이해하고 있다. 사실, DNA 분석은 검사의 유효성 및 용의자와 관련된 상속 집단에도 영향을 받는다. 그러나 법정은 법의학 증거를 그 한계를 충분히 고려하지도 않고서 마치 확립된 과학이라도 되는 듯이 받아들인다.[13] 휴스턴 경찰청 범죄 연구소 겸 증거물 보관소 사례 중 하나에서, 법의학 분석자는 다음과 같이 잘못 증언했다. "일란성 쌍둥이의 경우 외에는 서로 다른 두 사람이 DNA가 같을 수 없다."[14]

DNA 특성이 법의학 연구실에서 어떻게 다루어지는지를 알고 있는 사람한테는 결코 진실이라고 할 수 있는 진술이 아니다. 검사 절차를 아무리 제대로 하더라도 (서로 무관한) 소수의 사람들은 DNA 특성이 일치할 가능성이 있다는 사실을 배심원은 알아야 한다. 그런 일치가 일어나는 이유에는 우연의 일치도 한몫한다. DNA 증거가 개입하는 대다수의 사건들에서 대체로 배심원은 우연의 일치에 관한 통계 데이터를 제공받는다. 일반적으로 배심원은 무작위로 선택된 무관한 개인이라도 피의자의 DNA 특성과 일치할 가능성이 있음을 통보 받는다. 하지만 그런 수치는 확률이 가령 50만 분의 1이면 절대로 발생할 수 없는 사건이라고 믿는 배심원한테는 무의미하다.

인간 게놈

잠시 인간 게놈에 관해 몇 가지 점을 짚어보아야겠다. 우선 인간 게놈은 각 개인의 세포핵 속에 있는 염색체 쌍에 부호화되어 있는 유전자 정보다. 염색체는 세포핵 속에 들어 있는 DNA 분자들의 꾸러미다. 사람에게는 염색체가 23쌍인데(22쌍의 상염색체와 1쌍의 성염색체), 각 쌍의 한 염색체는 어머니한테서 다른 한 염색체는 아버지한테서 받은 것이다. 유전 정보에 관한 전반적인 내용이 이 책의 다음 몇 장의 텍스트보다 훨씬 더 복잡하다는 점을 알고 나면, DNA를 이용한 신원 확인이 어떤 것인지 제대로 이해할 수 있다.

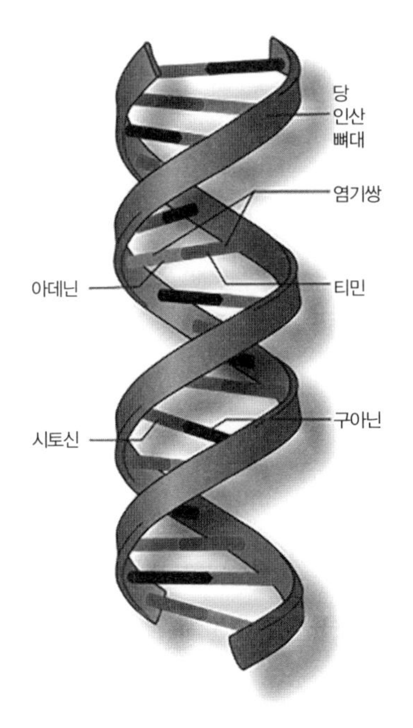

〈그림 11.1〉 이중나선 구조
Courtesy of the National Human Genome Research Institute, the National Institutes of Health, and the illustrator Darryl Leja.

DNA는 살아 있는 세포 안에서 발견되는 디옥시리보핵산이다. DNA의 구조는 나선형의 계단, 즉 이중나선 계단으로 이루어져 있다(〈그림 11.1〉).

이 계단은 '뉴클레오티드'라고 불리는 질소 화합물로 구성되어 있다. 뉴클레오티드는 염기, 오탄당 및 인산의 결합체이며, 염기는 아데닌(A), 구아닌(G), 티아민(T) 및 시토신(C)의 네 가지 종류가 있다. 당과 인산 분자로 이루어진 두 개의 나선형 가닥이 계단의 양쪽을 형성한다. 각 계단은 두 가닥의 한쪽씩에서 나온 뉴클레오티드의 결합체이다. 이 뉴클레오티드 내의 염기 종류의 배열이 한 사람의 유전자형, 즉 유전적 정체성을 결정한다.

DNA 서열을 이해하려면 우선 짧은연쇄반복(short tandem repeat. STR)부터 알아야 한다. 이것은 네 가지 뉴클레오티드 A, T, G, C의 조합이다(엄밀하게 말하면, 뉴클레오티드와 염기는 다른 개념이다. 하지만 뉴클레오티드 내의 염기 종류가 뉴클레오티드의 종류를 결정하기에 저자는 느슨하게 염기 종류로서 뉴클레오티드 종류를 삼는다_옮긴이). 모두 4×4×4×4=256가지의 조합이 가능하다. 문자 A, T, G, C로 이루어진 임의의 조합을 구성하는데, 각각의 문자가 반복적으로 사용되어도 좋다. 그러면 가령 AAAA 또는 AGTC 등을 포함해 모두 256가지의 조합이 가능하다.

어떤 사람의 염색체 속 STR이 AGTT, AGTT, AGTT라고 하자. 또 다른 사람의 염색체 속 STR은 AGTT, AGTT, AGTT, AGTT일 수 있다. 또 다른 사람의 염색체 속의 STR은 AGTT가 여섯 번 또는 열두 번 반복될 수 있다. 첫 번째 사람은 딱 세 번 반복인 반면에 두 번째 사람은 네 번 반복이다. 이 차이는 인간의 개별성을 나타내는 유전자 특성에 아주 큰 변이를 가져온다. 그리고 사람은 부모 양쪽으로부터 염기 서열을 물려받는다는 사실까지 고려하면, 전 세계 인구에서 두 사람(일란성 쌍둥이는 제외하고)이 DNA가 똑같을 가능성은 0에 가깝지만, 그렇다고 0은 아니다. 세포 속에 있는 이중나선 DNA 분자 하나의 크기는 다음과 같이 가늠해볼 수 있다. DNA 분자는 직경이 1센티미터의 5만 분의 1보다 작은 세포핵에 들어 있지만, 그 분자를 풀어서 직선으로 늘어놓으면 길이가 2미터에 달한다. 굉장히 빽빽하게 밀집해 있다.

게다가 DNA 구조는 대단히 복잡하다. 23쌍의 염색체 각각에는 부모 양쪽으로부터 받은 약 30억 개의 염기서열이 있다.[15] 두 말할 것도 없이 큰 수다. 문제는 그 30억 개의 서열 위치 중 '어느 것이' 달라질 수 있는지 우리가 모른다는 것이다.

두 사람의 DNA 신원을 100퍼센트 확실하게 구별하려면, 약 30억 개의 뉴클레오티드 쌍을 비교해야 한다. 하지만 이런 작업은 비현실적이며 비용이 매우 많이 든다. 따라서 아무도 그렇게 하지 않는다. 대신에 아주 작은 부분을 비교하여 차이점을 찾는다. 만약 거기에서 두 신원이 일치한다면, 그런 일치가 우연에 의해 발생할 가능성이 얼마나 되는지를 추산한다. 따라서 우리가 당면한 질문은 이것이다. 일치가 우연이 아님을 보증하려면 그 '작은 부분'이 얼마만큼 작아야 할까?

법의학자들은 고작 13개의 상이한 STR을 바탕으로 '우연일치확률'을 정하는 것에 대체로 동의한다. 즉, 어떤 사람을 인간 게놈 속에 분포되어 있는 13개의 상이한 STR로 신원을 밝혀낼 수 있다고 주장한다. 23개의 인간 염색체 상의 13가지 STR들 중에서 고른 무작위 표본에서 불일치가 드러나리라고 본다는 것이다. 왜 고작 13개일까? 이는 그저 현실성과 비용을 바탕으로 내려진 결정일 뿐이다.

법의학자들의 이론에 의하면, 23개 염색체 각각에 있는 STR의 개수는 사람들마다 엄청나게 다르다고 한다. 가령, 3번 염색체의 경우, 어떤 사람은 어머니로부터 다섯 번의 반복을 물려받았다면 또 어떤 사람은 어머니로부터 세 번의 반복과 아버지로부터 여섯 번의 반복을 물려받았을 수 있다. 많은 인구를 대상으로 볼 때 어떤 반복은 매우 드물지만 또 다른 반복은 꽤 흔할 것이다.

따라서 범죄현장에서 수집한 것과 동일한 DNA를 가진 사람이라도 무조건 진범이라고 할 수는 없다. 하나의 염색체에서 STR은 드물지 않을지 모른다. 반복의 빈도를 꽤 낮게 잡으면 가령 0.1일지 모른다. 그러나 그것을 13개의 선택된 염색체 내의 STR의 빈도와 곱하면 일치 확률은 100만 곱하기 10억 분의 1 수준이다. 물론 범죄 용의자의 목록은 전 세계 인구보다 훨씬 작은 집단이다. 따라서 법의학자들의 확신에 의하면, 현실적으로 두 사람이 동일한 유전자 사본을 가질 가능성은 전혀 없다. 전 세계 인구 중에서 두 사람이 전체 13개의 STR에 걸쳐 동일한 쌍을 지닐 확률은 0이 아니지만, 범죄 용의자로 범위를 좁히면 확률은 엄청나게 0에 가까워진다. 따라서 우리는 실제로 확률이 0이라고 확신할 수 있다.

달리 말해서, 범죄현장에서 수집한 DNA 프로파일과 용의자의 것이 일치한다면 그 증거는 용의자가 유죄임을 가리킨다. 반대로, 프로파일이 일치하지 않으면 증거는 용의자가 무죄임을 가리킨다. 이것이 DNA 신원 확인이며 법의학적 증거이다. 증거가 어느 쪽을 가리키든 수사는 요행, 우연의 일치, 인간의 행동 및 설명할 수 없는 숨은 변수들이 쉬운 구도를 걸핏하면 복잡하게 만든다는 점을 반드시 고려해야 한다. 특히 측정을 단 한 번만 실시했을 때 더욱 그럴 가능성이 높다는 점도 유념해야 한다.

센트럴 파크에서 조깅하던 사람

무고한 사람이 유죄 판결을 받는 것은 사법 제도의 허점이다. 하지만 센트럴 파크에서 조깅을 하던 트리샤 메일리(Trisha Meili)의 강간 사건은 사법 제도의 근간을 뒤흔든 대사건이다. 사건은 우연한 타이밍 그리고 라틴계 및 흑인계 십 대들이 떼 지어 다니던 지점에서 벌어졌다. DNA 일치는 없었지만, 이들 중 다섯 명이 범죄현장에 있었다는 자백을 했기에 유죄 판결을 받았다. 이들은 진짜 강간범이 범죄를 자백하기 전까지 감옥에서 6년에서부터 13년까지를 복역했다. 검사가 DNA 증거를 이용해서 유죄 판결을 얻어낼 수 있지만, DNA 증거가 유죄 판결에 반하거나 면죄의 목적으로 쓰일 때 검사는 이렇게 주장할 수 있다. "DNA 증거 자체는 우리들이 흔히 여기는 것과 달리 언제나 '해결책'이 아니다."[16]

검사 측 이야기는 이렇다. 1989년 4월 19일, 한 무리의 깡패 사내들이 센트럴 파크에 몰려와서 건수를 노리고 있었는데, 마침 젊은 여성이 조깅을 하고 있었다. 일명 '늑대 패거리'인 그들은 '노상 패싸움'을 벌이러 나왔다고 한다. 늑대 패거리는 트리샤 메일리를 때려서 혼수상태에 빠뜨린 후 으슥한 데로 끌고 가서 성폭행했다. 그러고는 죽든 말든 그녀를 내팽개쳐두고 떠났다. 이 사건은 언론의 폭발적인 관심을 받았는데, 왜냐하면 피의자들이 전부 흑인이었고, 피해자는 28세의 백인으로서 투자은행인 살로몬 브라더스(Salomon Brothers)의 기업금융부서에서 '잘 나가던' 직원이었기 때문이다. 트리샤는 폭행을 기억하지 못할 정도로 끔찍한 뇌 손상을 입었다. 사건은 신문과 TV를 통해 난리법석을 일으켰다. 인종 문제로 인한 긴장을 유발하는 이야기였기 때문이다. 트리샤는 회고록에서 이렇게 적었다. "뉴욕 시의 아무 성인한테 대고서 센트럴 파크를 조깅하던 사람 이야기를 해보라. 그리고 전국의 수백만 사람들한테도 그 이야기를 해보라. 그러면 심지어 십사 년이 지난 뒤에도 모두들 그녀에게 일어났던 일에 새삼 소름이 돋을 것이다."

트리샤의 조깅 코스는 종종 바뀌었다. 때때로 84번가의 북쪽에 있는 조명이 어두운 곳을 조깅 코스로 삼았다. 밤에 혼자 조깅하면 위험하다고 친구들이 걱정하자, 그녀는 초저녁 무렵에 조깅을 시작할 때만 북쪽 코스를 택하곤 했다. 사고 당일에는 84번가에 접한 센트럴 파크에 들어갔다가 방향을 북쪽으로 바꿔 102번가의 교차로에 접어들었다가 끔찍한 공격을 당한 후에 성폭행을 당했다. 피해자는 아무런 기억도 없었고 목격자도 없었고 용의자에 대한 아무런 증거도 없었으며, 단지 특정 시간에 그 부근 사람들의 행적 외에는 아무런 단서가 없었다.

이 사건은 구체적으로 살펴볼 것도 없이 폭력이 난무하는 참사였다. 한동안 트리샤는 살기 위해 발버둥쳤다. 그러다가 안정을 조금 찾고 보니, 무자비하게 당한 폭행 때문에 영구 뇌 손상을 입었음이 드러났다. 뇌가 엄청나게 붓는 증상이 나타났는데, 이스트 할렘(East Harlem)의 메트로폴리탄 병원 집중외과치료 센터의 의사들이 "지적, 신체적 및 정서적 장애"[17]를 초래할 것이라고 예상했던 증상이었다. 끔찍한 강간을 당하고 나서 말끔하게 회복하는 사람은 아무도 없다. 하지만 트리샤는 회복했다. 이후 그녀의 삶은 투자은행 일과는 다른 방향으로 나아갔다.

폭행과 강간의 용의자는 다섯 명의 흑인 및 히스패닉계 십 대 사내아이들이었다. 경찰과 검찰은 이들을 몰아붙여서, 법정에서 인정될 수 있는 유죄 증거가 포함된 문서에 서명하도록 만들었다. 사내아이들은 시민으로서 자신들의 권리를 전혀 몰랐다. 이들은 단지 트리샤가 강간을 당했던 곳 근처를 지나갔을 뿐이다. 그 이유로 1990년에 유죄 판결을 받았다. 트리샤의 팬티에서 나온 DNA 표본이 그들 중 어느 누구의 DNA 표본과도 일치하지 않았는데도 말이다.

2002년 맨해튼 지방 검사 로버트 M. 모겐소(Robert M. Morgenthau)가 사법 남용을 이유로 그 사건을 다시 조사했다. 이 조사에서 DNA 증거를 통해 트리샤에게 폭행과 강간을 저지른 진짜 범인은 매티어스 레이예스(Matias Reyes)임이 밝혀졌다. 그는 이미 강간범으로 33년 형을 선고받아 복역 중인 인물이었는데, 트리샤에 대한 범죄를 단독으로 했다고 자백했던 것이다. 하지만 이미 공소시효가 지난 사건이라 매티어스를 기소할 수는 없었다.

다섯 명의 십 대들은 공교롭게도 우연히 강간 현장 근처에 있었을 뿐이었고 강간이 벌어지고 있는 줄도 몰랐다. 그때로부터 한참 세월이 흘러 사면을 받은 후 이들은 자신들이 공원에 있었고 강간과는 무관한 폭행, 강도 및 상해를 저질렀다고 시인했다. 그날 밤 여러 명의 불량배들이 공원에 있었는데, 어떨 때는 함께 뭉쳤다가 또 나누어지기도 했다. 그들은 한 사내를 두들겨 팬 다음에 덤불로 끌고 가서 맥주를 퍼부었다고 털어놓았다. 공원에 있던 사람들 여덟 명에게 해코지를 했다고 밝혔다.

한편 트리샤는 그날 밤을 계기로 인생이 달라졌다. 우연한 계기로 인생의 길이 바뀐 것이다. 더 이상 살로몬 브라더스의 직원이 아니라 다른 사람이 되었다. 회고록에서 그녀는 이렇게 적었다. "조깅하러 나갔다가 내 삶은 막다른 길에 가로막히고 말았다. 그처럼 죽음에 가까이 다가간 사람치고 인생이 달라지지 않은 사람은 없다. 나는 긍정적이든 부정적이든 그런 변화를 받아들이는 법을 배웠다." 2004년에 그녀는 이렇게 적었다.

> 왜 그런지는 나도 잘 모르겠다. 그 사건 이후로 지금까지 안타깝게도 셀 수 없이 많은 폭행과 강간이 벌어졌는데(내가 당했던 그 주만 해도 뉴욕시 전체에 걸쳐 28건의 강간 사건이 보고되었다), 내 사건만 계속 주목을 받았고 다른 사건들은 피해자와 피해자의 가까운 가족과 친구들을 제외하고는 전부 잊혔다. 아마도 이 사건이 인간이 행할 수 있는 가장 비열한 타락이었기 때문이었으리라. 열네댓 살 무렵의 십대들이 그냥 '재미로' 저지른 짓이라고 하니 말이다. 고상한 우리 종에게 그런 잔혹함이 깃들어 있다는 사실이 사람들을 몸서리치게 만들었다.[18]

배심원단을 구성하는 일반사람들에게 다음과 같은 사항들을 알려주는 게 필요하다. 즉, 가장 주의 깊게 실시된 경찰 조사에서조차도 DNA가 어떻게 작동하는지 그리고 우연의 일치로 인한 오류가 생길 수 있는지 말이다. 재채기만으로도 무고한 사람의 DNA가 기차나 비행기에 의해 또는 바람에 날리는 이파리 한 장에 의해 멀리 멀리 이동할 수 있다. 심지어 물고기의 알이 새의 물갈퀴발에 붙어 이동한 까닭에 새로 생긴 호수에서 해당 물고기 종이 서식할 수 있다. 대중들은 상이한 DNA라도 매우 비슷하게 일치할 수 있으며, DNA 가닥의 짧은 조각들이 명백한 생리적 기능 없이도 어떻게 우연히 반복될 수 있는지 그리고 머리카락 일치, 신발 자국 일치, 지문 일치, 목소리 및 증인의 착각 등의 우연일치 확률을 통해 어떻게 결론이 내려질 수 있는지를 이해할 필요가 있다.

DNA를 구성하는 네 가지 염기의 서열을 완벽하게 이해하는 것은 별로 중요하지 않지만, DNA 표본이 쉽게 오염될 수 있으며 염기쌍의 복사본들이 어떤 인구 집단에서는 드물고 어떤 인구 집단에서는 좀 더 흔하다는 사실을 알면 용의자의 사법적 운명을 판단하는 데 매우 중요할 수 있다.

(유죄이든 무죄이든) 증거가 옳은지 여부는 숨겨진 우연의 일치에 영향을 받을 수 있기에, 대중들은 단지 DNA 프로파일링이나 증인의 증거만으로 유무죄를 판단해서는 안 된다. 이 사안의 복잡성이 대중들에게 널리 이해되어야지만, 언론과 배심원도 아무리 과학적으로 설명이 이루어졌더라도 범죄 증거는 법정에서 제시된 그대로 늘 참은 아님을 이해하게 될 것이다.

한편, 기소된 십 대 다섯 명은 체포 후 범행을 자백했다.

아니, 왜, 무고한 사람이 자신이 저지르지도 않은 범죄를 자백할까? 텔레비전과 영화에서 미국의 형사 사법 제도를 취급하는 방식 때문에 대중들은 기소의 정확성을 잘못 알고 있다. 우선, 미국 감옥의 수감자가 230만 명이며, 그중 200만 명 이상은 양형거래를 받아들였기 때문에 감옥에 있는 사람들이라는 사실을 알아야 한다. 만약 이를 거부하고 배심재판으로 갔다가는 최고 형량을 받을지 모르기 때문이다. 더 극악무도한 범죄, 가령 강간과 살인과 같은 범죄일 경우는 양형재판을 받아들이느냐 여부가 종신형과 사형의 차이를 만든다. 따라서 피의자는 위기 관리 및 비용편익적 판단을 내려서 자신이 저지르지도 않은 범죄를 자백하곤 한다. 불완전한 형사 사법 제도에서 오는 압박 때문에 어쩔 수 없이 내려지는 자기방어를 위한 선택이자 합리적인 결정이다.

이것이 불완전한 제도인 까닭은 양형거래는 거의 언제나 유죄를 정당화해주고 도박은 언제나 검사 측에 유리하게 기울어져 있기 때문이다. 무고한 피의자 중에 자백하는 사람은 극소수일 것이라고 사람들은 여기겠지만, 이노선스 프로젝트(Innocence Project)의 보고에 의하면 피의자 중 10퍼센트가 저지르지도 않은 범죄에 대해 유죄를 인정했고, DNA 증거에 의한 사면 사건의 약 30퍼센트에서 피고는 저지르지 않은 범죄를 자백했다. 피의자들 다수는 협박과 강요에 시달리고 법에 무지하고 자신들의 서명이 무슨 의미인지 잘 모른다. 대다수는 종종 더 나쁜 판결을 피해야겠다는 생각에서 자백을 하고 만다. 센트럴 파크의 다섯 명도 아이들인데다가, 유죄를 인정하기만 하면 곧장 '집에 갈' 수 있다는 거짓 조언에 넘어간 것이다.

양형거래를 통한 자백은 덜 심한 판결을 받게 해준다는 조건으로 가난한 사람에게 한정된 자원 및 기타 곤란을 안겨준다. 뉴욕 남부지법의 지방법원 판사인 제드 S. 라코프(Jed S. Rakoff)에 의하면, "피의자 측 변호사는 다들 … 자신의 의뢰인이 처음에는 변호사에게 무죄라고 주장했다가 검사의 증거가 나오면 그제야 유죄라고 밝혔던 경험이 있다. … 하지만 그 반대 상황도 가끔 있다. 즉, 의뢰인이 '책임을 뒤집어쓰기로' 결심했기에 사실과 달리 자신이 유죄라고 밝히는 경우다. … 하지만 [미국인들은] 피의자가 아무런 혐의도 없지만 재판에 나가서 패소하면 너무나 위험이 크기 때문에 더 낮은 형량을 받겠다고 나올 가능성을 좀처럼 숙고하지 않는다."[19]

미국은 전 세계에서 가장 수감자가 많은데, 전 세계의 총 수감자 중 4분의 1 남짓이다.[20] 대다수의 투옥은 폭력을 동반하지 않은 위법행위로 인한 것이다. 이 글을 쓰고 있는 현재, 대략 230만 명이 미국의 연방 및 주 감옥에 갇혀 있다. 그중 84만 명(거의 37%)이 흑인이다. 수감자 비율은 1970년 이후 546퍼센트 증가했는데, 특히 지난 6년 동안에는 도저히 감당하기 벅찬 50퍼센트 이상의 증가율을 보였다![21] 그러니까 미국 성인 100명 중 1명은 쇠창살 너머에 있는데, 어린이 28명 중 1명꼴로 부모가 감옥에 들어가 있는 실정이다. 지출 비용만 해도 연간 2,600억 달러라는 엄청난 액수가 든다.[22] 인간의 잠재력을 낭비하는 인간답지 않은 미친 짓이 아닐 수 없다!

일부 사람들은 대량 투옥이 범죄율을 크게 감소시킨 원인이라고 믿는다. (1991년에 정점을 찍은 후 폭력 범죄 비율은 51% 줄었고 재산 범죄는 57% 줄었다.) 논리적인 것 같은 말이라고 해서 늘 타당하지는 않다. 범죄율 감소 원인은 그다지 명백하지 않다. 우연의 일치든 요행이든, 범죄율의 극적인 감소를 초래했을 숨은 변수들은 수백 가지나 된다.

종합적이고 엄밀하며 정교한 실증적 분석 보고서가 브레넌 사법 센터(Brennen Center for Justice)에서 최근에 나왔는데, 이 보고서는 가장 최근까지의 광범위한 데이터를 이용하여 다음과 같이 결론 내리고 있다. "오늘날 수감자 비율이 매우 높은 실정인데, 사람들을 앞으로 계속 투옥시키는 것은 범죄 감소에 거의 아무런 영향을 끼치지 않는다."[23] 140쪽짜리의 이 연구 보고서는 인상적이게도 각 변수의 효과를 서로 비교하는 수학적 방법을 이용했다. 여담이지만 그런 방법은 상관관계를 밝히는 데는 좋지만 인과성을 직접 드러내주진 않는다. 분명히 원인이 되기는 하겠지만 확실하게 밝혀낼 수는 없다. 따라서 수감자 증가가 범죄 감소로 이어진다고 확언할 수는 없다.

한편 투옥은 가족 붕괴를 크게 야기한다. 아무 죄 없는 아이들이 마음의 상처를 입고, 전과자는 사회에 나와서 번듯한 직업을 갖기 어렵다. 우리가 확실히 말할 수 있는 것은 러시아와 르완다를 제치고 미국이 기록상의 수감자 비율이 세계 1위라는 사실이다. 전 세계의 다른 어느 민주주의 국가보다 수감자 비율이 높은데, 무려 전 세계의 총 수감자 중 4분의 1을 차지한다. 2014년에 미국에서 사면 받은 1,409명 중 515명이 사형수였다. 무려 16.8퍼센트에 달하는 비율이다![24] 1976년 이후로 미국에서 1,386건의 사면이 있었는데 그중 144건이 사형수가 대상이었다.[25] 거의 10명 중 1명은 잘못 사형수가 되었다는 뜻이다.

미국대법원은 사형 제도가 도덕적으로 옳다고 밝히면서, 사형은 무고한 사람을 처형할 위험을 감소시키는 절차상의 안전 대책이 있는 한 문명화된 사회에서 허용될 수 있다고 주장했다.[26] 위 문장의 핵심어는 '감소시키는'이다. 하지만 무고한 개인을 처형할 위험이 완전히 없어질 수는 없다. 따라서 이 장의 서두에서 소개한 마이모니데스의 금언을 우리가 받아들인다면, 분명 사형은 폐지되어야 마땅한 것 같다. 존 폴 스티븐스(John Paul Stevens) 판사도 2008년에 이런 결론에 도달하고서, 사형 제도를 타당하다고 보는 법원의 태도는 "문명사회에서 인정될 수 없다"고 말했다.[27]

어떠한 논리 체계에 의하더라도 이 사안은 엄밀한 과학적 추론의 문제가 될 수 없다. 거짓양성과 거짓음성은 언제나 나오기 마련이다. 무고한 사람이 사형을 당하고 죄 지은 사람이 풀려나는 일도 늘 있는 법이다. 인간의 행위와 특성에 관한 변수들은 너무 많고 복잡하기에, 드러난 몇 가지 사실만으로 유무죄의 판단을 내리기가 힘들다. 어떤 법률 체계도 무고한 사람을 처형할 위험에서 벗어나기 어렵다. 2014년 8월 기준으로 미국의 사형수는 3,070인데,[28] 최근의 연구에서 추산한 바로는 그들 중 123명은 잘못 유죄 판결을 받았을지 모른다고 한다.[29]

나는 마이모니데스의 금언이 옳다고 본다. 그리고 존 폴 스티븐스 판사의 견해대로 사형 제도를 유지하는 한, 무고한 사람들을 처형할 위험이 늘 있기 마련이라고 본다. 장담하건대 가까운 미래의 어느 시기까지는 그런 위험을 없애기가 불가능할 것이다. 왜 그럴까? 무수히 많은 변수들이 이 사안에 관여하는데, 그 변수들은 인간의 특성과 주위 환경 그리고 매우 다양한 환경에서 작동하는 수많은 뉴런들의 현상학적으로 복잡한 전기화학적 작용에 영향을 받기 때문이다.

2009년 이노선스 프로젝트의 연구 조사에 의하면, DNA 증거로 인해 사면을 받은 239명의 기결수 중에서 179명은 목격자의 잘못된 판단 때문에 유죄 판결을 받았다.[30] 2013년에는 DNA 증거에 의해 사면받은 사람의 수가 250명으로 늘었다.[31] 114건의 사건에서는 무고한 사람이 유죄 판결을 받고 감옥에서 복역 중일 때 (추후 DNA 증거로 드러난) 진짜 범죄자가 폭력 범죄를 저질렀다.[32] 이 글을 쓰고 있는 지금 기준으로, 미국에서 지난 50년 동안 1,587명이 사면을 받았다.[33]

잘못 유죄 판결 받은 사례는 거의 매일 들려온다. 갇혀서 마지못해 증언하는 증인에 의해 피의자가 기소를 당하기도 하는데, 이 증인들은 경찰의 취조실에 때로는 호텔에 갇혀서 지내기도 한다. 증언을 해주어야 풀려나는 것이다. 검사는 증인의 진술이 오락가락하면 기록을 하지 않는데, 이유는 무죄 판결에 도움이 될 가능성이 있는 증거를 남겨놓지 않기 위해서라고 한다.[34]

경찰의 실수와 검사의 직권남용 사례도 끊이지 않는다. 피의자에게 확실한 무죄의 증거로 쓰일 증거는 피의자 측 변호사에게 결코 제공되지 않는다고 한다. 피의자를 변호사 없이 심문하고서 경찰이 자백을 쓰는 일도 있다고 한다. 범죄와 관련된 물증 없는데도 유죄 판결이 내려지기도 한다. 그리고 사형을 허용할 도덕적 권리가 헌법에 의해 보장되는 것인지도 의문스럽다.

마이모니데스는 이 문제를 중세시대에 이미 꿰뚫어보았다. 그의 금언을 다시 한 번 새겨 들어보자. "무고한 사람 한 명을 죽음에 처하기보다는 범죄자 천 명에게 무죄를 선고하는 편이 더 낫다." 그때만큼이나 지금도 지혜의 말씀이 아닐 수 없다.[35]

12장
발견

관찰 연구 분야에서는 준비된 사람만이 우연의 덕을 본다.

루이 파스퇴르[01]

위대한 발명과 발견은 '아하!'의 순간과 함께 올지 모른다. 하지만 때로는 잘못된 일이나 아무런 명백한 원인 없이 생기는 일 — 해당 실험과 무관한 어떤 요인이 끼어든다든지 마침 처음 출시된 기기라든지 또는 실험에서 그냥 잘못된 어떤 일 — 때문에 찾아오기도 한다.

화학자들은 오랜 세월 동안 분자 결합을 연구하고서야 분자 결합이 왜 그리고 어떻게 작동하는지 알게 되었다. 20세기 전까지만 해도 화학자들은 공유된 전자에 관해 전혀 몰랐는데, 왜냐하면 전자 자체를 몰랐기 때문이다. 그런데도 화학자들은 원자와 분자가 어떻게 상호작용하고 변환되어 새로운 화합물을 생성하는지를 이해한 덕분에 화학을 굉장히 발전시킬 수 있었다. 또한 열과 빛이 가해질 때 분자의 반응과 변환을 분석할 수 있게 되었고, 심지어 중합체와 금속 합금 등의 복잡한 화합물도 만들어낼 수 있었다. 전자가 이와 같은 과정에 필요한 결합을 만드는 데 중대한 역할을 한다는 사실을 모르고서도 말이다. 화학자들은 상이한 기체들이 늘 서로 적절한 비율로 상호작용한다는 사실도 알아냈다. 하지만 이 모든 성과는 전자가 반응과 결합에 중요한 관련이 있음을 모른 채 이루어졌다.

그런 식으로 비범한 사람들은 과학을 발전시켰다. 그들은 뜻밖의 행운으로 시기적절하게 행운과 요행을 얻은 덕분에 과학계의 중요한 질문에 대한 답을 지혜롭게 알아냈다. 이러한 사례들로 볼 때, 계획하지 않았던 일도 과학의 발견에 톡톡히 한몫을 할 수 있다.

또한 과학적 관찰 과정에서 일어난 사고도 자연에 대한 우리의 사고방식을 형성할 수 있으며 세계를 더 나은 쪽으로 변화시킬 수 있다. 관련된 이야기는 아주 많은데, 이를테면 다음과 같은 사례들이 있다. 영국인 화학자 윌리엄 헨리 퍼킨(William Henry Perkin)이 우연히 발견한 염료가 면역학과 화학요법을 발전시켰다. 페니실린은 알렉산더 플레밍(Alexander Fleming), 하워드 플로리(Howard Florey) 및 어니스트 체인(Ernst Chain)이 공동으로 발견했는데, 지저분한 실험실에서 포도상구균 배양액이 곰팡이에 의해 오염되어 포도상구균이 죽는 바람에 생긴 결과였다.

앨런 튜링과 랠프 테스터(Ralph Tester) 등 제2차 세계대전 당시 블레츨리 파크(Bletchley Park)의 암호해독자들이 '풀 수 없는' 이니그마 암호를 푼 덕분에 전쟁의 승기를 잡는 데 중요한 역할을 했는데, 이 총명한 사람들이 거둔 결실도 어느 정도는 행운 덕분이었다. 독일의 암호

체계에 논리적 오류가 몇 가지 있었는데, 그것을 영국의 암호해독자들이 간파해냈던 것이다. 이때 얻어낸 지식은 연합군이 승리하는 데 도움을 주었을 뿐만 아니라 세계 최초의 부분적으로 프로그래밍 가능한 컴퓨터의 발명에도 도움을 주었다.

1869년 어느 날 밤 드미트리 멘델레예프는 잠을 자다가 꿈을 꾸었다. 원소들을 원자량에 따라 도표로 정리하는 꿈이었다.[02] 그리고 이튿날 아침 깨어나서 주기율표를 만들었다. 그 무렵에는 각국의 국립기상청이 기온, 강수 및 그 밖의 여러 기후 요소에 관한 믿을 만한 데이터를 수집하기 시작하던 때였다. 당시 화학은 원자를 다루는 학문이 아니었다. 그보다 100년 전에 앙투안 라부아지에가 연소에서 산소의 역할을 알아냈고 질량보존의 법칙을 밝혀냄으로써, 화학은 이미 과학적 기반을 다지긴 했다. 하지만 멘델레예프가 주기율표를 처음 내놓은 1869년이 되어서도, 화학은 땅 짚고 헤엄치기 식이었다. 원자의 내부적인 작동 원리를 전혀 몰랐기 때문이다.

또한 당시는 철도를 통해 유럽과 러시아의 모든 도시가 연결되었지만, 국외 여행은 여전히 쉽지 않았다. 그리고 멘델레예프가 살고 강의했던 백야의 도시 상트페테르부르크는 부유한 귀족들과 흥미로운 오락거리가 가득한 세련된 곳이었지만 또 한편으로는 인구밀도가 심각하게 높아서 나쁜 수질, 영양 부족, 열악한 위생 시설 그리고 만연하는 전염병의 도시이기도 했다.[03] 바로 그해(1869년)에 스위스의 의사 프리드리히 미셔(Friedrich Miescher)가 쓰고 버린 수술용 붕대의 고름에서 DNA를 추출해냈다. 당시엔 미셔 자신도 그것이 유전 정보를 품고 있는 분자라는 사실을 몰랐지만, DNA가 유전의 매개자임을 이해하는 데 초석을 다졌다.

당시에는 많은 물리학자들이 크룩스관(Crookes tube)으로 실험을 했다. 크룩스관은 불어서 만든 유리관으로서 내부는 부분적인 진공 상태이며 전극이 양 끝에 놓여 있다. 실험은 관 내부에 빛이 어떻게 생기는지를 이해하기 위한 것이었다. 지금 우리는 기체가 든 크룩스관에 높은 전압이 가해지면 어떤 현상이 벌어지는지 알고 있다. 소량의 대전된 기체 분자들(양 이온)이 고에너지 상태가 되어 다른 기체 분자들과 충돌함으로써, 전자들을 털어내어 더 많은 양 이온이 생성된다. 이 양 이온들이 음극으로 끌려들어 금속 전극 표면에 부딪히면 금속에서 다량의 전자들이 방출된다. 이 전자들이 양극으로 이동하면서 전자들의 빛나는 선이 형성되는데, 이것이 '음극선'이다.

30년 이상 연구하면서 과학자들은 여러 가지 기체를 대상으로 실험을 진행했지만, 실제로 무슨 일이 벌어지는지 깊이 이해하지 못했다. 음으로 대전된 입자, 즉 기체 원자 내부의 전자에 관해 전혀 몰랐다. 무엇이 빛을 발생시키는지 까맣게 몰랐던 것이다. 어떤 일이 벌어지는지에 대한 새로운 정보는 그들이 이해하지 못했던 요행 내지 우연의 일치 덕분에 얻어졌다.

또한 어떤 유리관은 붉은 빛이 났고 다른 유리관은 녹색 빛이 났다. 물리학자들은 왜 그런지 근본적인 차원에서 제대로 이해하지 못했다. 가령, 부분적인 진공 상태에서 높은 전압을 가하면 매우 질량이 적은 전자들이 양극으로 끌려간다는 사실조차 몰랐다. 전자들은 양극으로 더 가까이 갈수록 더 세게 끌려간다. 지금 우리는 양극으로 향하는 전자들이 빛의 속력에 가까운 속력을 얻으리라는 것을 안다. 일부 전자는 양극을 지나서 관의 유리 원자들과 부딪힐 텐데, 그러면 유리관의 원자들이 잠시 동안 고에너지 상태로 떨어져 나왔다가 다시 원래의 에너지 상태로 되돌아갈 것이다. 이때 빛의 소립자(광자)가 방출되므로 유리관은 녹색과 노란색이 섞인 형광을 발하게 된다.

X선 형광, 즉 '전자기복사에 의한 빛'의 방출은 조금 더 복잡하다. 빌헬름 콘라트 뢴트겐은 부분적인 진공 상태의 유리관에 전류를 흘리는 실험을 하던 중 우연히 X선을 발견했다. 다른 실험을 하기 위한 재료로 바륨-시안화백금산염(형광물질)을 바른 막이 마침 실험실에 마련되어 있었다. 그 막이 없었더라면, X선의 발견이 늦어졌을 테니 아주 많은 사람들이 짧은 수명 동안만 살다가 죽었을 것이다. 얼마간 떨어진 위치에 있었기에 막은 뢴트겐의 시선에 들어오지 않았다. 그런데 어쩌다가 자신의 실험과 관련이 있는 줄 모른 채 힐끔 막을 쳐다보았다. 덕분에 자신이 원래 하려던 실험과는 무관한 놀라운 현상을 발견했다. 요행이었지만, 대단히 중요한 결과를 낳은 요행이었다.

1895년 11월 8일 당시 뷔르츠부르크 대학에 있는 뢴트겐의 실험실로 가보자.[04] 큰 유리창 하나가 잎이 거의 다 떨어진 노르웨이 단풍나무들이 늘어선 좁은 거리를 내다보고 있다. 높이가 제각각인 방추 모양의 마호가니 탁자들이 유리창 앞에 일렬로 늘어서 있다. 온갖 기기, 금속, 모터, 갖가지 모양의 플라스크 그리고 코일이 탁자 위에 있다. 추시계 하나가 벽에 걸려 있고, 그 옆으로 길이가 제각각인 전선들 묶음이 얹힌 선반이 놓여 있다. 유리관들이 탁자 위에서 위태롭게 서로 기대어져 있다. 선명한 백열전구가 달린 전등이 천장 밑으로 늘어져 있고, 이 전등은 아래로 축 처진 전선에 의해 벽의 시계 옆에 있는 콘센트와 연결되어 있다. 실험실의 나머지 공간은 거의 비어 있다. 바깥의 불빛으로 인해 밝은 점을 제외하면, 19세기의 다른 여느 화학 실험실과 별반 다르지 않은 풍경이다. 창에는 커튼이 없다.

실험실에 있는 사람은 뢴트겐이다. 오십의 나이인데도 머리카락이 검고 짙다. 길게 나 있는 검은 턱수염은 살짝 회색빛이 돌기 시작했다. 1895년 초반부터 뢴트겐은 부분적으로 진공인 유리관 내에서 정전하를 방출하여 전기를 실험하고 있었다. 11월 8일의 실험에서는 유리관 내에 형광이 발생하여 음극선이 나타났다. 음극선은 유리관 바깥에서는 발생하지 않았는지라 이런 질문이 자연스레 떠올랐다. 이런 빛의 일부가 유리관을 빠져나올 수 있을까?[05]

빛의 투과를 차단하거나 아니면 유리관을 빠져나오는 빛을 감지하기 위해 뢴트겐은 유리관을 마분지로 덮어 안을 어둡게 만들었다. 그랬더니 실험실의 벽에 걸린 막에 빛이 어렸다. 유리관 안의 진공의 정도와 전기를 조절했더니 막에 어린 빛의 세기를 조절할 수 있었다. 빛은 희미했다. 실험을 거듭해도 결과는 동일했다. 막을 더 멀리 이동시켜도 결과는 여전히 동일했다. 유리관을 더 두꺼운 마분지로 덮어도 결과는 똑같았다. 막에 어리는 빛은 유리관 내의 전기로 인해 생기는 음극선 이외의 다른 어떤 것의 결과일 수가 없었다. 그러니까 음극선이 마분지를 통과하고 허공을 가로질러 막에 부딪혀 빛을 내는 것이었다. 그것은 새로운 종류의 광선, 이전에는 발견되지 않은 미지의 광선이었다. 데카르트 이후로 수학에서 미지의 것을 나타내는 데 x가 쓰였기 때문에 뢴트겐은 이 새로운 광선을 'X선'이라고 명명했다.

한편 이미 제임스 클러크 맥스웰과 마이클 패러데이는 보이지 않는 전자기파의 존재를 예측했다. 진공의 공간을 아주 멀리 퍼져나갈 수 있는 파동을 예측했던 것이다. 뢴트겐이 X선을 발견하기 3년 전에 하인리히 헤르츠는 실험을 하여 음극선이 얇은 금속박을 관통할 수 있음을 입증했다. 한편 헤르만 폰 헬름홀츠는 X선이 실제로 존재하며 빛의 속력으로 이동할 수 있다고 가정하고서 X선을 설명할 이론적인 수학 방정식을 개발하고 있었다.

뢴트겐이 얼마나 놀랐을지 상상해보라. 그 선을 막으려고 유리관과 막 사이에 자기 손을 놓았더니 막에 손뼈가 나타났으니! 자기 몸의 내부가 보였던 것이다. 죽기 오래전에 쓰인 자서전에 나와 있듯이, 그는 유리관과 막 사이에 신체 부위를 의도적으로 놓은 게 아니었다.[06] 어쩌다 그렇게 되었을 뿐이다. 그런 일을 처음으로 겪을 가능성이 아주 높은 사람이긴 했지만 말이다.

뢴트겐은 다른 물질들로 선을 차단해보았다. 나무, 금속, 종이, 고무, 책, 옷, 백금 그리고 온갖 가정용 도구들로 시험해보았다. 어떤 물질은 그 선이 마음껏 통과하도록 허용했고 또 어떤 물질은 가로막았다. 전선을 감은 나무감개를 놓으면 전선만 막에 나타났고, 감개는 희미한 그림자로 자국만 남았다. 후속 실험에서 뢴트겐은 알루미늄 포일을 한 장씩 쌓아가며 실험했더니 0.0299mm의 알루미늄 판은 X선을 투과시켰다. 한 장에서 서른한 장까지는 투과되는 정도에 차이가 별로 나지 않았으며, 바륨-시안화백금산염 막에서의 거리를 조금 달리 해도 결과에 별다른 차이가 나지 않았다. X선은 생체 조직은 그대로 통과할 수 있었지만 뼈 또는 납과 같은 금속은 통과하지 못했다.

곧 뢴트겐은 막을 사진건판으로 대체하는 멋진 아이디어를 떠올렸다. 닫힌 나무상자 속에 동전 하나를 넣어놓고 X선을 쏘았더니 딱 그 동전만 나오는 선명한 사진이 찍혔다. 마치 상자는 존재하지 않는 것 같았다. 자기 아내 베르타의 손 사진도 찍었다. 아내는 자신의 손가락뼈는 물론이고 끼고 있던 반지까지 볼 수 있었다. 오스트리아 빈의 한 신문에 게재된 후로 그 사진은 아주 유명해졌다.[07] 아마도 살아 있는 사람의 손 내부를 찍은 최초의 사진일 것이다. 어떤 사람이 보기에 X선은 흥미로운 현상이었고 또 어떤 사람은 그걸 장난이라고 보았다. 날마다 이 새로운 사진을 놓고 이야기들이 언론에 넘쳐났다. 《라이프(Life)》는 그 사진을 풍자하면서 마음껏 상상력을 발휘한 만화를 실었다.

《라이프》에는 아래와 같은 풍자적인 시가 실렸다.[08]

> 그녀는 늘씬하고 날씬한데, 뼈들—
>
> 저 연약한 인산염은, 저 탄산칼슘들은—
>
> 굉장한 음극선에 의해 훤히 드러났네,
>
> 진동과 암페어 그리고 옴에 의해.
>
> 그녀의 등골뼈가 살갗 속에서도
>
> 감추어지지 않고 훤히 나타나 있네.

미국의 언론인 겸 작가인 바버라 골드스미스(Barbara Goldsmith)는 『열정적인 천재, 마리 퀴리』에서 이렇게 적고 있다. "세간의 화제가 되면서 X선은 이내 만화의 소재가 되었다. 남편이 문밖에서도 X선으로 아내를 감시하고, X선 오페라 안경이 배우의 의상 속의 알몸을 드러내고 … 런던의 한 회사는 X선 투과 방지 옷까지 팔았다."[09]

대단한 과학적 발견은 이전에 이루어진 성과를 바탕으로 한다. 그런 경향이 큰 것도 있고 좀 덜한 것도 있긴 하지만, 한방에 터진 발견은 거의 없다. 대다수는 거듭 시도한 끝에 결실을 맺는데, 어떤 것은 어쩌다 생긴 요행 때문에 성공을 거두기도 한다. 순전히 우연에 의해 생기는 성공도 있긴 하지만, 거의 언제나—또는 아마도 언제나—어떤 추측이나 기존의 이론에 따른 단서와 함께 찾아왔다. 따라서 바륨-시안화백금산염 막이 없었더라면 뢴트겐의 발견도 없었으리라고 여겨서는 곤란하다. 다른 물리학자들도 음극선의 효과를 연구하고 있었기에, 19세기 말에 그쪽 분야의 연구가 매우 활발했다고 말하는 편이 안전하다.

영국 물리학자 윌리엄 크룩스(William Crookes. 부분 진공 유리관인 크룩스관이 이 사람의 이름을 따라서 명명됨)는 음극에서 복사선이 나오는 현상을 관찰하여 음극선을 발견한 후로 음극선을 열정적으로 연구하기 시작했다. 음극선을 집중시키려고 오목한 음극을 사용한 크룩스는 X선을 발생시키기에 충분한 에너지를 얻을 수 있었지만, 그 에너지의 상당량은 열의 형태로 새어나가 버렸다. 그런데 이상하게도 근처에 있던 빛에 노출되지 않은 사진건판이 흐릿하게 변했다. 깊이 생각해보지 않고서 그는 불량이라면서 제조회사에 반납하고 말았다.[10]

한편 1888년 독일 물리학자 필리프 레나르트(Philipp Lenard)가 음극선관에 고주파 자외선을 가하는 실험을 했다. 만약 관 내부가 충분히 진공에 가깝고 충분히 높은 고전압을 가할 수 있었다면, 관 외부로 방출되는 형광을 검출할 만큼의 충분한 X선이 방출되었을 것이다. 하지만 진공 압력이 충분히 낮지 않았고 전압도 충분히 높지 않았다. 그래서 자신이 발생시킨 X선을 전혀 검출하지 못하고 말았다.

마이클 패러데이도 형광을 연구했다. 1838년에 그는 부분 진공 상태인 유리관에 전압을 가하는 연구를 시작했다. 그 후 젊은 독일 물리학자들이 온갖 종류와 형태의 부분적인 진공 유리관으로 실험을 했다. 네온, 아르곤 그리고 심지어 수은 증기까지 고전압 상태로 실험했다. 1857년에는 독일 물리학자 하인리히 가이슬러(Heinrich Geissler)가 부분 진공인 유리관 속에 금속 전극을 넣어 실험했더니 빛이 나는 현상을 발견했다. 하지만 그 세월 내내 명민한 과학자들이 뢴트겐의 실험실과 비슷하게 비교적 장비가 잘 갖춰진 대학 실험실에서 연구를 하면서 원거리 작용을 우연히 포착하기도 하고 유리관과 가까운 거리에서 희미한 빛이 나는 현상도 목격했지만, 여전히 X선은 발견하지 못했다. 유리관 외부에 희미하게 어리는 빛을 내놓을 수 있는 짧은 파장의 전자기 복사선을 탐지해내지 못했던 것이다.

X선이 얼마만큼 더 일찍 발견될 수 있었는지는 누구도 모르지만, 뢴트겐의 발견 이후 지난 120년 동안 "X선이 총알로 죽은 사람들의 수보다 더 많은 사람들을 살렸음"[11]은 추측할 수 있다. 그때 X선이 발견되지 않았더라면, 원자의 내적인 속성도 적어도 그 후 10년 이내에 밝혀지지 않았을 가능성이 높았다. 게다가 그런 지식이 없었더라면, 연쇄적으로 이루어져 오늘날의 과학 문명을 이룬 여러 위대한 발견들도 지연되었을 것이다. 뢴트겐의 X선 발견 소식은 일파만파 퍼져나갔다. 하지만 뢴트겐은 자신이 실제로 어떻게 그걸 발견했는지 거의 외부에 알리지 않았다. 가장 신뢰할 만한 이야기는 《매클루어스 매거진(McClure's Magazine)》의 과학 담당 기자인 H. J. W. 댐(H. J. W. Dam)의 기사에 나온다.[12] 이 훌륭한 기사에는 뢴트겐과 그의 실험실 및 실험 과정에 대한

자세한 내용이 아래와 같이 담겨 있다.

"그런데, 교수님." 내가 말했다. "발견 과정을 좀 이야기해주시겠습니까?"

"과정이랄 게 없습니다." 뢴트겐 교수가 말했다. "헤르츠나 레나르트와 마찬가지로 저도 진공관에서 나오는 음극선의 문제에 오랫동안 관심이 많았습니다. 그 둘을 포함한 다른 과학자들의 연구를 관심 있게 지켜보다가, 연구할 시간이 생기자마자 내 스스로 연구를 해야겠다고 결심했습니다. 지난 시월 말부터 연구할 시간이 났더랬습니다. 며칠 동안 연구를 하다 보니 새로운 것이 발견되었지요."

"그날이 언젭니까?"

"십일월 팔일요."

"뭘 발견하신 건가요?"

"크룩스관을 검은 마분지로 감싸서 실험을 했습니다. 조금 떨어진 곳에 바륨-시안화백금산염을 바른 종이 한 장이 의자 위에 놓여 있었고요. 관에 전기를 흘렸더니 그 종이에 특이한 검은 선이 나타났습니다."

"어떤 현상인가요?"

"그런 효과는 일상적인 용어로 말하자면 빛이 통과되었을 때만 생길 수 있습니다. 그런데 관에서는 빛이 새어나가지 않았습니다. 관을 덮은 마분지는 기존에 알려진 어떤 빛도 통과시키지 않으니까요. 심지어 전기 방전에서 생긴 빛조차 통과를 못합니다."

"그때 무슨 생각을 하셨는지요?"

"생각을 한 게 아니라 조사를 했지요. 내가 보기에 그 효과는 관에서 생긴 게 분명했습니다. 왜냐하면 그 효과는 다른 어디에서도 생길 수 없는 특성을 지녔으니까요. 몇 분 후에 모든 게 확실해졌습니다. 관에서 나온 선이 종이 위에 발광 효과를 나타냈던 것입니다. 점점 더 먼 거리에서, 심지어 2미터 떨어진 거리에서 실험해도 효과가 똑 같았습니다. 정말 새로운 현상, 이전에 기록된 적이 없던 현상이었습니다."

"그건 빛입니까?"

"아닙니다."

"전기입니까?"

"결코 아닙니다."

"그럼 뭔가요?"

"모르겠습니다."

그렇게 X선의 발견자는 그 현상의 본질을 자신이 모른다는 사실을 담담히 시인했다. 지금껏 그 현상에 대해 적은 다른 어느 누구든 다 그러했듯이.

어떤 기사들은 바륨-시안화백금산염이 코팅된 종이에 주목했다. 탁자에서 조금 떨어진 실험실 내의 어느 곳에 우연히 놓여 있다가 그 발견을 낳은 종이 말이다. 전해들은 한 기사에 의하면, 바륨-시안화백금산염 막이 탁자 위에 있었다고 한다. 뢴트겐이 그게 다른 형광 코팅 물질보다 더 효율적이라고 여겼기 때문이라고 한다.[13]

1896년 뷔르츠부르크 물리의학협회 강연에서 뢴트겐은 바륨-시안화백금산염 종이의 발광 현상을 처음에 어떻게 발견했는지 이야기했

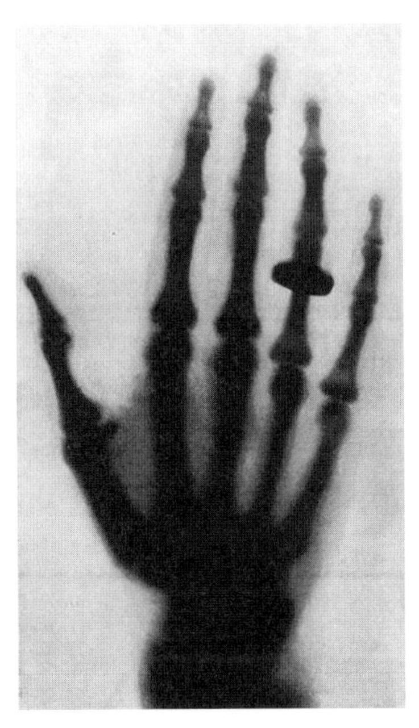

〈그림 12.1〉 한 여성의 뼈, 손톱 및 반지가 드러난 뢴트겐의 X선 사진.

다. 검은 마분지로 덮인 크룩스관에 전류를 흘렸더니 종이에 발광이 나타났으며, 종이의 거리를 더 멀리 해도 거듭 똑같은 현상이 일어났다고 말이다.[14] 그런 다음에 이렇게 말을 이었다. "우연히 나는 그 선이 검은 마분지를 관통한다는 사실을 알게 되었습니다. 검은 마분지 대신에 나무, 종이, 책으로도 실험했는데, 그때마다 그 사실이 믿기지가 않았습니다. 마침내 사진을 찍고 나서야 실험은 대미를 장식했습니다."[15] 〈그림 12.1〉에 나온 것과 같은 사진들이 1895년 12월 22일에 세계 각국의 신문들을 장식했다.

곧이어 그 현상은 의학에 적용되었다. 이제 의사들은 종래의 수단으로는 볼 수 없었던 인체 내부의 종양, 종기, 강(腔. 몸속 빈 공간), 뼈 구조 등을 들여다볼 수 있게 되었다. 하지만 뢴트겐이 자신의 기법이 질병 진단에 쓰이리라고 내다보았는지는 잘 모를 일이다.

어쨌든 그는 막을 이용해서 원래 하려던 실험을 재개할 생각이었지만, X선 실험에 너무 심취해 버린 나머지 원래 의도했던 실험으로 다시는 돌아가지 않았다.

◎

19세기가 막바지에 가까워지는데도 과학자들은 여전히 원자의 내부 구조를 거의 알지 못했다. 대신에 전기는 수 세기 동안 알고 있었다. 전기를 어떻게 발생시키는지도 알았다. 1880년이 되자 이런저런 종류의 백열전구가 런던, 파리, 모스크바 및 미국의 거리에서 빛을 발하고 있었다. 과학자들은 심지어 힘과 에너지가 공간에 가득 퍼져 있다는 사실도 알았다. 그리고 패러데이와 맥스웰 덕분에 과학자들은 전자기파 이론도 알았다. 하지만 전자는 고작 1897년에 가서야 발견되었는데, 이로써 원자가 만물의 가장 작은 단위라는 오래된 믿음이 깨졌다. 그러나 전선의 한 지점에서 다른 지점으로 전류가 어떻게 흐르는지는 여전히 불가사의였다.

이와 같은 불가사의를 안고서도 화학이 거둔 성공은 무척 놀랍다. 한 세기 이전에 이미 화학의 기반이 체계적으로 정립되었기에 가능한 일이었다. 그리고 음극선과 X선이 이론상으로는 잘 규명되긴 했지만, 당시 아무도 실제로 그것들의 존재를 '보여주지는' 못했다. 앞 문장에서 쓰인 '보여준다'라는 동사는 현미경과 같은 도구로 무언가를 가시적으로 보여준다는 뜻은 아니다. 과학사에는 도구를 통해 볼 수 없는 과학적 현상의 사례들이 매우 많다. 당시에는 누구도 어떻게 전기의 발광 현상이 크룩스관의 한쪽 전극에서 다른 쪽 전극까지 이어지는지 몰랐다.

그런데 J. J. 톰슨이 1897년에 음극선으로 행한 실험 덕분에 그 선은 원자들이 한쪽 전극에서 다른 쪽 전극으로 흐르는 현상이 아님을 밝혀졌다. 그게 아니라 그 선은 원자의 구성 요소들이었다. 더 이상 원자는 구성 요소들을 갖지 않는 단단한 구체가 아니었다. 톰슨의 실험 결과, 양성자와 전자가 존재한다는 예측이 나왔다. 왜냐하면 비록 보이지는 않지만 실험 기기에 미치는 영향을 통해 그것들의 존재를 측정할 수 있었기 때문이다. 1934년의 인터뷰에서 톰슨은 다음과 같이 비유적인 질문을 던졌다. "수소 원자에 비해 질량이 지극히 작은 물체보다 처음 보기에 더 비현실적인 것이 있을 수 있겠습니까? 수소 원자만 해도 전 세계의 인구만큼의 개수를 다 모아도 당시에 알려진 수단으로 탐지해내기에 너무나 작은 것인데 말입니다."[16]

그 후 몇 십 년 만에 과학은 원자에 대해 거의 모르고 전자와 양성자는 깡그리 모르던 단계에서 벗어나 물리적 우주의 가장 심오한 비밀과 원자의 내적인 작동 메커니즘을 어느 정도 이해하는 단계로 접어들었다. 1939년이 되자 핵분열까지 발견되었다. 비록 오늘날에도 원자핵의 기본적인 구성요소들이 수수께끼로 남아 있긴 하지만 말이다(원자핵 내에는 '업 쿼크'와 '다운 쿼크'라는 난해한 입자들이 존재하며, 각각은 더 작은 부분들이 어떤 강한 힘에 의해 결합되어 있다고 한다).

과학사에는 과학적 발견이 우연히 이루어진 사례들이 많은데, 다음이 대표적이다. 말라리아를 앓던 한 남아메리카 인디언이 기나(幾那)나무 근처에서 물을 마신 덕분에 세상에 나오게 된 말라리아 치료약, 개에서 떼어낸 췌장에 붙은 파리 덕분에 발견된 인슐린, 데카르트가 침대에 누워서 벽에 붙은 파리의 움직임을 보고 발명한 좌표기하학 이야기. 그리고 기본적인 과학적 발견이라기보다는 기술적인 고안에 더 가까운 화학 발명에 관한 이야기들도 많다. 그 사례들도 언급할 가치가 있기는 하지만, 루이 파스퇴르의 "준비된 사람만이 우연의 덕을 본다"[17]는 명쾌한 문구를 상기하는 것만으로 충분할 듯싶다. 게다가 그런 이야기들 다수는 원래의 실제 상황과 어긋날 때가 많다. 과장이 끼어들어 이야기를 멋대로 꾸미고 만다. 스토리텔링에는 본디 그런 문제점이 있기 마련이다.

무슨 일이든 성취가 이루어지기까지는 중요한 핵심적인 발전의 축적이 언제나 뒤따른다. 과학사를 깊이 파헤쳐 보면, 중요한 과학적 발견은 거의 언제나 앞선 거인의 어깨 너머를 내다본 사람들에 의해 이루어졌다. 심지어 "내가 더 멀리 바라보았다면 거인들의 어깨 위에 올라섰기 때문"이라는 아이작 뉴턴의 유명한 말도 그가 처음 꺼낸 말이 아니었다. 뉴턴이 1676년 로버트 후크에게 보낸 편지에 쓴 이 표현은[18] 사실 12세기 프랑스 신플라톤주의 철학자인 베르나르 드 샤르트르(Bernard de Chartres)가 처음 썼다. 그는 자기 세대를 "거인들의 어깨 위에 올라탄 [왜소한] 난쟁이"에 비유했다.

베르나르가 한 말의 취지는 우리가 앞선 사람들보다 더 멀리 보는 까닭은 우리가 시력이 더 예리하거나 키가 더 커서가 아니라 "앞선 이들의 높은 신장 위에 우뚝 올라탔기 때문"[19]이라는 것이다. 그런데 어떤 사람들은 거인의 어깨 위에 올라타고도 멀리 보지 못하기도 하고, 또한 다수의 보통 사람들의 어깨 위에 올라타 있는지라 굳이 거인이 필요하지 않는 사람들도 있다. 나는 스티븐 와인버그(Steven Weinberg)가 생각하는 거인에 대한 관점이 마음에 든다. 현대물리학과 과학 정책에 관한 에세이를 모은 뛰어난 저서인 『호수 풍경(Lake Views)』에서 그는 이렇게 적고 있다. "알다시피, 과학계의 걸출한 선구자들은 우리가 신주단지처럼 모셔야 할 예언자가 아니었다. 다만 현재 우리가 도달한 과학적 이해의 토대를 마련해준 위대한 남성과 여성이었을 뿐이다."[20]

곰팡이가 알렉산더 플레밍 실험실의 배양접시 속에 충분히 들어 있었을 수 있다. 하지만 애초에 곰팡이가 배양접시 속에 있었다는 사실에서 나는 그 발견에는 어떤 목적의식이 관여했다고 본다. 사람들이 흔히 하는 이야기처럼 작은 빵 조각에서 곰팡이가 자랐던 것이 아니다. 곰팡이는 배양접시 속에 있었다! 어떤 목적의식이 과학적 발견을 이끌었던 것이다. 셰익스피어의 구절을 적으려고 시도하는 원숭이처럼 무계획적인 의도는 거의 언제나 과녁을 빗나가기 마련이다.

13장
위험

행운은 불운의 가능성 없이 찾아오지 않는다. 주식 투자는 포커와 마찬가지로 게임이다. 포커 게임의 참가자는 좋은 패를 받을 확률을 계산하고, 좋은 패를 받지 못할 위험을 판돈을 전부 잃었을 때 생기는 결과와 비교하고, 자신의 패가 상대방의 패보다 더 나을 확률을 가늠해본다.

금융 시장이 돌아가는 방식도 마찬가지다. 시장의 투자자는 얻을 수익을 자신이 기꺼이 감내할 위험의 정도와 비교한다. 가치 평가와 제반 상황에 대한 판단에 따라 주식을 사고팔며, 해당 주식의 과거 및 현재의 수익 상황과 성장 잠재력 그리고 경쟁 주식 동향을 살핀다. 대차대조표도 살핀다. 그래도 결국 투자라는 것은 아무리 수완이 뛰어나도 여전히 위험을 안고 있다. 어쨌든 투자는 희망 회로를 돌리는 일이다.

금융공학의 타짜들, 즉 정량적인 분석을 통해 상승장과 하락장을 휘젓는 헤지펀드의 꾼들은 수익 내는 법을 꿰뚫고 있으려니 여기는 사람들이 있을지 모르겠다. 이들이 금융 게임을 아주 영악하게 하는 것은 사실이지만, 그래도 희망 회로를 돌리는 일일 뿐이다. 꾼들은 소액 투자자들이 일으키는 주가 변동성을 잘 살펴서 돈을 번다. 그 정도는 괜찮다. 하지만 금융 기관들이 대량으로 사고팔 때, 이들의 거래는 전 세계 경제를 주저앉힐 수 있는 정도의 강력한 영향력을 행사할 수 있다.

오늘날의 시장은 매우 국제적이다. 태평양의 날씨 변화가 시카고의 곡물 시장에 영향을 미칠 수 있고, 미국 중서부의 가뭄이 캐나다의 농기구 판매에 영향을 줄 수 있으며, 미시시피의 홍수가 브라질의 목재용 산림을 고갈시킬 수 있다. 기후 재앙은 위기의 핵심을 차지한다. 하지만 세계 경제를 뒤흔드는 데는 위험한 행동을 곧잘 하고 그 결과를 신경 쓰지 않는 한 사람만으로도 족하다.

설립된 지 150년이 된 프랑스의 다국적 은행 겸 금융회사 소시에테 제네랄(Société Générale)의 이야기를 예로 들어보자. 소시에테 제네랄이 보험을 든 미국의 거대 보험회사 AIG에 대해 미국 정부가 구제 금융을 해주지 않았다면, 이 회사는 아마도 설립 144년을 지나서 살아남지 못했을 것이다.

2005년 1월부터 2008년 7월 사이에 서른한 살의 한 프랑스인 증권업자가 역사상 최대의 주식거래 사기를 저질렀다. 제롬 커비엘(Jérôme Kerviel)이라는 이 작자는 한 유럽 보험회사에게 49억 유로라는 엄청난 손실을 입혔다. 그 회사 주가가 떨어지길 바라고서 천만 유로를 공매도했기 때문이다. 그에게는 엄청나게 다행스러운 도박이었다. 주가가 떨어질 조짐이 없었는데도 커비엘의 요행으로 말미암아 영국의 FTSE 지수가 떨어졌다.

커비엘은 꿈에도 몰랐지만, 이슬람 테러리스트들이 붐비는 시간대의 런던 지하철 차량 세 대와 버스 한 대에 탑승하여 자살폭탄 테러를 저질러 52명이 죽고 700명이 부상을 입는 사태가 발발했던 것이다. 덕분에 그는 50만 유로의 수익을 올렸다. 이 성공이 '강화의 우호적인 역사'[01]에 이바지했다. 나중에 커비엘은 경찰에게 이렇게 진술했다. "그렇게 벌었더니 계속하고 싶더군요. 눈덩이 효과가 생겼습니다."[02] 이처럼 위험한 도박에 나서게 된 그는 다시 2억 유로를 은밀히 거래했다. 놀랍게도 이 또한 상당한 수익을 냈다.

커비엘은 한 가지 문제가 있었다. 세간의 주목을 받지 않으려고, 장부외거래를 통해 주식매매를 숨겨서 자신의 수익이 드러나지 않게 했던 것이다. 한편, 글로벌 마켓이 서브프라임 부동산 사태로 인해 심각한 진통을 겪으리라는 것을 영리하게 간파하고서 수백만 유로를 공매도했다. 얼마 지나지 않아서는 수십억 유로를 공매도했다. 서브프라임 사태가 시장을 더 추락시키길 바라고서 행한 위험한 도박이었다. 2007년 말까지 그는 이런 식으로 15억 유로라는 어마어마한 수익을 올렸다.

하지만 이후에 커비엘은 엄청난 실수를 저지르고 말았다. 2008년이 시작되면서 선물에 투자하기 시작했는데, 투자액이 거의 500억 유로에 달했다. 시장이 바닥을 쳤다고 여기고선, 전체 시장 사이클이 늘 그러듯이 이제 반등이 필연코 시작되리라고 본 것이다. 그런데 상황이 아주 나쁘게 돌아가기 시작했다. 주식 시장이 계속 폭락하는 바람에 커비엘의 선물 투자는 속수무책으로 손실이 발생할 지경이었다. 500억 유로 규모의 손실은 소시에테 제네랄을 파산시킬 수도 있었다.

손실을 최대한 줄이려고 소시에테 제네랄은 선물을 매도해야만 했다. 그런데 아무에게도 들키지 않고 500억 유로어치의 선물을 어떻게 매도한단 말인가? 그 정도 규모의 매도는 패닉을 유발할 수 있다. 몰래 팔기는 불가능하다. (9.11 사건의 여파로 영국에서는 그 무렵 보통의 은행 고객은 영국 바깥의 계좌로 한 번에 5,000파운드 이상의 금액을 이체할 수 없었다.) 소시에테 제네랄은 큰 손실을 입어야 했지만, 500억 유로보다는 훨씬 적은 액수에서 상황을 마무리했다. 은밀히 64억 유로어치의 선물을 매도했는데, 이것만으로도 "투자 역사에서 단일 회사가 하루 만에 잃은 거래 손실액으로는 최대 액수였다."[03]

분명 런던 지하철 폭탄 테러가 소시에테 제네랄에게 손실을 입힌 일련의 사건에 중대한 역할을 한 것은 맞다. 하지만 커비엘은 한 유럽 보험 회사의 주식에 대해 천만 유로어치를 공매도했다고 그와 같은 대학살이 벌어질 줄은 미처 몰랐다. 폭탄 테러는 커비엘의 계획과는 사전에 아무 관련이 없는 우연의 일치였다. 덕분에 그는 부자가 되었다. 하지만 이후의 거듭된 투자 실패 때문에 나락으로 떨어졌다. 그가 선물에 투자하기 시작했을 때 시장이 정말로 바닥을 쳤더라면 상황은 달라졌을지 모른다. 커비엘과 소시에테 제네랄은 정당한 권한 없이 그 은행의 계좌로 몰래 거래를 했을지 모르고, 그랬다면 아무도 이 위험천만한 모험을 몰랐을 것이다.

위험 관리자가 커비엘의 의심스러운 거래를 알고도 모른 척했던 걸까? 아니면 수십 억 유로가 빠져나가는지 알아차리지 못한 것이 단지 우연이었을까? 런던대학교의 수리금융학과 교수인 엘리예트 게망(Hélyette Geman)은 〈뉴욕 타임스〉에 이렇게 썼다. "위기관리 체계와 모든 감사 활동이 거래의 어느 단계에서도 문제점을 전혀 짚어내지 못했다는 건 나로서는 도저히 믿기 어렵다."[04] 결국 전부 탐욕으로 인해 생긴 일이었다. 돈이 있는 곳에는 탐욕이 있기 마련이다.

그렇다면 또 다른 10억 유로 이야기로 뭐가 있을까? 삽화가 조지프 미라치(Joseph Mirachi)가 《뉴요커》에 실은 유명한 만화에는 두 명의 장군이 군사 예산을 논의하는 장면에 이런 대화가 나온다. "자네는 여기서 10억을 날려먹고, 또 저기서 10억을 날려먹지. 그렇게 해서 누적이 되는 거라네."

닉 리슨(Nick Leeson)이라는 파생상품 거래 사기꾼 이야기도 있다. 그는 1995년에 선물시장에서 도박을 감행하여 8억 5천만 파운드(13억 달러)를 잃는 바람에 영국의 가장 오래된 투자 은행인 배링스 은행을 파산시켰다. 몰래 권한 없이 한 투기 행위는 고베 대지진이 없었더라면 대박이 났을지 모른다. 하지만 결국 엄청난 액수의 손실을 낳은 고위험 포커 게임이 되고 만 셈이었다. 리슨은 싱가포르와 도쿄 주식거래소에서 단기 선물에 투자하면서 일본 주식시장이 좋아지는 쪽에 걸었다. 하지만 바로 그 다음날(1월 17일) 새벽에 고베 지진이 발발하면서 아시아 시장이 급락하고 말았다. 그러자 손실을 만회하려고 리슨은 니케이 지수가 회복되는 쪽에 걸면서 더욱 위험한 일련의 투자를 계속 감행했다. 결과는 반대였다. 손실을 만회하려고 더 큰 판돈을 거는 많은 도박꾼들처럼 그는 계속 더 깊은 수렁으로 빠져들었다.[05]

20세기에는 위험한 월스트리트 차입투자의 사례들이 전 지구적 영향에서 벗어나 있었다. 하지만 21세기에는 경제의 세계화로 인해 상황이 완전히 바뀌었다. 전 세계 거의 모든 은행들이 서로 긴밀히 연결되는 바람에 어느 한 은행의 행위로 인해 큰 영향을 받게 되었다. 소시에테 제네랄이 커비엘의 선물을 미친 듯이 유동화시키고 있던 사흘 동안에 다른 투자은행들은 시장의 급락을 내다보고 공매도를 쳐서 막대한 돈을 벌고 있었다. 전 세계 시장이 폭락할 때도 일부 사람들은 여전히 돈을 번다. 돈은 그냥 사라지지 않는다. 그런 시기에도 은행 담보는 정부 지원을 통해 증가할 수 있다.[06]

우연의 일치로 생긴 시장 교란

시장이 테러 공격, 전쟁 및 에볼라 전염병과 더불어 해일 및 지진과 같은 자연재해에 반응하는 것은 우연이 아니다. 이런 재해들은 시장 위축 상황—가령, 부품 및 재료 공급 악화, 구매력 감소 및 시장 불안—을 일으키는 아주 명백한 원인이다. 하지만 대다수의 자연 대재앙은 과학적으로 예측되지 않으며, 번개가 치듯 너무 빨리 일어나는 바람에 시장이 미리 간파할 수 없다. 지진은 우연이 아니다. 분명한 원인이 있다. 하지만 발생 시간은 거의 언제나 우발적이다. 지진학에 관한 대표적인 교재에는 이런 내용이 나온다.[07]

> [우리에게는] 100년보다 짧은 시간 스케일로 지진을 예측할 능력이 없으며, 오직 지진 위험을 판단할 기초적인 방법밖에 없는데 … 아마도 우리가 할 수 있는 최선이라고는 자연의 복잡성 앞에서 겸손을 보이는 것, 우리가 현재 아는 것과 모르는 것을 인식하는 것, 통계적 기법을 이용하여 데이터의 신뢰성을 여러 가지 상이한 수준에서 평가하는 것, 그리고 현재의 지식 수준을 향상시키기 위해 새로운 데이터와

기법을 개발하는 것뿐이다.

비슷한 논조로 수학자 플로린 디아쿠(Florin Diacu)는 훌륭한 저서 『대재앙』에서 이렇게 적고 있다.[08]

> 다른 여느 과학 분야와 마찬가지로 지진학은 수학적 모형을 이용하여 지진이 어떻게 발생하여 전파되는지 조사한다. 지진 발생 시 초래되는 파열은 여러 가지 물리적 작용을 일으키며, 이로 인해 지구의 지각을 통해 다양한 파동들이 퍼져나간다. 이런 과정들 대다수는 단지 추측만 가능하기에, 지진학의 수학적 모형은 실제의 복잡한 물리 현상을 설명해주지 못한다.

해일의 임박한 재난은 몇 시간 이내에 어느 정도 예측할 수 있지만, 그것도 먼 바다에서 해일이 몰려오고 있을 때에나 가능하다. 정보당국이 때때로 임박한 테러 공격을 사전이 알아차리기도 하지만, 늘 그렇지는 않다. 테러 실행자들 및 테러 지시자들은 우리가 예상치도 못한 시간과 장소에서 공격을 감행하기 때문이다.

예상은 불가능하지만 발생은 가능한 몇몇 대재앙들이 그간 우리의 관심을 끌었다. 하지만 우리가 상상할 수조차 없는 대재앙들도 있다. 모든 도박이 그렇듯이 그런 재앙들은 수십만 년 전의 우리 선조들처럼 우리를 바짝 정신 차리게 만든다. 동굴 속에 있다가 땅과 하늘에서 무엇이 우리를 덮칠지 모른 채로 용감하게 사냥에 나섰던 선조들처럼 말이다. 시장의 상황 또한 그처럼 본질적으로 도박의 상황과 같다. 명백한 원인을 알 길 없는 미지의 상황들 그리고 우리의 정신을 바짝 차리게 만드는 의지와 흥분으로 가득 찬 상황인 것이다.

우연의 일치 사건은 매우 드문 일이기 때문에 대체로 뜻밖의 상황이다. 하지만 그런 사건은 오랫동안 일어나지 않았기 '때문에' 위험 평가를 내려야 '한다.' 우연히 일치하는 결과는 서로 경쟁하는 두 가지 수학 모형 때문에 예측이 가능하다. 그중 한 모형에 의하면, 결과들은 수학적으로 예측되는 평균값에 가까이 모이는 경향이 있다. 다른 모형에 의하면, 놀라운 일은 매우 큰 표본 크기로 일어날 가능성이 높다고 한다.

얼핏 우리는 단 몇 가지 작은 경우의 수로 우리의 시야와 계산을 좁혀서 대다수 사건의 결과들을 내다본다. 이와 같은 협소한 태도는 뜻밖의 대재앙 사건을 무시한다. 왜냐하면 우연의 일치 사건은 발생 확률이 상당히 낮을 듯하기 때문이다. 하지만 현실에서 그런 사건이 발생할 확률은 우리 생각보다 훨씬 높다. 그런 까닭에, 관찰된 성공률은 장시간에 걸쳐 수학적으로 계산된 확률에 접근할 가능성이 크다. 하지만 그러는 동안에 뜻밖에 우연히 생기는 자연 현상들이 일시적으로 변동하는 발생률을 내놓을 수 있다. 놀랍게도 일시적인 변동률은 장기간의 발생률에 부정적인 영향을 끼쳐 수학적인 성공 예측을 교란시킬 수도 있다.

대다수의 확률 게임들은 승산을 상당히 정확하게 계산할 수 있다. 이런 게임의 확률 모형은 게임의 내적 구조에 바탕을 두고 있지, 계산할 수 없는 외부의 자연현상과는 관계가 없다. 최상의 도박 전략들은 예측 불가능한 우연한 상황 발생의 위험을 무시한다. 반면에 금융시장은 내적인 구조가 명확한 확률 게임이 아니다.

거래자들은 어떤 드문 사건이 전 지구적인 재앙을 초래할 가능성을 짐짓 무시한다. 이들은 시장이 어떤 종류의 완벽하게 효율적인 규칙에 의해 작동한다고 믿지만, 사실상 시장은 동전 던지기 결과에 대하여 큰 수의 법칙이 궁극적으로 내리는 예상만큼이나 예상이 쉽지 않다. 거래자는 시장 상황을 연구하고, 주가 지수를 조사하고, 선물을 분석하고, 회사의 부채와 단점을 평가하고, 경영진의 자질과 다른 회사와의 관련성을 판단하고, 과거의 주가 변동을 평가한다. 그렇지만 대재앙의 가능성이 일으킬 전 지구적 결과를 연구하는 거래자는 거의 없다.

오늘날의 시장들은 서로 긴밀하게 연결되어 있기에 위험한 한 기업의 실패는 연관된 다른 기업들의 실패로 이어진다. 동전 던지기나 주사위 던지기 또는 룰렛 돌리기에서처럼 서로 독립적인 사례들은 더 이상 찾아볼 수 없다. 주식시장의 변동성이 아주 크지 않더라도 소비자를 불안에 빠트리기엔 충분하다. 전 세계에서 가장 평판 좋은 은행 한 곳이 거의 파산 직전으로 내몰리는 절망적인 사건으로 인해 상황이 급격히 나빠지기만 해도 시장은 급락할 수 있다. 어느 단일 회사의 가치가 하루 동안 요동치는 것만으로도 다른 여러 회사의 가치에 영향을 미친다. 정치, 경제, 사회 각 분야에서 매일 어떤 일이 일어날지 누가 알고서 대비할 수 있을까?

허리케인이 연안의 석유굴착장치를 지나가고, 자동차 회사 노동자들이 권익을 지키기 위해 파업을 하고, 대규모 집단소송 손해배상금을 받기로 하고서 배심원들이 제약회사에 불리한 판정을 내리고, 오렌지 숲이 얼어 죽고, 기업 대표들이 사기 혐의로 기소되고(또는 되어야 하고), 에볼라 바이러스가 비행기 탑승객들을 공포에 빠뜨리는 등등의 일이 연일 벌어진다.

그런 사건들이 하필 특정 시기에 발발할지 여부를 누가 알겠는가? 한 대형 은행이 파산 직전에 몰리는 것처럼 주식시장을 뒤흔드는 사건으로 다우 지수가 갑자기 30포인트 하락하면 시장은 적절한 평형 상태로부터 급격하게 이탈할 수 있다. 단일 대기업의 가치가 큰 변동 폭으로 요동치면 파급효과가 발생한다. 뜻밖의 우연의 일치로 말미암아 예상 불가능한 사건이 한 가지라도 뜻밖에 발발하면 시장은 좋은 쪽으로든 나쁜 쪽으로든 급변할 수 있다.

예기치 못한 우연으로 초래되는 뜻밖의 결과를 어떻게 고려할 수 있을까? 가끔씩은 우리가 알아차릴 수 있는 위험의 조짐이 나타나기도 한다. 1975년에 중국 하이청 구에서 벌어진 일이 대표적인 예다. 그때 중국 전문가들은 조짐을 인식하고 예진을 포착했으며 근처 시골 지역에서 동물의 행동을 알아보고서 본 지진의 시기를 정확하게 예측했다. 정말 요행이었다. 다른 네 건의 중국 지진 예측도 통했다. 역시 요행이었다. 그리고 지난 1994년에 내 제자 한 명이 주장하기를 자신이 로스앤젤레스의 산페르난도 계곡(San Fernando Valley) 지역의 노스리지(Northridge) 지진을 발생 48시간 전에 예측했다고 한다. 자기 집 한가운데에 새장이 있는데 꿩들이 뭔가를 알리려고 했다는 것이다. 그는 어머니와 함께 피신했다. 얼마 후 지진이 일어나 집은 무너졌다. 그 이후로 나온 대다수의 예측은 틀렸고 대형 지진은 예기치 않게 발생했다.

두 가지 예를 들어보자. ① 뉴마드리드 지진은 1990년 12월 3일에 발생한다는 예측이 나왔지만 빗나갔다. ② 2012년 5월 이탈리아 북부의 볼로냐 지역에서 일어난 강도 6.0의 얕은 지진은 완전히 예상 밖이었다. 지난 100년간 이루어진 지구과학의 발전에도 불구하고 우리는 개별 지진을 신뢰할 만하고 정확하게 예측할 수 없다. 우리는 지진이 어디서 발생할지는 알지만 언제인지는 모른다. 수천 명의 목숨을 살려낸 놀라운 예측도 몇 건 있지만, 그 또한 전부 요행이었다.

지진학자 찰스 리히터(Charles Richter)는《미국지진학협회회보》(1977년)에 이런 글을 실었다. "나로서는 지진 예측 및 지진을 예측하는 사람이라면 딱 질색이다. 기자와 일반대중은 마치 돼지들이 먹이 가득한 여물통에 달려가듯이 아무렇게나 지진 예측을 쏟아낸다. … [예측]은 아마추어, 괴짜 그리고 대중의 인기를 쫓는 노골적인 사기꾼들이 날뛰는 즐거운 사냥터를 제공한다."[09]

결론적으로 우리는 해로운 우발적 사건을 전부 예상할 수 없다. 하지만 경고가 있든 없든 간에 최악의 사건이 발생할 위험을 평가해서 미리 대비할 수는 있다.

14장
초능력

한 사람의 전기화학적 신호가 어떻게 다른 사람의 전기화학적 신호에 영향을 줄 수 있을까?

과학 작가인 마이클 셔머(Michael Shermer)는 자신의 책 『왜 사람들은 이상한 것을 믿는가』에서 버지니아 주 버지니아 비치에 있는 연구계몽협회(Association for Research Enlightenment, ARE)라는 단체를 찾아갔던 이야기를 들려준다. 이 단체는 유명한 20세기의 심령술사인 에드거 케이시(Edgar Cayce)의 저술 보관소이자 1931년 이후로 초능력을 가르쳐온 학교이기도 했다. 초감각지각(ESP)과 초능력에 관한 강의를 듣는 자리에서 셔머는 자원하여 심령 메시지의 수신자 역할을 맡았다. 강사는 학생들에게 어떤 사람들은 초능력을 타고 나지만 보통 사람들은 연습이 필요하다고 설명했다.[01]

수신한 메시지의 결과를 적는 득점 기입표를 받은 후 셔머와 서른네 명의 다른 학생들은 발신자의 이마에 정신을 집중하라는 말을 들었다.

두 번의 시도가 있었는데, 각 시도마다 스물다섯 개의 메시지를 보냈다. 각각의 메시지는 다음 다섯 가지 기호 중 하나였다. + □ ☆ ○ ≈. 첫 번째 시도에서 셔머는 솔직하게 메시지를 받아서 기록하려고 했지만, 두 번째 시도에서는 모든 메시지를 전부 + 기호로 표시했다. 첫 번째 시도에서는 7점을 얻었고 두 번째 시도에서는 3점을 얻었다.

ARE에 따르면 7점 이상의 점수는 수신자가 ESP 능력자라는 뜻이라고 한다. 그런데 고려해야 할 점이 있다. 첫째, 실험이 터무니없는 결과가 되지 않으려면, 메시지를 아예 받지 못한 사람을 위해서 여섯 번째 기호로서 빈 칸이 있어야만 한다. 둘째, 빈 칸을 도입하는 데 동의하고서 우리는 여섯 가지 기호가 짝을 맺을 확률을 이해하기 위한 어떤 실험을 수행할 수 있다. 즉, 두 개의 정육면체 각 면에 기호를 하나씩 그린다. 메시지를 보낼 때마다, 한 학생이 두 정육면체를 굴려서 두 정육면체 모두 똑같은 기호를 내놓는지 여부를 표시한다.

두 정육면체가 똑같은 기호를 내놓을 확률은 1/6이다. 왜냐하면 총 경우의 수가 36이고 똑같은 기호가 나올 경우의 수가 6이기 때문이다. 서른네 명 학생 각자가 두 정육면체를 스물다섯 번 굴리면 어떻게 될까? 그리고 서른네 명의 학생 수신자들의 집단에서 두 정육면체가 일곱 번 똑같은 눈이 나오는 것은 얼마나 자주 일어날까? 여기서 종형 곡선이 나타나기 시작할 텐데, 이는 어느 학생이든 일곱 번 맞힐 확률이 꽤 높다는 뜻이다. 달리 말해서, 아무 메시지 기호를 고르더라도 스물다섯 번을 시도할 때 세 번에서 일곱 번 사이까지 맞힐 확률이 꽤 높다는 뜻이다. 밝혀지기로, 누구든 여섯 번 이상 맞힐 확률이 50퍼센트가 넘는다.

다섯 가지 기호로만 이뤄진 의사소통이 진지한 의사소통에 해당한다고 보기는 어려울지 모른다. 어쨌거나 이 장(章) 안의 거의 모든 문장은 오직 다섯 기호로 표현될 수 있는 신호들보다 훨씬 더 복잡하다. 하지만 그런 식으로 생각하면 요점을 놓치고 만다. 만약 ESP가 오직 다섯 기호로 정말로 작동한다면, 제대로 된 의사소통으로 간주되어야만 할 것이다. 피아노로 친 10데시벨의 G와 E 음을 듣는 것은 베토벤 5번 교향곡의 네 음으로 된 시작 동기를 듣는 것과 똑같다고 할 순 없지만, 들긴 들은 것이다. 어쨌든 간에 알렉산더 그레이엄 벨의 성공적인 첫 전화 실험은 수화기에 대고 고함친 매우 단순한 아홉 단어 메시지 — "Mr. Watson-come here-I want to see you(왓슨 씨, 여기로 오십시오. 뵙고 싶네요)" — 를 전송해낸 것이다. 1876년 3월 10일에 벌어진 일이었다. 그 지직거리는 소리 전송은 토머스 왓슨 측에서는 거의 알아듣기 어려웠다. 당시에 목소리가 전기적으로 전달될 수 있다고 누가 믿었겠는가? 그리고 전 세계 어디든 통화가 가능한 무선 휴대전화가 나오리라고 당시에 어느 누가 믿었겠는가?

따라서 우리는 무엇을 믿을지 그리고 믿을지 말아야 할지에 대해 조심스러운 자세를 지녀야 한다. 어쩌면 단 다섯 기호의 텔레파시는 아직은 이해되지 않은 의사소통일지 모른다. 그것을 인정하지 않는 태도는 자연 현상에 대한 대중들의 고루하고 미숙한 편견일지 모른다.

엘리자베스 길버트(Elizabeth Gilbert)는 자신의 소설 『모든 것의 이름으로』에서 이렇게 썼다. "월리스가 적은 기록에 의하면, 날아다니는 물고기를 처음 본 사람은 자신이 기적을 목격하고 있다고 여겼으며, 날아다니는 물고기를 처음으로 '묘사했던' 사람은 거짓말쟁이로 취급 받았다."[02] 소설 속의 월리스는 영국인 박물학자 앨프리드 러셀 월리스

(Alfred Russel Wallace)이고, 월리스가 암시한 사람은 카리브 해의 섬인 바베이도스(Barbados)에서 날아다니는 물고기를 보았다고 귀국 후에 실제로 주장했던 한 영국 해군 장교이다. 그런데 현실에서도 월리스는 말레이시아 열대우림에서 발견된 날아다니는 개구리인 월리스날개구리(*Rhacophorus nigropalmatus*)의 발견자이다.[03]

◎

텔레파시와 천리안 등의 초감각지각은 원거리 작용 이론의 하나로서, 특별한 신체 감각을 통한 마음의 전송 및 정보의 수신을 가리킨다. 직관이 이런 지각의 한 예일 수도 있다. 그리고 이런 지각은 현재의 과학 지식 주변부에 있는 채널을 통해 정보를 수신하는 방법이기도 하다. 일부 진짜 신봉자들이 보기에 이런 채널은 현재를 과거와 이어주고 과거를 저승의 세계와도 이어준다. 인간의 ESP 능력이 존재하는지에 관한 통계적 실험들이 부정적인 답을 거의 1세기 동안 줄곧 내놓고 있는데도, 초심리학자들은 아직도 인간의 ESP 능력에 대한 믿음을 버리지 않고 있다.[04]

유명한 심령술사들 다수는 언론의 관심을 늘 받아 왔다. '별의 심령술사'라고 불리는 케니 킹스턴(Kenny Kingston)은 한 라디오 토크쇼의 진행자이자 머브 그리핀(Merv Griffin) 쇼와 엔터테인먼트 투나잇(Entertainment Tonight)의 고정 게스트였다. 킹스턴은 존 웨인, 윈저 공작 및 공작부인 그리고 마릴린 먼로와 같은 유명인사와 접신하고 있다고 주장하면서 자신의 강령술을 자랑했다. 그는 한 번에 400달러를 받는 접신술을 통해 큰돈을 벌었다. 이때 접신한 죽은 이들 중에 영화계 인물인 에롤 플린(Errol Flynn)과 오손 웰스(Orson Welles)가 있는데, 플린이 살았을 때 자주 다니던 할리우드 식당인 무소 앤 프랭크 그릴(Musso & Frank Grill)에 이 둘이 여전히 출몰한다는 것이다. 킹스턴이 사기꾼이라고 보는 시각도 있다. 그럴 수도 있고 아닐 수도 있다. 어쨌거나 영매가 사자와 대화를 하거나 미래를 예측하는 교령회(交靈會)를 할 수 있다면 멋지지 않을까?

옛날에, 하지만 아주 옛날은 아닌 어느 시기에 사람들은 사랑을 얻기 위해 자석을 삼켰다. 못할 게 뭐가 있겠는가? 자석은 기적 같은 원거리 작용 능력이 있기 때문에 사람들이 신비스러운 자력으로 누군가의 마음을 얻을 수 있다고 믿은 것은 충분히 이해할 만하다. 지금 우리는 예전의 지식을 하찮게 여기고 오해하는 바람에 그런 행위가 괴상하다고 여긴다. 하지만 19세기 초반 이후 과학 발전을 통해 알려졌듯이 전류는 자기장을 생성하고 역으로 자기장은 전류를 생성한다. 따라서 어쨌거나 전기화학적 작용인 정신적 활동이 사람 머리 주변과 외부에 자력을 생성할 수 있다고 보아야 옳다.

오늘날의 신경과학 발전 덕분에 뇌 영상 촬영이 더욱 더 정교해지면서, 10년 전만 해도 터무니없다고 보았던 개념들이 등장하고 있다. 오늘날의 자기뇌파검사(MEG)에서 밝혀진 바에 의하면, 인간의 뇌 속에 표현된 감정들은 머리 바깥에 자기장을 생성한다. 비교적 세기가 약하긴 하지만 뇌파와 마찬가지로 그런 자기장은 전파 신호에 실려 멀리까지 전달할 수 있다.

내가 보기에도 가능한 일이다. 사람이 사랑의 신호를 자기 뇌 바깥으로 내보낼 수 있다는 말이다. 휴대전화 신호처럼 그런 신호는 멀리 갈 수 있다. 문제는 수신된 신호를 어떻게 해석하느냐는 것이다. 그와 같은 신호를 다른 사람이 이해할 수 있게 해독할 수 있을까? 사랑의 감정을 실제로 전달하려면 신호는 단지 '사랑'이 아니라 '나는 당신을 사랑합니다'라고 해독되어야 할 것이다. 어떤 사람이 누군가를 사랑하는 마음을 안다는 것이 얼마나 어려울지 생각해보라. 만약 사랑을 전달하는 일이 단지 뇌 신호의 텔레파시를 통해 가능해진다면, 연애소설은 이 지구상에서 종적을 감추고 말 것이다.

텔레파시는 알려진 물리학적 내지 생물학적 메커니즘으로는 설명할 수 없는 특이한 에너지 전달 과정을 통해 정보를 전달하는 능력이다. 정보는 과거에 관한 것일 수도 현재에 관한 것일 수도 미래에 관한 것일 수도 있으며, 죽은 자와의 소통에 관한 것일 수도 있다. 텔레파시는 변화된 의식 상태를 통한 정서적인 감각의 이전일 수도 있고, 아니면 어떤 지혜를 얻을 목적으로 종의 집단무의식적 지혜에 접근함으로써 이루어질 수도 있다.[05]

◉

브라질은 인구의 90퍼센트가 내세를 믿으며 산 자가 죽은 자와 소통할 수 있다고 믿는다. 주앙 로자(João Rosa)와 레니라 데 올리베이라(Lenira de Oliveira)와의 실제 사례가 있다. 주앙 로자는 상파울루 근처 우베라바(Uberaba)라는 소도시의 범죄 두목이었고 올리베이라는 그의 연인이었다. 로자는 다른 여자와 바람을 피우면서도 올리베이라가 딴 남자와 바람을 피우는 것은 용서할 수 없었다. 질투에 눈이 먼 그는 올리베이라와 그녀의 남자를 따라갔다. 셋이서 옥신각신하는 와중에 로자는 죽임을 당했다. 올리베이라와 그녀의 남자는 살인죄로 기소되었다. 슬픔에 잠겨 있던 그녀는 여전히 로자를 사랑하고 있었던지라 영매를 불렀다. 영매는 로자가 저승에서 올리베이라에게 보낸 편지를 대신 써주었다. 재판에서 피고측 변호인은 법정에 이렇게 말했다. "영매가 대신 써준 편지에서 죽은 이는 자백을 했습니다. 질투심 때문에 자기는 죽었다고 말입니다. 편지에는 그와 가까운 사람들만이 알 수 있는 세세한 내용이 담겨 있습니다."

영매가 써준 편지를 브라질 법정은 증거의 일부로 받아들였다. 이런 브라질의 영적인 풍토에서는 뇌물이 통하지 않는다. 다들 정말로 그렇게 믿기 때문이다. 영매의 행위는 확고한 믿음에 따른 것이다. 내세를 그처럼 확고히 믿는 사회에서는 배심원도 저승에서 보내온 편지를 순순히 인정한다. 그러다 보니 당연히 올리베이라와 그녀의 남자는 무죄로 방면되었다.[06]

ESP를 믿는 사람들은 몇 가지 대표적인 사례를 제시한다. 미국 작가 업튼 싱클레어가 자신의 책 『정신 라디오(Mental Radio)』에서 소개한 유명한 실험이 한 예다. 싱클레어는 두 번째 아내인 메리 크레이그 킴브로(Mary Craig Kimbrough)가 초능력이 있다고 믿었다. 검증을 위해 싱클레어는 290점의 그림을 그리면서 메리에게 보지 않고서 베껴보라고 했다. 놀랍게도 그녀는 65점을 성공적으로 베꼈고 155점은 부분적으로 베꼈으며, 틀린 그림은 70점뿐이었다.[07] 하지만 결과대로다. 성공 대비 실패 횟수가 많았다.

또 다른 유명한 실험은 1937년으로 거슬러 올라간다. 두 사람, 즉 작가인 해럴드 셔먼(Harold Sherman)과 탐험가 허버트 윌킨스(Hubert Wilkins)가 일기장에 그림을 그리고 적는 방식으로 마음속의 이미지와 생각을 멀리 떨어진 서로에게 보냈다. 이 텔레파시는 셔먼이 뉴욕에 있고 윌킨스는 북극 탐험을 떠나 있던 161일 동안 계속되었다.[08]

1938년 2월 21일, 두 사람의 일기장에는 이런 내용이 나온다. 추운 날씨 때문에 일이 지연되었고, 어떤 사람의 손가락에서 살갗이 벗겨졌으며, 친구들과 술을 마시고 담배를 피웠으며, 둘 다 치통을 앓았다고.[09] 실제로 두 일기장 내용은 약 75퍼센트가 일치했다.[10]

20세기 초반에는 ESP 신봉자가 급증하였는데, 일부는 심령술로 죽은 자와 소통할 수 있다고 믿었다. 앞서 싱클레어와 월리스를 언급했지만, 그들보다 더 큰 영향을 미친 유명한 사람은 윌리엄 제임스, 앙리 베르그송, 아서 코난 도일 경, 올더스 헉슬리, 쥘 로맹, H. G. 웰스, 길버트 머레이(Gilbert Murray), 아서 쾨슬러(Arthur Koestler), 그리고 어떻게 보자면 심지어 지그문트 프로이트 등을 꼽을 수 있다. 이 저명한 심리학자, 철학자 및 작가 들은 세간의 인식에 큰 영향을 끼칠 수 있었다. 그들은 괴짜가 아니라 성실한 사람들이었다. 비록 20세기의 과학적 관례에 따라 진지하게 연구를 했지만, 비판 정신에 입각한 정통적인 실험을 중시하지는 않았다.

1930년대에 대학과 언론은 심령 연구를 진지하게 다루고 있었다. 듀크 대학교는 옥스퍼드와 하버드 출신의 심리학자 윌리엄 맥두걸(William Macdougall)을 간곡히 모셔 와서 초능력 연구를 위한 실험을 행하는 실험실 소장을 맡겼다. 적어도 두 군데의 학술지가 동물의 천리안, 고양이의 텔레파시 그리고 문자와 숫자가 적힌 블록에 코를 갖다 대어 텔레파시 메시지를 알아맞히는 암말에 관한 논문을 실었다.[11]

부부 사이인 조지프 라인(Joseph Rhine)과 루이지아 라인(Louisa Rhine)이 말을 대상으로 연구한 내용이 《이상 사회심리학 저널(Journal of Abnormal and Social Psychology)》에 다음과 같이 실려 있다. "[텔레파시]에 해당되지 않는 것은 하나도 발견되지 않았으며, 다른 어떤 가설도 실험 결과에 부합하지 않는 듯했다."[12] 아마도 아서 코난 도일의 텔레파시에 관한 강의에 영감을 받았던지, 라인 부부는 셜록 홈스의 『네 사람의 서명(The Sign of Four)』에 나오는 다음 금언을 따르고 있었다. "다른 요인들을 전부 제거하고도 남는 한 가지가 틀림없이 진리이다." 사실 관건은 다른 요인들을 '전부' 제거할 수 있느냐는 것이다. 하나씩 요인들을 제거해서 남는 게 없는지를 언제까지 확인해야 하는지가 어려운 점이다.

데이비드 오번(David Auburn)의 연극 〈증명(Proof)〉에 나오는 모순적인 진술이 기억난다. 2000년에 처음 상연되었다가 몇 년 전에 다시 인기를 끌었던 이 연극에서, 한 정리에 관한 증명을 연구하던 수학자인 핼(Hal)은 증명에 틀린 점을 찾을 수 없으니 참인 것으로 인정된다고 말한다. 논리적으로 그 말은 어떤 정리가 참이 아니라면 틀린 점을 찾을 수 있다는 말과 등가이다. 루이스 캐럴에 나오는 체셔 고양이라면 히죽거리며 맞장구를 칠지 모른다. 이 고양이는 개는 미치지 않았고 자신은 개가 아니므로 자신은 미쳤다고 결론 내린다. 이런 식의 논리는 이상한 나라(Wonderland)에서만 통할 수 있다.

ESP의 핵심에는 초심리학자들이 프사이(psi) 현상이라고 부르는 것이 놓여 있다. 프사이는 그리스어 알파벳의 스물세 번째 문자인데, psyche라는 단어의 첫 음절에서 따온 글자로서 규명된 물리적 원리들로 설명할 수 없는 정신적 상호작용을 나타내는 단어이다. 20세기 과학철학자 찰스 던바 브로드(Charles Dunbar Broad)의 주장에 의하면, 프사이 사건의 존재는 공간, 시간 및 인과성의 근본적인 수준에서 과학 법칙과 모순된다고 한다. 《필로소피(Philosophy)》에 실린 1949년 논문에서 그는 프사이 현상이 종래의 추론 및 우리가 알고 있는 물리 법칙과 모순이 되는 아홉 가지 점을 제시하고 있다.[13]

프사이 지지자들 내에서는 프사이 현상이 현대물리학과 결코 양립할 수 없다는 데 동의하면서도 그와 같은 모순을 기꺼이 받아들인다. 라인은 이렇게 주장했다. "과학적 사고의 역사 — 태양중심설, 진화론, 상대성이론 — 를 통틀어, 예지적인 프사이 현상의 연구 결과야말로 가장 혁명적이며 이 시대의 과학적 사고와 가장 전면적으로 충돌한다."[14]

1937년에는 영국인 통계학자 로널드 에일머 피셔(Ronald Aylmer Fisher)가 엄밀한 과학적 실험을 설계하는 방법에 관한 책을 한 권 내놓았다. 그 실험은 신뢰할 만한 예측을 내놓을 수 있는 결과들 중에서 우연의 일치를 구별해내기 위함이었다.[15] 그의 목적은 ESP를 반박하는 것과는 하등 관계가 없었다. 대신에, 가장 기본적인 수준에서 우리가 어떻게 미가공 데이터를 이용하여 우연의 일치를 받아들이거나 거부할 수 있을지를 탐구하자는 목적이었다.

피셔는 지어낸 이야기를 하나 들려주었는데, 영국의 차 마시기 모임에 관한 이야기였다. 거기서 한 여인이 자신은 차를 잔에 타기 전에 우유를 부었는지 아니면 차를 잔에 탄 후에 우유를 부었는지를 맛으로 구별할 수 있다고 했다. 분명 구별이 가능하려면 예민한 미각이 있어야 할 것이다. 피셔는 상상력을 발휘하여 실험을 하나 고안해냈다. 일상생활에서 대체로 우리는 사람 말을 그대로 믿지만, 합리적인 수학적 모형으로 사고할 때는 '매우 자주' 그녀가 그런 구별을 할 수 있으리라고 보는 편이다. 피셔가 보기에, '매우 자주' 일어나는 사건이라도 순전히 무작위적인 상황에 의해 발생할 수 있었다. 정말로 그는 실험 내용이 주관적인 오류에 대한 우려를 담아내길 원했지만, 아울러 이상적인 수학과 불완전한 실제 실험 사이의 관련성을 살피는 데에도 목적이 있었다.

실험은 차가 든 여덟 개의 잔으로 행해졌는데, 네 개에는 차를 타기 전에 우유를 부었고 다른 네 개에는 차를 탄 후에 우유를 부었다. 만약에 여덟 개 모두 맞힌다면 실험으로 그녀가 구별 능력이 있음이 확실해질 것이다. 하지만 한 개가 틀린다면 어떻게 될까? 그러면 구별 능력이 없는 것일까? 아마 그렇지는 않을 듯하다. 그렇다면 두 개가 틀리면 어떻게 될까?

수학을 이용하면 결과를 판정할 수 있다. 자신의 특별한 능력을 뽐내는 그 여인은 스스로에게 어느 정도의 오류 가능성을 허용해야 했다. (때때로 우리 모두가 그렇게만 한다면 세상은 멋진 곳이 되지 않을까?) 어쨌거나 그녀 혀의 맛봉오리는 처음 몇 번 맛보기를 하고 나면 달라질 것이고 우유 분자도 마찬가지일 것이다. 우유를 차에 먼저 넣을 때의 맛과 나중에 넣을 때의 맛은 차이가 미묘하기에, 기준을 너무 엄격하게 세우지 말고 몇 번의 오류를 허용하는 편이 공정할 듯하다.[16]

◎

현대적인 통계학은 19세기 후반에 시작되었다. 기본 전제는 무작위적 변수들이 다양한 범위의 가능성에 걸쳐 분포한다는 것이다. 차를 타기 전에 우유를 부었는지 차를 탄 후에 우유를 부었는지 맛의 차이를 구별할 수 있다는 주장은 태어나지 않은 아기의 성별을 미리 알아낼 수 있다는 주장과는 엄연히 다르다. 두 주장 중 어느 것이 옳은지는 무작위적인 추측과 진정한 천리안 간의 구별로 귀결된다. 어쨌거나 태어나지 않은 아기의 성별은 무작위적으로 결정되는데, 추측도 그렇다. 반면에 차 맛을 구별할 수 있다고 주장하는 여인은 신체의 미각을 직접 이용함으로써 맛의 차이를 인식하는 자신의 능력을 확신한다.

우리는 우연의 일치를 어떤 심오하고 의미심장한 설계에 의해 불가사의하게 운명 지어진 사건이라고 여긴다. 또한 두 복잡한 현상 간에 어떤 상관관계가 있겠거니 한다. 진짜 문제는 우리가 아무 관계가 없는 사건을 두고서도 관계를 지어내는 경향이 선천적으로 있다는 것이다.

이것은 확률과 통계의 문제이다. 우리는 오류를 저지르며 통계는 진리의 유연성을 어느 정도만큼 허용한다. 통계적 접근은 매우 미묘하다. 피셔에 따르면 통계적 뒷받침은 진리의 증거라고 한다. 그는 다음과 같이 적었다.[17]

> 제안된 실험 설계의 적절성을 고려할 때는 언제나 실험의 가능한 모든 결과들을 예상해야 하며, 각각의 결과를 어떻게 해석할지를 명확하게 결정해야 한다. 게다가 어떤 논거에서 그런 해석이 뒷받침될 수

있는지 알아야 한다.

만약 심령 현상과 같은 초자연적 현상이 통계적으로 확인된다면, 그 현상은 합리적인 탐구를 위한 훌륭한 후보가 될 수 있다. 하지만 지금까지 나온 프사이 현상에 대한 통계는 오기(誤記)가 다분한 기록, 무심코 눈치 챈 내용 그리고 매우 우발적인 조건 등에서 나온 것들뿐이다. 통계적으로 타당하게 확인되기 전까지 프사이 현상은 마술의 세계에 속하는 편이 마땅하다. 마술에서 놀라운 일이 벌어져도 마술사의 도구 때문이겠거니 우리는 여기니 말이다.

마술사들이 기존의 물리법칙에 어긋나는 듯한 놀라운 공연—사람의 몸을 들어올리기, 뾰족한 단검으로 인체를 관통시키기, 또는 전체 카드에서 어느 카드가 중간에 있는지를 멀리서 알아맞히기—을 관객들에게 펼칠 수 있지만, 우리는 이런 공연이 가능한 이유가 우리의 협소한 시각과 주의 집중력 그리고 잘 속기 쉬운 속성 때문임을 잘 알고 있다.

텔레파시로 전달되는 정보가 한 사람의 뇌에서 다른 사람의 뇌로 어떻게 전달될 수 있는지는 우리가 묻고 자시고 할 게 아니라고들 한다. 하지만 과학이 나서서 뇌의 전기화학적 활동이 공간을 통해 전파될 수 있는 데이터 신호로 변환되는지 그리고 그런 신호가 다시 뉴런 속의 전기화학적 변화로 재변환되는지를 물어야 할 것이다.

미국인 집단유전학자인 조지 프라이스(George Price)는 전체 카드에서 특정한 카드를 알아맞히기에 관한 정보를 어떻게 프사이 현상이 전송할 수 있을지 논하면서 이렇게 약간 비웃듯이 말했다. "그런 세부사항을 설명할 수 있는 방법이라고는 특별한 지적인 행위자를 끌어들일 수밖에 없다. 영혼이든 시끄러운 유령(poltergeist)이든 혹은 다른 뭐로 부르든 여하튼 그런 존재들 말이다. 특정 카드는 영혼이 선택하는 것이다. 영혼은 적절한 전기화학적 방식으로 뇌 속에 정보를 이식한다. 이런 능력은 영혼이 특정한 사람을 상대하기가 귀찮아지면 사라진다. 요약하자면, 초심리학은 비록 과학의 용어들로 위장하고는 있지만 다분히 마술의 영역에 속한다."[18]

어떤 현상이 참인지 의문을 갖지 않게 되면, 우리는 마술, 기적, 초자연 현상을 진리라고 받아들이게 마련이다. 마술사들이 행하는 기술들과는 별도로, 마술 내지 마법(magic)이라는 단어는 확립된 물리법칙에 어긋나는 초자연적인 능력에서 우연의 사건이 발생한다는 개념을 내포하고 있다. 무대 위의 사람은 스카프를 흰 토끼로 변신시킨다. 마술사 해리 후디니(Hary Houdini)의 마술은 모든 물리법칙의 합리성을 거부했는데, 그러면서도 그는 ESP 개념을 조롱했다.[19]

원거리 작용의 정상성

16세기는 아리스토텔레스의 물리학 금언을 통해 보편적 법칙을 확립하려고 애썼다. 우주 만물은 본연의 자리가 있기에, 사물을 움직이면 다시 원래 자리로 되돌아온다고 아리스토텔레스는 주장했다. 아이작 뉴턴이 만유인력의 법칙을 알아내기 전에 사람의 운명은 천체의 움직임과 어떻게든 연결되어 있었다. 뉴턴 덕분에, 사과가 땅에 떨어지는 것과 똑같은 이유로 행성들이 서로 끌어당긴다는 사실을 우리는 알게 되었다. 사람의 운명과 별의 움직임은 더 이상 관계가 없었다. 뉴턴이 태어나던 해에 킹 제임스 성경의 초판은 이렇게 주장했다. "해는 여전히 뜨고, 또 여전히 져서, 제자리로 돌아가며, 거기에서 다시 떠오른다. 바람은 남쪽으로 불다가, 북쪽으로 돌이키며 이리 돌고 저리 돌다가, 불던 곳으로 돌아간다. 모든 강물이 바다로 흘러가도, 바다는 넘치지 않는다. 강물은 나온 곳으로 되돌아가, 거기에서 다시 흘러내린다."[20]

존 밀턴의 『실낙원』에서 하나님은 대천사 라파엘을 낙원으로 보내서 아담을 훈계하고 아울러 사탄의 정체를 폭로한다. 라파엘은 식탁에 앉아서 이브가 대접한 "흥을 돋우는 술"과 최상의 과일들 그리고 고기를 즐긴다. 이때 아담이 세상에 관해 묻는다. 세상은 어떻게 생겨났는지 그리고 행성들은 어떻게 움직이는지를. 라파엘은 이렇게 설명한다.[21]

… 하늘은
태초에 하나님의 책에서 정해진 대로라네
주님의 놀라운 책을 읽고
주님의 계절, 시, 일, 월, 해를 읽어
알게 되네. 하늘이 움직이지는 아니면 땅이, …

이후로, 그들이 하늘을 모형화하여
별을 계산하고 위대한 틀을 다루게 되고,
어떻게 천구를 여기저기 놓인 동심원과 이심원으로
원과 주전원, 궤도 속의 궤도로 묶어두는지.…

밀턴이 『실낙원』을 완성한 때는 1665년 런던의 흑사병이 발발하기 직전이었는데, 그때 뉴턴은 케임브리지 대학을 떠나 고향 마을 울스트로프에 피신해 있었다. 그곳에서 뉴턴은 무엇보다도 행성의 궤도 운동과 사과의 낙하의 원인인 중력의 작용을 기술하는 만유인력의 법칙을 발견했다.

그런데 18세기 후반이 되자 중력은 물질계의 한 속성으로 여겨지기 시작했다. 두 물체가 서로를 잡아당기는 이유는 두 물체가 그 속에 일정량의 물질을 내포하고 있으며 서로 어느 정도 떨어져 있기 때문이라는 것이다. 둘의 인력은 '덩치' 때문이었다. 뉴턴도 중력은 물체가 다른 물체와의 관계에 의존하는 현상이라고 여겼다. 고립된 한 물체는 내재적인 중력을 갖지 않지만, 다른 물체가 근처에 오면 그 물체에 힘을 가하고 그 물체는 다시 원래 물체에 힘을 가한다.

당시의 지배적인 과학관은 법칙이 우주를 결정한다는 것이었다. 하지만 행성의 운동과 달리 생물학을 지배하는 법칙은 너무나 많은 변수들에 의존했기에 완벽하게 설명할 수가 없었다. 사과는 나무에서 떨어지고 뉴턴의 운동법칙을 따를지 몰라도, 사과 자체는 엄청나게 많은 원자들이 서로 간의 인력으로 결합되어 있는 지극히 복잡한 분자들의 꾸러미이다.

지금 우리는 원거리 작용이 일상이 되어 있는 시대에 살고 있다. 지난 세기에는 라디오와 텔레비전의 발전 덕분에, 소리와 영상 신호가 전파에 실려서 수천 킬로미터 떨어진 데까지 허공을 통해 전송될 수 있게 되었다. 휴대전화와 와이파이에 익숙해지다 보니 우리는 정보가 어떻게 또는 어디로 오고가는지 묻지 않는다. 영상과 소리를 베이징에서부

〈그림 14.1〉 공명주파수 모형

터 뉴욕까지 눈 깜짝할 사이에 보내는 원거리 작용의 새로운 형태들이 나타나도 그러려니 여긴다. 그런 현상들이 어떻게 가능한지 간단하게 이해하기 위해 한 사람의 목소리가 다른 사람에게 어떻게 들리게 되는지 살펴보자.

귀가 어떻게 작동하는지를 알려주는 멋진 모형 하나를 수학자 크리스토퍼 지먼(Sir Christopher Zeeman) 경이 나에게 보여준 적이 있다(〈그림 14.1〉 참고). 큰 방을 가로지르는 줄이 팽팽하게 쳐져 있다. 팽팽한 줄 한쪽 끝에 길이가 다른 줄들이 수직으로 내려져 있다. 늘어진 각 줄의 끝에 가령 몇 온스짜리의 추가 달려 있다. 팽팽한 줄의 다른 쪽 끝에는 앞서 늘어진 추들의 똑같은 복사본이 특별한 순서 없이 늘어져 있다. 전체 계가 안정되었을 때 조심스럽게 아무 추나 옆으로 당겼다가 놓아 보라. 어떤 일이 벌어질까? 계 전체가 아주 조금 움직이는 것을 제외하면, 오직 늘어진 두 추만이 눈에 띌 정도의 폭으로 움직인다. 즉, 동일한 길이의 늘어진 줄에 달린 두 추만 움직인다. 왜 그럴까? 옆으로 움직인 추의 주파수가 자신의 주파수를 팽팽한 줄로 전달하는데, 공명 주파수를 갖는 (오직 하나의) 추만이 공명을 일으키기 때문이다.

이 사소한 실험에는 아무런 새로운 내용도 없다. 피아노 조율사는 매일 이 원리를 이용한다. 한 옥타브의 건반을 이웃한 옥타브의 건반을 두드려 조율하는 것이다. 어느 한 음정의 배음들이 공명주파수에 해당하는 피아노 줄들의 진동에서 생기기 때문이다.

사람의 귀도 바로 그런 식으로 작동한다. 가령, 러시아 메조 소프라노 올가 보로디나(Olga Borodina)가 오페라 〈디도와 아에네아스(Dido and Aeneas)〉 중에서 〈디도의 한탄〉 대목 "내가 땅에 누워 있을 때…"를 부른다고 하자. 올가가 노래를 부르며 후두에서 뽑아내는 음정들은 입 앞에 있는 공기들의 파동을 발생시킨다. 그 파동이 공간을 통해 퍼져나가다가 관객석의 한 사람의 귀에 들어간다. 그 사람 귀의 달팽이관 내에는 반쯤 액체에 잠긴 섬모가 있는데, 이 섬모가 공기의 파동과 공명하여 움직인다. 섬모의 움직임이 유체의 운동을 발생시키고, 이 운동이 전기 신호로 변환되어 최종적으로 청신경을 자극한다.

분명히 옛날 사람들도 한 사람의 목소리가 어떤 명백한 접촉 없이 공간을 건너가 다른 사람한테 들리는지 궁금했을 것이다. 딕 트레이시를 만화 속 영웅으로 삼던 어린 시절에 나는 도대체 어디에서 내 영웅이 손목 화상 전화기를 얻었는지 궁금했다. 오늘날 딕 트레이시의 시계는 과거의 기술이다. 그냥 화상 전화기일 뿐이다. 하지만 우리는 휴대전화 신호가 어떻게 빈 공간을 이동하는지 또는 이메일 메시지가 행성의 한 쪽 끝에서 반대 쪽 끝으로 몇 초 만에 전송되는지 관심이 없다.

영국 작가 로알드 달(Roald Dahl)의 『찰리와 초콜릿 공장』에 나오는 웡카 씨(Mr. Wonka)는 그런 현상에 당황하지 않고서, 자신의 놀라운 발명품을 마이크 티비에게 보여주면서 이렇게 말한다.

> "자, 그런데" 그가 말했다. "보통의 텔레비전이 작동하는 걸 처음 보고서 나는 굉장한 아이디어를 떠올렸지. '이것 봐라!' 나는 외쳤어. '만약 이 사람들이 사진을 수백 만 개의 조각으로 분해하여 그 조각들을 공중으로 휙 날려 보낸 다음에 다시 지구 반대편에서 합칠 수 있다면, 초콜릿바로 그렇게 못할 게 뭐람? 초콜릿바를 작은 조각들로 분해해 공중으로 휙 날려 보낸 다음에 지구 반대편에서 합쳐서 먹지 못할 게 뭐람?'이라고 말이야."[22]

상상해보면 웡카 씨는 원거리 작용을 이해하는 데 있어서 대단한 선구자이자 세상만사의 이론에서도 선구자인 듯하다.

원인이 없는 우연한 사건

원거리 작용은 ESP의 핵심이다. 개인적으로는 인간이 통상적인 다섯 가지 지각을 넘어서는 수단을 갖게 되더라도 놀라지 않을 것이다. 어떤 사람들은 기압에 매우 민감하고 또 어떤 사람들은 인간관계에 관한 분위기 포착에 매우 민감하다. 어쩌면 전파에 비교적 민감한 사람들도 있을 것이다. 나는 충분히 그럴 수 있다고 본다. 하지만 그런 민감성을 잘 이용하여 한 사람으로부터 다른 사람에게로 메시지를 부호화하여 전송하는 능력을 개발해내기는 요원하다.

우리가 지구를 남용하여 파멸로 몰고 가지 않는다고 가정할 때, 우리는 인간 존재의 유아기에 있다. 그렇지 않다고 믿는다면 오만하고 지혜롭지 못한 처사일 것이다. 또한 물리학과 자연에 대한 우리의 지식 또한 유아기에 있음을 우리는 인정해야 한다. 우리는 이런저런 현상들에 대한 이론을 갖고 있지만, 만물의 통합 이론을 얻기까지는 오랜 세월이 걸릴 것이다. 어쩌면 천 년이 걸릴 수도 있고 영원히 얻지 못할 수도 있다. 하지만 과학적 발견의 수준은 언제나 높아지고 있다.

15장

이야기 속 우연의 일치

우리의 현실 생활에서 아주 확률이 낮은 행운은 평생에 한 번 있을까 말까 한데도, 두 번, 세 번 또는 심지어 네 번까지 로또에 당첨되는 사람들이 나온다. 민간전승, 전설 또는 소설 속에서는 승산이 훨씬 더 낮은 매우 특이한 사건들도 심심찮게 벌어진다. 이야기들이 확률을 종종 거부하는 까닭은 해당 작가가 믿기지 않는 사건으로 사람들의 주목을 늘 끌려고 하기 때문이다.

우연의 일치는 사실과 허구 사이의 구별을 종종 흐릿하게 만든다. 민간전승, 전설 및 문학에서 우리는 상식을 거부하는 경향이 있는데, 현실 세계와는 다른 환상의 세계로 들어가기 위해서다. 거기서 우리는 인간의 어떤 진실을 보여주는 사건들의 음흉한 관찰자가 된다. 대다수의 지어낸 이야기들처럼, 우연의 일치가 가득한 그런 이야기들을 통해 우리는 큰 구도 속의 원형으로서 인간의 참된 모습을 엿보게 된다.

"어떤 사람이 망망대해에서 다이아몬드 옷소매 단추를 잃어버렸다."

블라디미르 나보코프는 자신의 소설 『어둠 속의 웃음소리』에서 적었다. "이십 년 후, 바로 똑같은 날인 금요일에 그는 큰 생선을 먹고 있었는데, 하지만 그 안에 다이아몬드는 없었다. 그러니 내가 우연을 좋아할밖에."[01] 이 구절은 나보코프 특유의 재미있는 재치를 담고 있다. 긴 문단은 아니지만, 따라 읽다가 보면 우리는 금세 일어나지도 않을 일을 기대하게 된다. 나보코프는 우리를 기대감을 갖게끔 끌고 가다가 놀라움을 안겨 주면서 "그러니 내가 우연을 좋아할밖에"라는 문장으로 끝맺는다. 소설이다! 소설에서는 뭐든지 일어날 수 있다.

저 대목은 우연의 일치가 과연 무엇인지를 알려준다. 바로 놀라움이다. 다만 위의 이야기에서 놀라움은 놀라움이 없다는 것이다. 놀라움은 스토리텔링의 근본적인 구조적 요소인데, 우연의 일치는 정의상 언제나 놀라움을 수반한다. 인류학자들에 의하면, 인류는 이야기를 할 수 있을 정도로 언어를 정교하게 발달시킨 이후로 늘 이야기를 해왔다. 지구상의 모든 문화에서 어른들은 아이들에게 이야기를 했다. 그런 이야기들은 현실에서 비롯된 어떤 깊은 진리를 가진 것일 수도 있지만, 이야기를 살아 숨 쉬게 만드는 것은 상상력의 깊이이다. 전설적인 영웅이 나오는 이야기는 특히 인물들의 만남에 우연의 일치를 이용한다.

여러 해 전에 파리에서 유학하고 있을 때 나는 한 주 동안 호텔 알브(Hotel Albe)에서 묵었다. 위세트 거리와 아르프 거리라는 매우 좁은 두 거리의 모서리에 있는 호텔이었다. 요즘에는 별 네 개짜리 호텔이지만, 당시에는 누추한 곳이었다. 1인용 엘리베이터는 고장이 났고 방은 코딱지만 했고 매트리스는 축 늘어졌고 공용 욕실의 물은 뜨뜻미지근했다. 그 동네는 돈도 없고 친구도 없는 학생들이 지내기에 제격인 곳이었다.

거리를 따라 몇 미터를 내려오면 위세트 극장이 있었다. 외젠 이오네스코의 연극 〈대머리 여가수〉를 공연하는 조그만 극장이었는데, 작품의 영어 제목은 "The Bald Soprano"라고 붙어 있었다. 거리를 더 내려가면 있는 셰익스피어&컴퍼니에는 그 희극의 영어판본이 있었다. 1프랑을 들여 그걸 여러 번 읽는 것이야말로 수박 겉핥기식보다 훨씬 나은 나만의 프랑스어 배우기 비법이었다.

내가 세어보니 연극 속에는 열세 가지의 지어낸 우연한 사건이 들어 있었다. 엘리자베스 마틴과 도널드 마틴이 저녁식사 자리에 있다. 둘은 서로를 모르는 듯한데, 하지만 전에 어디선가 만난 적이 있다고 여긴다. 도널드가 이전에 맨체스터에서 둘이 우연히 만나지 않았느냐고 묻는다. 그는 고작 5주 전에 8시 30분발 아침 기차로 맨체스터를 떠났는데, 엘리자베스도 마찬가지였다.

둘의 대화는 주마등같이 흘러가는 마틴의 우연의 일치 사건들과 함께 계속 이어진다. 결국 마틴은 둘이 똑같은 아파트의 똑같은 층에 살고 있으며, 똑같은 침실을 쓰고 있음을 알게 된다. 그녀는 깜짝 놀란다! 그녀는 기억은 안 나지만 둘이 전날 밤에 도널드의 침대에서 만났을 수 있다고 말한다. 그러자 도널드는 자기에게는 앨리스라는 이름의 두 살 난 금발의 딸이 있으며, 함께 살고 있다고 말한다. 딸은 예쁘고 한쪽 눈은 하얗고 다른 쪽 눈은 빨갛다고 말한다. 이 말에 엘리자베스는 그런 우연의 일치가 있느냐며 깜짝 놀라고는, 자기도 앨리스라는 이름의 두 살 난 예쁜 딸이 있는데 한쪽 눈은 하얗고 다른 쪽 눈은 빨갛다고 말한다.[02] 분명 이것은 부조리극이며 그런 우연의 일치들은 치매가 걸린 사람들이 아니고서야 터무니없는 소리다.

지어낸 이야기 속의 우연의 일치는 현실 생활에서의 우연의 일치와는 다르다. 지어낸 이야기에서는 저자가 원인이다. 가끔씩 보통의 경우 나쁜 소설과 훌륭한 소설 모두에서 우연의 일치가 저자의 직접적인 의도 없이 벌어진다. 가령, 이야기 전개 속에 우연한 만남이 갑자기 벌어진다. 의도했든 아니든 그런 사건은 이야기를 색다른 관점에서 이해할 수 있는 효과를 낳는다.[03]

전설

세월이 흘러도 가치가 변치 않는 『가윈 경과 녹색기사(Sir Gawain and the Green Knight)』는 14세기 후반의 양피지 고문서에 기록된 대서사시로서, 지금은 대영도서관에 소장되어 있다. 이 소설은 솜씨 좋은 동화이자, 정절과 예의에 관한 이야기이며, 지하세계에 관한 어두운 이야기이며, 진정한 경이로움에 관한 이야기다. 저자 자신이 직접 밝힌 말에 의하면, 그 작품은 "아서왕의 놀라운 모험담이다."[04] 이 이야기에는 얽히고설킨 상황들이 펼쳐지며, 적어도 한 번의 놀라운 우연의 일치가 들어 있다.

이야기는 한해의 마지막 날에 시작한다. 그것부터가 이미 우연의 일치이다. 왜냐하면 녹색기사(Green Knight)는 해(年)와 마찬가지로 이제 곧 죽어서 다시 살아날 것이기 때문이다. 잔치가 보름 낮밤으로 벌어지고 있었다. 하지만 바로 그 섣달그믐날에 "세상 그 누구보다도 키가 컸던" 그 엄청난 친구, 즉 녹색기사는 녹색 말에 올라 녹색 전투용 도끼를 쥔 채 잔치가 벌어지고 있는 아서왕의 궁궐로 곧장 달려갔다.

음악 소리가 잦아들고

첫 번째 음식들이 알맞게 차려졌을 때,

현관문에 보기 끔찍한 것이 나타났네.

세상 누구보다도 키가 큰 이였네.

목부터 허리까지 강하고 튼튼했으며

팔다리도 길고 매우 커서

마치 거인 같아 보였네.

하지만 그래도 사람이긴 하였네.

말에 올라탈 수 있는 가장 힘센 사람.

가슴팍과 어깨가 넓고 허리는 가늘며

다른 몸매도 마찬가지로 훌륭했네.

하지만 사람들은 그의 색깔에 가장 놀랐네.

말을 타고 달리는 기사인데도

온통 녹색이었기에.[05]

이 녹색기사는 원탁의 기사들에게 대담한 도전을 던지면서, 누구든 자신의 녹색 도끼를 단 한 번 휘둘러 자기 목을 자르라고 했다. 그러고서 단서를 하나 달았다. 성공한 사람은 다음 섣달그믐에 녹색교회(Green Chapel. 궁궐에서 사흘 거리에 있는 곳)로 와서, 자기 목을 쳐달라고 내놓아야 한다는 것이다. 정말이지 기이한 이야기다!

이 이야기를 모르는 독자들을 위해 나는 놀라운 결말을 누설하지 않을 것이다. 원탁의 기사들 중 한 명인 가윈 경이 무시무시한 도끼를 단 한 번 내려쳐서 녹색기사의 목을 벤다. 그러지 못하리라고 여러분은 예상했는가? 아무튼 녹색기사의 머리는 바닥에 떨어져 피를 뚝뚝 떨어뜨리며 구른다. 그러나 녹색기사는 상처에서 피가 솟구치긴 하지만 침착하게 머리카락을 잡아 머리를 들어 올리고 피 묻은 무기도 집어 들고 큰 말에 다시 오른다. 그러고는 잘린 머리에 달린 입을 움직여서, 가윈에게 도전을 마무리 짓는 법에 대해 알려준다.

> 자, 가윈 경, 약속한 대로 갈 준비를 하시오.
> 그리고 열심히 나를 찾으시오.
> 이곳의 기사들이 듣는 자리에서 맹세한 대로.
> 당당히 녹색교회로 오시오.
> 그대가 내게 가한 일격을 그대도 받아야 할지니,
> 새해 아침에 즉시 치러지게 될 것이니…[06]

그리하여 이듬해 크리스마스 며칠 전에 가윈 경은 녹색교회를 찾아 떠난다. 이 시점에서 우리는 이 이야기의 마법에 도달한다. 다들 알겠지만, 가윈은 녹색교회에 관해, 적어도 그곳이 어디인지 알아볼 시간이 충분했다. 하지만 그렇게 하지 않았다! 그는 녹색교회가 어딘지 아무런 단서도 없이 자신의 말 그링골릿(Gringolet)에 올라 웨일스 지역으로 떠난다. 도중에 만나는 사람마다 그곳을 묻지만 아무도 모른다.

> 길을 가면서 그는 만나는 사람마다 물었네
> 근처에서 녹색기사에 관한 소식을 듣지 않았느냐고,
> 아니면 녹색교회에 대해서라도?

하지만 다들 듣지 못했다고 답했네.

평생 그런 색깔의 사람은 본 적이 없었다고 했네.

그는 숱한 낯선 길을 떠돌았고

험한 길을 이곳저곳 다녔네.

그리하여 용모가 완연히 달라졌을 때쯤

녹색교회가 눈앞에 나타났네.[07]

이제 중요한 우연의 일치가 등장한다. 때는 크리스마스이브이고 가윈 경은 깊은 숲에서 길을 잃은 처지다. 성모 마리아에게 피난처를 알려달라고 기도하자, 기적처럼(작가는 '하나님의 인도하심으로'라고 말할지 모르지만) 큰 성이 나타난다. '큰 체구'의 성주와 그의 아내가 가윈을 정중히 맞았고 성에서 편하게 지내게 해주었다. 가윈의 말에 의하면 부인의 미모는 아서 왕의 왕비인 귀네비어(Guinevere)를 능가한다. 새해 전 사흘 동안 성주는 아침마다 사냥을 나갔다가 해질녘에 돌아온다. 첫째 날과 둘째 날 아침 눈부시게 아름다운 부인이 가윈의 침대로 숨어들어와 거부할 수 없이 달콤한 목소리로 속삭인다. 가윈은 꿈쩍도 하지 않고, 다만 첫째 날에는 한 번의 입맞춤을 둘째 날에는 두 번의 입맞춤만 허용한다. 거기서 멈추고 더 이상을 허용하지 않는다. 대단한 사내다! 이 사내는 다음날 목이 잘리게 되어 있다. 우리 중 누가 그처럼 완전무결할 수 있을까?

섣달그믐날 아침에 부인은 가윈이 무거운 반지 하나를 선물로 받아야 한다고 우긴다. 하지만 선물을 받는다는 것은 부인의 기사가 된다는 뜻이었다. 기사로서 이전에 헌신했던 관계를 포기한다는 뜻이었다. 가원은 선물을 받지 않는다. 부인은 징표로서 황금색 레이스가 달린 녹색 비단 허리띠를 건넨다. 그마저도 사양하려 하자 부인은 말한다. "이 녹색 허리띠를 감은 사람은/ 그걸 몸에 바짝 두르고 있는 한/ 하늘 아래 어떤 용사도 그를 무찌를 수 없어요/ 세상의 어떤 간계로도 그를 죽일 수 없지요." 그러니 어떻게 그 비단을 받지 않을 수 있겠는가?

더 많은 이야기가 있지만, 결론만 말하자면 그 모든 시험은 게임의 일부였다. 결국 우리는 성주가 녹색기사임을 알게 된다. 성주가 도끼를 들지만 두 번이나 내려치길 그만둔다. 성주가 세 번째로 도끼를 들어 올리고 이번에는 가윈의 목을 스치지만, 아주 미미한 상처만 남길 뿐이다.

이 이야기 전체를 도대체 어떻게 이해해야 할까? 녹색교회는 성에서 2마일 떨어졌을 뿐이다. 가윈은 아마도 그 성까지 가기 위해 36마일쯤 걸었을 것이다.[08] 왜 36마일일까? 이 작품에서는 가윈이 웨일스 북부로 향했다고 나온다. 아서 왕의 궁궐이 있다는 카멜롯은 영국 어느 곳이어도 무방했다. 하지만 저명한 아서 왕 학자인 윌리엄 레이먼드 존스턴 배런(William Raymond Johnston Barron)의 주장에 의하면, 이 특정한 시가에서 가윈의 출발지는 체셔 주와 스태퍼드셔 주의 경계였다고 한다. 그렇다면 구글맵스에 의할 때 가장 짧은 이동 거리는 약 36마일이다. 정말 다행이게도 그는 어딘 줄도 모르고 단지 웨일스 북부를 향해 집을 나섰는데도 우연히 목적지로부터 2마일 이내의 지역으로 들어섰다.

정말 엄청난 우연의 일치이다. 여러분이 직접 그렇게 한다고 상상해 보라. 하지만 이것은 작가가 줄거리를 짜기 위해 고안해낸 우연의 일치로서, 이야기 전개상 특이한 상황의 분위기가 필요해서 도입한 것이다. 전설 이야기에는 거의 전형적인 수법이며 어느 정도는 필요한 것이기도 하다.

누가 되었든 이 작품을 쓴 시인은 가원을 깊은 숲에서 길을 잃었다가 큰 성을 우연히 (또는 하나님의 인도하심으로) 만나도록 할 수밖에 없었다. 만약 그가 길을 알았다면 성이 있는 줄도 알았을 것이다. 만약 성이 있는 줄 알았다면 성주의 정체도 알았을 가능성이 높다. 이 이야기의 힘은 가원이 그런 정보를 몰랐다는 데 있다. 어쨌든 내가 결말을 누설한 것을 독자께서는 용서해주기 바란다.

그런데 이 작품은 매우 오래된 이야기지만 서양의 이야기다. 동양의 이야기들은 게임을 다르게 진행한다. 동양의 민간전승은 마법적인 사건으로 여겨지는 우연의 이야기들을 가득 담고 있다. 힌두교 구루, 티베트 승려 그리고 더욱 보편적인 문화에 속하는 현인들에 관한 이야기가 많다.

서양의 민간전승도 비슷한 것들이 있는데, 종종 종교적 배경을 지닌 이야기들이다. 거기서는 마법이 기적으로 인식된다. 서양문화에서 민간전승과 종교 사이의 경계선은 모호하며, 하나님의 권능을 증명하기 위한 종교적 이야기들이 주를 이룬다. 유대기독교 성인, 고대 그리스의 신탁 받은 사람 및 주요 종교의 예언자들의 이야기다. 가령 고대 그리스의 신탁 이야기는 믿을 만한 역사적 기록과 고대 그리스 이야기로부터 비롯된 우연의 일치 사건을 들려준다. 신탁에 관해 쓴 플루타르크, 크세노폰, 디오도로스의 저작은 꽤 신빙성이 있다고 간주된다.

흥미롭게도 기록으로 남은 거의 모든 신탁 내용들은 우연한 사건에 의해 미래를 제대로 예측해냈다. 물론 다른 여느 예언들과 마찬가지로, 신탁이 권능을 지닌 것으로 신봉자들을 믿게 하려고 그런 예언들은 애

매모호한 말로 되어 있었다.

민간전승은 주위 환경이 우호적인 것인지 아닌지 판단해야 하는 인류의 원초적인 심리 상태의 이야기이다. 우리의 원시 조상들이 야생의 공포 속에서 생존하는 데 도움을 주었던 원초적 욕구가 그런 이야기에 담겨 있다. 우연의 일치를 인식하고 주목하게 되면 원시 부족은 무슨 일이든지 생길 수 있다는 경고를 얻는다. 우연의 일치는 전설을 풍성하게 만들고, 좋은 우연과 나쁜 우연이 실제로 벌어지는 사건들을 직접 목격하게 해주고, 이야기 속의 영웅이 미지의 세계를 향해 벌이는 일상의 모험에 아슬아슬한 긴장감을 보탠다.

치유의 민간전승은 이야기와 현실생활을 가르는 상상의 경계선을 통과한다. 신체적 장애—소경, 절름발이 및 굽은 등—는 허구적인 설계에 의해 마법처럼 치유되어, 신이나 마법사 그리고 스스로를 어떤 초인적인 의지의 전달자라고 여기는 이들의 능력과 통제력을 증명해준다. 과학, 논리 및 이성은 운명에게 자리를 양보하며, 운명은 오직 우연의 연속을 통해서만 설명될 수 있다.

민간전승 덕분에 우리는 우연의 그러한 가능성을 새삼 실감한다. 운명의 붉은 실이라고 알려진 중국의 민간전승을 살펴보자. 아기가 태어나면 (인간에게는) 보이지 않는 붉은 실이 발목에 묶여 있는데, 실의 반대편 끝은 아기의 점지된 배우자의 발목에 묶여 있다고 한다. 중매쟁이 신이 운명을 결정하며, 한 번 묶이면 결코 끊어지지 않는 실을 두 아기 사이에 묶은 이도 바로 그 신이라고 한다. 이 이야기는 동양식 운명론이다. 한 사람이 자신의 예정된 짝을 찾으려면 우연의 기나긴 연쇄가 반드시 필요하다는 발상이다.

운명의 붉은 실이 여실히 통했던 시대가 있었다. 사람들이 고향 마을에서 그리 멀리 떠나 살지 않던 시절, 사람들이 거의 평생 동안 가까운 이웃들과 함께 지내던 시절이 그러했다. 실은 양가 부모 사이의 약속을 비유적으로 나타낸 것이다. 그런 비유는 운명의 실이 엄청나게 길고 복잡하게 얽힌 오늘날과 같은 시대에는 그다지 통하지 않는다.

◎

『세렌디프의 세 왕자(The Three Princes of Serendip)』는 '뜻밖의 행운'(serendipity)의 예라고 종종 거론된다. 사실, 현대 영어 단어 serendipity의 정의는 바로 이 동화 제목에서 나왔다. 이 작품은 1557년에 페르시아어와 우르두어에서 이탈리아어로 번역되어 베네치아에서 출간되었다. 원작은 14세기 초반에 델리의 아미르 쿠스로(Amir Khusrau)가 지은 『여덟 개의 천국』이다. 그 이야기는 훨씬 더 예전인 5세기 페르시아 왕 바흐람 5세의 일생에 바탕을 둔 작품일 가능성이 있다.

우리가 이 이야기를 알게 된 것은 옥스퍼드 백작 4세 덕분인데, 본명이 호레이스 월폴(Horace Walpole)인 이 사람은 마침 당대의 골동품 전문가이자 유명 작가였다. 영국 식민지 시기의 스리랑카(실론이라고 불리던 시기의 스리랑카) 전문가이자 옥스퍼드 영어사전 제작에 참여했던 일원인 리처드 보일(Richard Boyle)에 따르면, "『세렌디프의 세 왕자』라는 우스꽝스런 동화"를 찾아낸 사람은 바로 월풀이라고 한다.[09] 하지만 그 이야기 자체는 12세기 후반부터 유럽에 알려졌던 이야기다.

이 이야기의 여러 버전들이 있는데, 통틀어 '수수께끼 시들'이라고 불리는 다음 작품들이다. 『왕과 세 형제』, 『세 아들의 유산』, 『영리한 베두인족이 모래의 발자국을 읽다』, 『판사 앞에 선 영리한 세 형제』, 『솔로몬 왕과 세 형제』, 『솔로몬 왕과 세 개의 황금 공』.[10] 작품의 내용은 세 형제가 시골을 떠돌아다니다가 우연히 수수께끼들을 접하게 되는데, 기발한 방법으로 푼다는 것이다. 이야기 속의 사건들은 요행이라기보다는 우연의 일치이다.

보일에 의하면 1754년 1월 28일에 호레이스 만(Horace Mann)에게 쓴 편지에서 월폴은 이렇게 적었다. "[형제들은] 늘 우연과 총명함으로 뜻밖의 발견을 해냈다."[11]

옥스퍼드 영어사전에서 serendipity 항목을 찾아보면 이렇게 나온다.

> 우연에 의해 다행스럽고 이로운 쪽으로 사건이 발생하고 전개되는 것. 예문) a fortunate stroke of serendipity.

세 왕자는 바흐람 5세의 아들이거나 아니면 자이아페르(Giaffer)라는 왕의 아들일 수도 있다. 그리고 세렌디프(철자를 Sarendip라고 할 때도 있다)는 스리랑카의 옛 이름이다.[12]

이야기는 아래 구절로 시작한다.[13]

> 옛날에 극동 지역에 있는 세렌디포라는 나라에 자이아페르라는 이름의 강력하고 위대한 왕이 살았다. 그에게는 지극히 아끼는 세 아들이 있었다. 자식들 교육에 관심이 많은 좋은 아버지였던 그는 세 아들이 큰 권력뿐만 아니라 왕자에게 특히 필요한 온갖 미덕까지 갖추도록

해주어야겠다고 결심했다.[14]

그리하여 자이아페르는 아들들을 세렌디프 왕국에서 내보냈다. 세 아들에게 책에서 얻은 지식과 더불어 세상 구석구석의 지혜를 얻게 하자는 뜻이었다. 세 아들은 위대하고 강력한 베라모 왕국에 간다. 거기서 온갖 모험을 벌이면서 관찰과 사색을 통해 세상물정을 두루 익힌다. 첫 번째 사건은 한 낙타 몰이꾼과의 만남인데, 몰이꾼은 세 아들을 길에 세우고는 자기가 잃어버린 낙타를 보지 않았느냐고 묻는다. (유럽 버전에서는 대신 노새가 나온다. 인도에서는 코끼리가 나온다.) 셋은 낙타를 보지 못했다. 하지만 똑똑함을 뽐내면서 낙타 몰이꾼에게 세 가지 질문을 던진다. 낙타가 오른쪽 눈이 멀지 않았나? 이빨 하나가 빠지지 않았나? 한쪽 다리를 절지 않는가? 정말로 낙타는 세 가지 장애가 몽땅 있었다.

그리하여 왕자들은 도중에 낙타를 본 적이 있다고 몰이꾼에게 말한다. 몰이꾼은 자기 낙타를 찾으려고 서둘러 길을 나선다. 성공하지 못한 몰이꾼이 다시 한 번 세 왕자와 마주친다. 이번에 세 왕자가 몰이꾼에게 말해주길, 그 낙타는 한쪽에는 버터를 다른 쪽에는 꿀을 싣고 등에는 임신한 여인을 태웠다고 한다. 이 시점에서 몰이꾼은 세 왕자가 낙타를 훔치지 않았을까 하는 의심이 든다. 몰이꾼이 왜 의심을 하게 되었는지 이유를 짐작해 보면 이렇다. 세 왕자가 낙타에 대해 아주 잘 알고 있으니 낙타를 틀림없이 보았을 텐데, 낙타는 어디에도 없으니 왕자들이 훔친 게 분명하다는 것이다.

몰이꾼은 왕자들을 판사에게 데려간다. 셋은 결코 낙타를 본 적이 없다고 맹세한다. 판사가 그러면 어떻게 그렇게 낙타에 대해 잘 알 수 있었느냐고 묻자, 왕자들은 관찰한 단서(일부러 찾으려고 하지는 않았던 단서)를 통해 핵심적인 내용들을 추론했는데, 그것이 마침 사실과 잘 맞아떨어졌다고 고백한다. 결국 낙타를 찾게 되자, 세 왕자는 낙타의 특이한 특징을 어떻게 추론했는지 밝히게 된다.

설명은 아주 기발하다. 낙타가 오른 눈이 먼 까닭은 길의 왼편에 있는 풀만 뜯어 먹히고 오른쪽에 있는 풀은 멀쩡했기 때문이다. 이빨이 하나 빠진 까닭은 뜯어 먹힌 풀 더미마다 먹히지 않고 남은 부분이 조금씩 있었기 때문이다. 낙타가 한쪽에는 버터를 다른 쪽에는 꿀을 실은 까닭은 길의 한쪽에는 파리들이 들끓었고 다른 쪽에는 벌들이 들끓었기 때문이다. 길에 난 자국을 보니 한쪽 발이 끌리고 있었다고 한다. 그런데 임신한 여인은 어떻게 된 것일까? 왕자들은 여성의 발자국을 본 장소를 지날 때 성욕을 느꼈다고 주장했다. 성욕이라고? 완전 터무니없는 이유다.

여기서 요점은 이렇다. 즉, 처음부터 왕자들은 길을 걸으면서 오직 낙타 몰이꾼을 만나게 되어야 의미가 있을 현상들을 관찰하고 있었다. 달리 말해서 아무 쓰임새도 기대할 수 없었던 것들을 우연히 관찰하고 있었다. 사라진 낙타를 찾고 있던 중은 아니었건만, 낙타를 잃어버렸다고 말하는 낙타 몰이꾼을 우연히 만나게 되었던 것이다.[15]

그렇다. 이것이 바로 뜻밖의 행운의 한 예인데, 또한 우연한 사건, 이국적이고 재미있는 이야기의 한 예이기도 하다. 그런데 낙타 몰이꾼을 만나기 한참 전부터 어떻게 그처럼 예리한 관찰을 할 수 있었을까? 어쩌면 그들은 주변 환경을 놀랍도록 잘 관찰하는 성향인지라, 지나가면서 눈에 띄는 모든 것 — 풀, 파리, 개미 및 길 위의 흔적 — 에 자연스레 주목하게 되었는지도 모른다. 나중에 그 정보가 필요하게 될 상황을 미리 예상하고서 말이다.

하지만 또 어쩌면 그들은 총명한 관찰의 뒷받침을 받아 대충 짐작을 했을 수도 있다. 파리들이 들끓는 길 쪽에 풀이 덩어리째 먹힌 이유는 여러 가지일 수 있다. 낙타 몰이꾼이 낙타를 잃어버린 것이 세 왕자가 설명한 특징들에 전부 부합했다는 사실은 우연의 일치라고 볼 수 있다. 비록 어떤 총명함과 무심결에 기억한 예리한 관찰이 뒷받침해주긴 했지만 말이다.

지어낸 이야기에서 우연의 일치의 의미

존 피어(John Pier)와 호세 앙겔 가르시아(José Angel Garcia)는 저서 『서사성을 이론화하기(Theorizing Narrativity)』에서 우연의 일치(coincidence)를 다음과 같이 정의하고 있다.[16]

> '우연의 일치'란 두 사건의 예기치 못한 그리고 설명할 수 없지만 분명히 유의미한 교차이며, 때로는 서로 인과적 관련성이 없이 이야기 세계에 이전에 나왔던 사건들의 인과적 연쇄 내지 진행을 가리킨다.

이 정의는 인과적 연쇄를 허용하지만 그렇다고 꼭 직접적인 인과적 관련성을 가리키지는 않는다. 하지만 사건들의 연쇄의 어떤 지점에서 예기치 못하게 원인이 사라져 버리면 독자들은 무척 놀라면서 그때 별어진 우연의 일치를 사실 그대로 받아들이게 된다. 위의 정의는 또한 허구의 작품 속의 우연의 일치가 유의미할 것을 명시적으로 요구하고 있다. 우연의 일치 사건은 언제나 다소간 유의미하기 때문이다.

허구의 등장인물들은 이야기 줄거리를 타당하게 해주는 상황들을 통해 명백한 이유 없이 공간과 시간 속에서 종종 서로 마주친다. 이들 인물들은 특이한 상황에서 그렇게 마주침에 앞서 어떤 관계를 맺었을지 모른다. 이와 같은 오래된 관계는 꼭 물리적인 만남일 필요는 없다. 옛날에 바람 핀 상대, 친척 관계, 어떤 호의를 주고받은 사이 또는 그저 평범한 지인 사이 등일 수 있다.

우연한 '만남'은 만약 각 등장인물이 줄거리에서 차지하는 중요성을 바탕으로 의미를 갖지 않는다면 그다지 중요하지 않을 것이다. 이전의 관계와 실제 만남 사이의 연결성은 인과 관계가 없다면 현실적으로 보이지 않는다. 왜냐하면 인과 관계가 없는 서술은 독자가 원하는 효과—방금 발생한 우연의 일치가 타당한지를 살피는 탐구적 기쁨과 더불어 특이하고 낯선 상황을 목격하기—를 잃고 말기 때문이다.

알아차림을 지연시키기도 하나의 책략이다. 내가 보기에, 그런 책략을 의도적으로 사용하는 저자는 큰 구도 속에서 개별 등장인물의 정체성을 표현하는 정서적 효과를 바라고 있는 것이다. 게다가 때때로 저자들은 사소한 세부사항들, 사건들, 상징적 은유들 또는 저자가 의도한 것보다 더 큰 의미를 갖는 장면들을 무의식적으로 포함시킨다. 저자 일생의 여러 가지 무의식적인 측면들이 작품에 반영되기 때문이라고 한다.

또한 일설에 의하면 우리는 여섯 다리만 건너면 다 아는 사람이라는 원리에 의해, 합리적으로 타당하게 설명할 수 없지만, 모두는 서로 연결되어 있다. 이 주제에 대해서는 프로이트가 할 말이 많았고 융도 마찬가지였다. 사례들이 많다. 어떤 의도하지 않은 내용이 내 저술 속에 포함되었다. 그건 우연일까 아니면 무의식에서 흘러나온 말일까? 또 일설에 의하면, 그런 무의식적인 포함은 '명백한 인과적 연결성이 없는 사건들의 놀라운 동시발생'이 아니라고 한다. 하지만 한 페이지에 실린 글은 의식적 요소와 무의식적 요소의 동시발생이라고 볼 수도 있다.

문학에서 작가의 의도를 읽어내려면 가만히 생각할 시간이 필요할 때가 있다. 도스토예프스키의 『죄와 벌』에는 주인공 라스콜리니코프가 노파를 도끼로 쳐서 죽이는 장면이 나온다. 이후로 전개될 내용에서 도끼는 어떤 역할을 하게 될까? 왜 도스토예프스키는 노파를 총으로 죽이거나 꼬챙이로 찔러 죽이지 않고 도끼로 죽여야겠다고 결심했을까? 독자의 마음은 다른 무기가 사용되었더라면 다르게 반응할 것이다. 도끼로 죽이는 것은 폭행으로 상처를 내서 죽이는 것과는 매우 다른 함의가 있다. 도끼로 죽이기는 독자의 마음속에 상반되는 두 가지 감정, 즉 끔찍하고 잔인한 죽음과 인간적인 신속한 죽음을 불러일으킨다. 달리 말해서, 범죄를 대하는 마음속의 인상은 노파가 다른 방법으로 죽임을 당했더라면 꽤 달라졌을 것이다. 아니면 도스토예프스키의 선택은 해당 장면을 쓰는 순간의 우연의 일치였을 수도 있다. 『녹색기사』에서도 똑같은 질문을 던질 수 있다. 날카롭고 무시무시한 검으로도 되는데 왜 굳이 무거운 녹색 도끼였을까?

현시대의 예로는 폴 오스터의 『달의 궁전』이 있다. 이 소설에서는 서술자인 마르코 스테인리 포그에게 우연한 사건들이 환등기 돌아가듯이 펼쳐진다. 그 사건들은 너무나 얼토당토않은 것인지라, 마르코 자신도 믿기 어려워한다. 몇 달을 무일푼으로 지내며 제대로 먹지도 못하고 뉴욕 센트럴 파크의 덤불 속에서 잠자는 생활을 하고 있었기에, 한 친구가 찾아냈을 때 마르코는 거의 죽기 직전이었다. 친구 덕분에 한참 동안 몸을 추스른 후에 마르코는 컬럼비아 대학교 학생 취업실에 붙은 취업 공고를 보고서 지원한다. 토머스 에핑이라는 성미 고약하고 눈이 먼 노인의 입주 도우미를 맡는 일이다. 몇 달이 지나자 토머스는 자신의 부고를 준비하기 시작하면서 마르코에게 대신 써달라고 한다. 오래전인 1916년에 토머스의 이름은 줄리언 바버였으며, 바로 그때부터 부고 내용은 시작한다. 그 무렵 줄리언은 정신적으로 문제가 있던 아내를 떠나야겠다고 결심했다.

줄리언은 먼 유타 지역으로 여행을 떠난다. 그러다가 한 은둔자의 동굴에 들어가게 되었는데, 동굴 속에는 양식과 안락한 가구 그리고 장전된 소총 여러 정이 있었다. 은둔자는 최근에 총상을 입고서 사망한 상태였다. 그런데 가만히 보니 사망한 은둔자는 자신을 꼭 닮은 사람이다. 줄리언은 은둔자를 묻은 후 새로운 신분으로 새로운 삶을 살기로 계획하고서 겨울 몇 달을 동굴에서 보낸다.

봄이 되자 조지 어글리 마우스라는 이름의 인디언이 동굴을 찾아오는데, 이 사람은 줄리언이 친구인 은둔자라고 여긴다. 조지가 전해준 말에 의하면, 열차 강도 갱단인 그레셤 삼형제가 도피처인 동굴로 오고 있는 중이라고 한다. 줄리언은 갱단이 은둔자를 죽였겠지 짐작한다. 갱단이 돌아오자 줄리언은 세 명을 하나씩 쏘아 죽이고 갱단이 훔친 돈 20,000달러를 들고 달아난다.

줄리언은 토머스 에핑이라는 새로운 이름으로 문명사회에 돌아오는

데, 자기가 유타를 떠나기 전에 아내가 아들을 가졌다는 사실을 알게 된다. 솔로몬 바버라는 아들은 자라서 중서부 지역의 작은 대학에서 미국사 교수가 된다. 솔로몬은 자기 아버지가 유타 어딘가에서 사고로 죽었다고 생각하고 있다. 또한 솔로몬은 제자랑 성추문이 나서 직장에서 쫓겨났다. 제자는 대학에서 사라졌다가 12년 후에 버스에 치여 치명상을 입는다. 토머스가 죽은 후 마르코는 솔로몬에게 편지를 보내서, 그의 아버지가 오래전에 죽으면서 거액의 유산을 남겼다고 알린다. 뉴욕에서 마르코를 만나는 자리에서 솔로몬은 사십년 대에 자신에게는 시카고 출신의 제자가 있었는데, 이름이 에밀리 포그라고 한다.

> "그런 우연의 일치가 있다니." 〔마르코가〕 말했다. "우주는 우연으로 가득 차 있는 것 같습니다."
>
> …
>
> "아름답고 지적인 여자였지요, 당신 어머니 말입니다. 지금도 기억이 생생하군요."[17]

현실에서 저런 일이 벌어질지는 의문이다. 그러나 소설의 내용이니까 마르코의 이야기에서는 그런 엄청난 우연의 일치가 발생할 가능성이 얼마든지 있다. 하지만 경기장을 좁힐 몇 가지 조사 방법이 있다. 허구는 현실에서는 없는 장점이 존재한다. 줄거리를 세심하게 구성할 수 있고 배경을 전략적으로 선택할 수 있는 것이다. 『달의 궁전』 속의 가장 놀라운 우연들이 효과를 발휘하려면 배경이 대도시여야 했다. 다른 선택지는 많지 않다. 그리고 만약 뉴욕이 선택되었다면 컬럼비아 대학 또

한 선택지가 될 만하다. 경기장은 뉴욕의 한 동네로 의미심장하게 좁혀진다. 대략 116번가와 브로드웨이로부터 반경 1마일 이내가 적당할 것이다. 설령 그렇게 정해도 방대한 수의 방향과 가능성이 남아 있다.

현실에서는 이런 의문이 들 것이다. 평생 아버지를 만난 적이 없다가 우연히 아버지의 소식을 듣게 되는 뉴욕의 젊은이가 몇 명일까? 만약 뉴욕시에 그런 젊은이가 있다면, 대략 적어도 열두 명 정도 될 것이다. 그런 젊은이들이 글을 쓸 만큼 기억력이 뛰어나진 않을지 모르지만, 그들이 겪은 우연의 일치는 재미있는 이야기를 지어낼 수도 있을 것이다. 그러면 그 젊은이들은 어떤 희한한 우연의 일치로 자기 아버지를 만났노라고 우리에게 말해 줄 것이다.

뉴욕이라는 대도시는 사람들이 아주 많고 희한한 인연들이 많고 동시성의 기회들이 아주 많다. 뉴욕은 과거, 현재 및 미래를 잇는 우연한 만남의 자리를 제공한다. 거대한 인구를 지닌 대도시여서 사람과 사람을 잇는 통로가 이루 헤아릴 수 없이 많기에 가능한 일이다.

아마도 만약 우리가 저명한 소설가들에게 작품 속의 특정한 사건 구성의 선택에 관해 묻는다면, 작가들은 작품 속 일부 장면들은 창작 순간의 행운으로 그렇게 구성되었다고 답할 것이다. 하지만 심리학자들이 점화효과(priming effect)라고 부르는 현상이 있다. 우리의 행동과 감정이 최근의 사건에 영향을 받는다는 주장이다.

가령, 여러분이 단어 S○○P의 빈칸을 채워야 하는 상황이라고 가정하자. 만약 여러분이 방금 손을 씻은 후라면 SOAP(비누)라고 적을 가능성이 높고, 막 저녁식사 자리에 앉았다면 SOUP(수프)라고 적을 가능성이 높다는 것이다. 따라서 어쩌면 우리는 방금 읽은 글과 가장 최근에 한 경험 간의 우연의 일치에 의해 우리의 인식 작용이 작동할지 모른다. 우리의 사고와 행위는 경험의 연쇄에 의해 점화되는 듯하지만, 운명이 특이한 방식으로 개입하여 우리의 인생을 비틀고 뒤흔든다.

에필로그

우리는 이 세상이 작기도 하고 크기도 하다고 여기는 경향이 있다. 한편으로 이 세상은 우리 마을, 친구들, 지인들 그리고 제한된 여행 지역보다 크지 않다. 또 한편으로 이 세상은 우리가 영국 내륙 지역이나 메인 주의 끝없는 숲을 비행기로 지나면서 보면 엄청나게 방대하다. 그렇다 보니 우리는 발생 가능한 많은 우연한 사건들에 우리의 직관이 어떻게 반응하는지에 관해 상반되는 인상을 갖게 된다. 우리는 마치 온 세상이 작은 마을로 변하기라도 했다는 듯이 이 넓은 세상에서 우연히 친구를 만난다. 반면에 작은 세계가 실제로는 엄청나게 거대한 까닭에 복권에 여러 번 당첨되는 사람도 나온다.

세계는 엄청나게 크다. 그 속의 사람들은 단지 도시에서만이 아니라 인연의 시공간 속에서도 조밀하게 모여 있다. 따라서 생길 법하지 않은 사건들도 경우의 수들이 엄청나게 많다 보니 일어난다. 사건들은 단지 우연에 의해 일치하게 될까? 아니면 우리는 우리가 모르는 현상을 우연이라고 치부해 버리는 것일까? 원인을 찾으려고 해도 쉽게 찾아지지 않을지 모른다. 하지만 꾸준히 조사하고 파헤치면 점들이 연결된다.

진지한 수학을 이용하여 우연의 일치의 규칙성을 분석하려는 시도는 거의 없는데, 예외로는 미국 통계학자 퍼시 디아코니스(Persi Diaconis)와 프레더릭 모스텔러(Frederick Mosteller)의 연구를 들 수 있다. 이들의 이론에 의하면, 우리가 이상하다고 여기는 현상들 다수는 단지 가까운 시간 간격과 많은 인구에서 벌어진 사건일 뿐이라고 한다. 임의의 어느 순간에 벌어질 수 있는 사건들은 매우 많으며, 또한 동시에 생길 수 있는 사건들도 매우 많다.

런던정경대학의 수학자인 데이비드 핸드(David Hand)는 우연의 일치를 이해하기 위한 조금은 다르지만 보완적인 관점을 제시한다. 핸드의 책 『신은 주사위 놀이를 하지 않는다』는 서로 의존 관계인 복잡한 확률 이론들의 모음집으로서 왜 일어날 법하지 않는 일들이 기필코 일어나는지 설명해준다. 원리들의 대부분은 정량적이기보다는 정성적이어서 불가능성에 대한 실제 수치 데이터는 없다. 대신에 그런 법칙들은 통계적인 서술을 통해, 일어날 법하지 않는 일들이 예상외로 자주 일어날 수밖에 없음을 밝혀낸다. 가령, 책 속에는 핸드가 필연성의 법칙이라고 명명한 것이 있는데, 이 법칙에 의하면 "만약 여러분이 모든 가능한 결과들의 목록을 완성한다면, 그중 하나는 반드시 일어난다."[01]

언급할 가치가 있는 우연의 일치가 하나 더 있는데, 나는 과연 무엇이 우연의 일치를 우연의 일치이게끔 만드는지 독자에게 질문을 남겨두고자 한다. 6600만 년 전에 혜성 하나가 엄청난 속력으로 유카탄 반도 근처를 강타하여, 폭이 177킬로미터에 이르는 분화구가 생겼다.[02]

나사의 연구 덕분에 혜성의 구성 성분이 밝혀졌는데, 그 결과 충돌체가 (이전의 추측과 달리) 소행성이 아니라 혜성임이 드러났다.

고생물학자, 지질학자 및 천문학자들 사이에는 공룡의 멸종을 야기한 전 지구적인 기후변화의 원인을 놓고서 논쟁이 계속되고 있다. 한 이론에 의하면, 혜성 충돌이 우리가 공룡이라고 부르는 대형 파충류를 거의 전부 죽였으며, 아울러 다른 모든 식물과 동물의 70퍼센트도 멸종시켰다고 한다. 충돌 여파로 강렬하게 쏟아져 들어온 자외선에 노출된 생명체들도 거의 즉사했을 것이다. 살아남은 종들의 경우, 식물들의 광합성이 차단되면서 생활 조건이 이후 6천만 년 동안 매우 나빴을 것이며 기나긴 핵겨울이 찾아왔을 것이다.

혜성은 소행성과 다르다. 화학적 구성성분 면에서 혜성은 소행성과 다르지만, 우리의 논의에서 가장 중요한 점은 소행성과 달리 혜성은 궤도에 따라 이동한다는 것이다. 혜성은 아무것과도 충돌하지 않고서 수백만 년의 주기적 궤적을 따라 이동할 수 있다. 하지만 한 혜성이 질량을 지닌 다른 물체와 매우 근접하게 되면 중력이 궤도를 살짝 변화시킨다. 그 물체에 다시 가깝게 지나가려면 혜성은 또다시 수백 만 년의 시간이 걸릴지 모른다.

6600만 년 전의 특별한 사건의 경우, 만약 혜성의 궤도가 지구로부터 단 1킬로미터쯤 벗어나 있었더라면 어떠했을지 상상해보자. 천문학의 규모에서 1킬로미터는 지극히 작은 양이지만, 다른 천체가 근처에 있을 때에는 엄청난 의미를 가질 수 있다. 그때 정말로 혜성의 궤도가 그 정도 벗어났더라면 다음 번 궤도 주기에서 혜성의 질량은 더 작을 것이고 지구와의 인력도 더 작을 것이다. 생물종들의 대량 멸종을 초래해 우리 인간이 다행스럽게 태어날 수 있게 한 것도 바로 그런 궤도의 우연 때문이었다. 그 모든 일은 몇 분의 시간 범위에서 몇 미터의 궤도 차이에서 발생했다. 그리고 여기에 우리가 있다. 그게 우연의 일치인지, 요행인지 아니면 신의 섭리인지 판단은 여러분에게 맡기고자 한다.

주석

들어가며

1. 비슷한 정의가 다음 문헌에서 처음 소개되었다. Thomas Vargish in his *The Providential Aesthetic in Victorian Fiction* (Charlottesville: University of Virginia Press, 1985), 7.
2. *Webster's Third New International Dictionary of the English Language Unabridged*, ed. Philip Babcock Grove (Springfield, MA: G. & C. Merriam Company, 1961).
3. Neil Forsyth, "Wonderful Chains: Dickens and Coincidence," *Modern Philology* 83, no 2, (November 1985): 151~165.

1장

1. 로버트 피알라(Robert Fiala)는 프라트 연구소의 미디어아트 교수였으며 좋은 대학 친구이자 화가였다. 2009년에 예기치 못한 죽음을 맞이했다.
2. 당시 스코틀랜드에서 스토비스의 밤은 펍이 자정 영업 금지법을 피하기 위해 튀긴 감자로만 된 무료 음식을 내놓는 시기였다. (식당은 자정을 넘어서까지 영업을 하는 것이 허용되었다.)
3. 도덕경 73장. 天網恢恢 疏而不失.
4. Walt Whitman, *Democratic Vistas*, ed. Ed Folsom (Ames, IA: University of Iowa Press, 2010), 67~68.

2장

1. Charles Dickens, *Bleak House* (London: Wordsworth Classics, 1993), 189.
2. Alexander Woollcott, *While Rome Burns* (New York: Viking Press, 1934),

21~23.

3. 울코트가 전하는 그 이야기를 읽고서 나는 찰스 앨버트 콜리스가 아내에게 장난을 쳤을지 모른다는 생각이 들었다. 아내가 잠시 고개를 돌려서 노트르담 성당의 탑들을 보고 있을 때 그 문구를 직접 적어 넣지 않았을까 싶었다. 울코트는 이렇게 적고 있다. "침묵의 순간이 흐르는 동안 그녀는 강을 따라 시선을 옮기다가 섬의 빽빽한 수풀과 그 너머의 탑들을 바라보았다. 갑자기 그 침묵을 깨면서 콜리스가 부자연스러운 목소리로 말했다. 왠지 자신은 아내가 어렸을 때 그 책을 알고 있었다는 생각이 든다고 말이다."

4. C. G. Jung, *Synchronicity: An Acausal Connecting Principle* (Princeton, NJ: Princeton University Press, 1960), 22.

5. Ibid., 28.

6. 여기서 과장이 끼어든다. 정말로 한 시간이었을까? 고작 15분쯤이 아니었을까? 내가 조사한 우연의 일치는 거의 전부 그런 꾸밈이 있었다.

7. Nicolas Camille Flammarion, *L'Inconnu: The Unknown* (New York: Harper & Row, 1900), 194.

8. Ibid.

9. 그 자체로도 인상적인 저술이다. 아울러 수백 점에 달하는 플라마리옹의 굉장한 판화(컬러 판화가 다수)도 인상적이다. 다음을 보기 바란다. https//books.google.com/books?id=ScDVAAAAMAJ&pg=PA163#v=onepage&q&f=false.

10. Nicolas Camille Flammarion, *L'Atmosphère: Météorologie Populaire* (Paris: Hachette, 1888), 510.

11. Flammarion, *L'Inconnu*, 192.

12. Ward Hill Lamon, *Recollections of Abraham Lincoln 1847~1865* (Cambridge, MA: The University Press, 1911), 116~120.

13. 내 딸이 어렸을 때 잠을 자면서 걷곤 했다. 그래서 나는 진짜 몽유병 환자를 보는 것이 얼마나 무서운지 잘 알고 있다.

14. Gideon Welles and Edgar Thaddeus Welles, *Diary of Gideon Welles*, vol. 2 (Boston: Houghton Mifflin, 1911), 283.

15. Frederick W. Seward, "Recollections of Lincoln's Last Hours," *Leslie's Weekly*, 1909, 10.

16. 이 사건에 대한 확률 계산은 복잡하다. 동일인이 복권에 두 번 당첨될 승산은 퍼듀 대학의 스티븐 새뮤엘스와 조지 맥카브가 계산했다. 둘의 주장에 의하면, 미국의 어느 곳의 누군가가 7년에 두 번 당첨될 확률은 50퍼센트를 넘는다고 한다. 네 달의 기간에 두 번 당첨자가 나올 승산의 30분의 1이다. 여기서 위의 결과를 소개하지만 실제 계산을 나로서도 본 적은 없다. 주요 출처는 다음인 듯하다. Persi Diaconis and Frederick Mosteller's paper "Method for Studying Coincidences," *Journal of the American Statistical Association* 84, no. 408 (December 1989): Applications & Case Studies, 853~861.

3장

1. Arthur Koestler, *The Case of the Midwife Toad* (New York: Vintage, 1971), 13.
2. 이 영어 번역문은 다음 자료에 나온다. Martin Plimmer and Brian King, *Beyond Coincidence: Amazing Stories of Coincidence and the Mystery Behind Them* (New York: St. Martin's Press, 2006), 52~53.
3. Paul Kammerer, *Das Gesetz der Serie* (Berlin: Deutsche Verlag-Anstalt, 1919), 93.
4. Ibid.
5. C. G. Jung, *Synchronicity: An Acausal Connecting Principle* (Princeton, NJ: Princeton University Press, 1960), 105.
6. C. A. Meier, ed., David Roscoe, trans., *Atom and Archetype: The Pauli/Jung Letters, 1932–1958* (Princeton, NJ: Princeton University Press, 2001), xxxviii.
7. Jung, *Synchronicity*, 10.
8. C. R. Card, "The Archetypal View of C. G. Jung and Wolfgang Pauli," *Psychological Perspectives* 24 (Spring–Summer 1991): 19~33, and 25 (Fall–Winter 1991): 52~69.
9. David Peat, *Synchronicity: The Bridge Between Matter and Mind* (New York: Bantam 1987), 17~18.
10. Aniela Jaffé, *Memories, Dreams, Reflections* (New York: Vintage Books, 1965).
11. Joseph Cambray, *Synchronicity: Nature and Psyche in an Interconnected*

Universe (College Station, TX: Texas A&M University Press, 2009), 12.

4장

1. Carl Gustav Jung, *Jung on Synchronicity and the Paranormal* (London: Routledge, 2009) 8.
2. 이 수를 고른 까닭은 내가 사는 버몬트 주에서 복권에 당첨될 확률이기 때문이다.

5장

1. 이 논문은 거의 백 년 동안 출간되지 못하고 원고 상태로 있었다. 다음 책을 보기 바란다. Øystein Ore, *Cardano, the Gambling Scholar* (Princeton, NJ: Princeton University Press, 1953, or New York: Dover, 1965). 그런데 이 책은 카르다노가 수학적인 확률 이론에 기여했음을 밝힌 최초의 저서였다. 다음을 보기 바란다. Ernest Nagel's review of *Cardano, the Gambling Scholar* in *Scientific American*, June 1953.
2. 말로 풀이하자면 이렇다. 관찰된 확률 k/N와 수학적 확률 p의 차이가 어떤 선택된 작은 수 ε보다 적을 확률은 N이 커짐에 따라 1에 가까워진다.
3. G. Galileo (c. 1620), *Sopra la scoperte die dadi* (On a Discovery Concerning Dice), trans. E. H. Thorne, excerpted in *Games, Gods, and Gambling: The Origins and History of Probability and Statistical Ideas from the Earliest Times to the Newtonian Era* by F. N. David (New York: Hafner, 1962), 192~195.
4. Joseph Mazur, *What's Luck Got to Do with It?: The History, Mathematics, and Psychology of the Gambler's Illusion* (Princeton, NJ: Princeton University Press, 2010), 27.
5. 카르다노의 원고는 1663년에 책으로 처음 출간되었다.
6. 원래 편지들은 편집되어 다음 책으로 출간되었다. *Oeuvres de Fermat*, ed. by Tannery and Henry, vol. 2 (Paris: Gauthier-Villars: 1894), 288~314. 영어로 번역된 편지 내용은 다음을 보기 바란다. David Eugene Smith, *A Source Book in Mathematics* (New York: Dover, 1959), 424.
7. 파스칼은 두 눈 모두 6인 경우가 아닐 확률을 계산하는 편이 더 쉽다는 것을 알았다. 그 확률은 35/36이다. 또한 그는 두 독립 사건이 발생할 확률은 개별 사건의 확률의 곱이므로, n번 시도에서 두 눈 모두 6인 경우가 아닐 확률이 $(35/36)^n$임을 알아냈다. 실제 계산해보니 $(35/36)^{24}$는 0.509였고 $(35/36)^{25}$는

0.494였다. 따라서 두 주사위를 스물네 번 던질 때는 절반의 확률에 약간 못 미치고 스물다섯 번 던질 때가 절반의 확률보다 조금 더 확률이 높은 최소 횟수라고 결론 내렸다.

8. $1-(35/36)^{24} < 1/2$. 그러나 $1-(35/36)^{25} > 1/2$.

9. 이유는 이렇다. 첫 번째 주사위가 여섯 수 가운데 어느 하나일 확률은 1, 즉 100퍼센트의 확률이다. 가령 첫 번째 주사위의 눈이 2라고 하자. 그러면 나머지 네 주사위도 2가 나와야 한다. 그 확률은 $(1/6)^4$, 즉 1,296분의 1이다.

10. 아래의 넘버파일(Numberfile) 비디오를 보기 바란다.
https://www.youtube.com/watch?v=EDauz38xV9w.

11. Stephen M. Stigler, *The History of Statistics: The Measurement of Uncertainty Before 1900* (Cambridge, MA: Harvard University Press, 1986), 64~65.

12. 1713년에 처음 발표된 이후 베르누이 정리는 거듭 갱신되었다.

13. 증명은 다음을 보기 바란다. Warren Weaver, *Lady Luck: The Theory of Probability* (Garden City, NY: Doubleday, 1963), 232~233.

14. Jacob Bernoulli, *The Art of Conjecturing*, trans. Edith Dudley Sylla (Baltimore: Johns Hopkins, 2006), 339.

15. Stigler, *The History of Statistics*, 77.

16. Bernoulli, *The Art of Conjecturing*, 329.

17. John Albert Wheeler, "Biographical Memoirs," vol. 51 (Washington, DC: National Academies Press, 1980), 110. The quote is a paraphrase of the original "God does not play dice," which appears in letters from Einstein to Max Born; see A. Einstein, *Albert Einstein und Max Born, Briefwechsel, 1916-1955, Kommentiert von Max Born* (Munich: Mymphenburg, 1969), 129~130.

18. Robert Oerter, *The Theory of Almost Everything* (New York: Pi Press, 2006), 84.

19. Mazur, *What's Luck Got to Do with It?*, 129~130.

20. Bernoulli, *The Art of Conjecturing*, 101.

21. 확률 이론에 관한 다른 주요 논문이 하나 더 있었다. 1708년에 프랑스 수학자 피에르 레몽 드 몽모르(Pierre Raymond de Montmort)가 쓴 다음 책이다. *Essai d'analyse sur les jeux de hazard* (Analytical Essay on Games of

Chance).

22. 카르다노의 『주사위 게임에 관한 책』은 1500년대에 쓰였다가 1663년에 출간 되었던 데 반해 하위헌스의 『주사위 게임의 추론에 관하여』는 1657년에 출간 되었다. 하지만 라샤르 드 푸르니발(Richard de Fournival)이 썼다고 알려진 중세 시 〈늙은 여인에 관하여(De Vetula)〉에는 기댓값을 전혀 암시하지 않으면서도 세 주사위를 던졌을 때 나올 수 있는 조합을 간략히 서술하고 있다.

23. 이 인용문은 에디스 두들리 실라가 번역한 베르누이의 『추측술』에 나온다. 하위헌스의 『주사위 게임의 추론에 관하여』는 『추측술』의 1부에 그대로 실려 있다. 하위헌스 책의 내용은 1657년에 출간된 프란스 판 스호텐(Frans van Schooten)의 수학 연습 교재에 처음 등장했다. 하위헌스의 책을 지롤라모 카르다노의 수학 도박 매뉴얼인 『주사위 게임에 관한 책』과 혼동해서는 안 된다.

6장

1. 전체 3퍼센트의 데이터는 소실되었다.

2. Victor Grech, Charles Savona-Ventura, and P. Vassallo-Agius, "Unexplained Differences in Sex Ratios at Birth in Europe and North America," *British Medical Journal* 324. no. 7344 (April 27, 2002).

3. Persi Diaconis, Susan Holmes, and Richard Montgomery, "Dynamical Bias in the Coin Toss," *SIAM Review* 49, no. 2 (2000): 211~235.

7장

1. Robert Siegel and Andrea Hsu, "What the Odds Fail to Capture When a Health Crisis Hits," NPR *All Things Considered*, July 21, 2014.

2. 도로 길이는 미국 교통부 산하 연방 고속도로 관리청의 자료에 따른 것이다. 미국 토지 면적은 미국 농무부 산한 산림청의 자료에 따른 것이다.

3. 특이하게도 룰렛을 100번 할 때 붉은색 숫자는 50번이 아니라 47번 나올 가능성이 가장 크다. 이는 $p<q$라는 사실에서 생기는데, 따라서 최고 확률은 평균에서 벗어나 있다.

4. Mazur, *What's Luck Got to Do with It?*, 104.

5. 하지만 페이지에 들어오게 그리려면 그래프는 수평 방향으로 크기를 축소시켜 〈그림 7.4〉처럼 보이게 만들어야 한다.

6. 내가 듣기로는 이 삼각형에 관한 더 이전의 기록이 있는데, 12세기의 인도 수학자 할라이유다(halayudha)의 저술에서부터 시작한다. 그는 (시의 운율에 관한 산스크리트어 논문인) 찬다스 샤스트라(Chandas Shastra)에 주석을 달았는데, 거기에서 그는 이 삼각형의 대각선상에 놓인 수들의 합이 나중에 피보나치 수라고 알려지게 되는 값이 됨을 언급했다고 한다. 그렇게나 일찍 그런 삼각형이 존재했다는 확증적인 증거는 찾지 못했다. 물론 그런 것이 존재했을 수는 있겠지만 말이다. 만약 그랬더라도 삼각형을 구성하는 공식을 다루지는 않았을 것이며 단지 유용한 몇 가지 행들을 나열했을지 모른다.

7. Petrus Apianus was a German humanist, mathematician, and astronomer. See D. E. Smith, *History of Mathematics* (New York: Dover, 1958), 508.

8. Mazur, *What's Luck Got to Do with It?*, 239.

9. 우선, 확률이 제일 높은 점이 중심이 0에 놓이도록 전체 그래프를 이동한다. 면적은 그대로 유지되며 어떤 정보도 손실되지 않는다. 다만 이제 우리는 그래프의 의미를 검은색 대비 빨간색의 점진적 증가 내지 감소의 확률 분포로 해석해야만 한다. 여기서 그림을 조금 더 수정하여 이제 우리는 곡선을 수평 방향으로 5배 축소하고 수직 방향을 5배 확대한다. 5라는 인수는 $\sqrt{Nqp}$의 계산에서 나온 값이다. N은 시행횟수, p는 붉은색이 나올 확률, q는 검은색이 나올 확률이다. 정확한 수는 4.99307인데, 편의를 위해 반올림했다.

10. 우선 평균값이 50 위에 놓이도록 곡선을 그대로 평행이동해야 한다. 그 다음에는 곡선을 수평으로는 축소하고 수직으로는 확대할 스칼라 값(인수)를 계산해야 한다. 이런 이동을 통해, 시행 횟수가 100번이었음을 알게 해주는 효과가 있다.

11. 인수는 $\sqrt{Nqp}$이다. N은 시행횟수, p는 성공 확률, q는 실패 확률이다($q=1-p$). 달리 말해서, 룰렛에서 붉은색 숫자가 나오는 이 게임의 인수는 4.99307로서, 대략 5이다.

12. 우리가 행했던 크기 조정과 조작 행위 전체는 변수 x와 y를 새로운 변수 X와 Y로 변환하는 과정이라고 볼 수 있다. $X=x-a$라고 놓아서 원래 그래프를 오른쪽으로 평행이동시킨다. $X=x/b$라고 놓아서 원래 그래프를 수평으로 b배 축소한다. 마지막으로 $Y=cy$로 놓아서 원래 그래프를 수직으로 c배 확대한다. 결국 이 과정을 통해 X, Y축 상의 새로운 그래프가 생겼다. p가 q에 비교적 가까운 이항 빈도 분포의 경우에는 다음 식을 통해 x를 X로 변환할 수 있다.

$$X = \frac{x - (\frac{N}{2} + Np + \frac{1}{2})}{\sqrt{Npq}}$$

13. $Y=\frac{1}{\sqrt{2\pi}}e^{-\frac{X^2}{2}}$의 그래프가 나타내는 곡선을 가리켜 '표준정규분포'라고 하는데, 이것의 시초는 드 무아브르와 라플라스까지 거슬러 올라간다. 이것은 μ=0 및 σ2=1일 때의 정규분포에서 얻어지는 결과이다(μ는 평균이고 σ는 표준편차).

14. Karl Pearson, *The Chances of Death and Other Studies in Evolution* (London: Edward Arnold, 1897), 45.

15. 여기서는 모나코의 룰렛을 언급하고 있다. 미국 룰렛은 유럽과는 다른데, 0칸뿐만 아니라 00칸이 들어 있기 때문이다. 하지만 동전 던지기의 경우와 매우 비슷하게, 00칸에 들어가는 공은 붉은색으로도 검은색으로도 셈해진다.

16. Pearson, *The Chances of Death and Other Studies in Evolution*, 55.

17. Ibid., 61.

18. Ibid., 55.

19. Warren Weaver, *Lady Luck, The Theory of Probability* (Garden City, NY: Doubleday, 1963), 282.

20. John Scarne, *Scarne's Complete Guide to Gambling* (New York: Simon & Schuster, 1961), 24.

8장

1. E. H. McKinney, "Generalized Birthday Problem," *American Mathematical Monthly* 73, (1966): 385~387.

2. 퍼시 디아코니스는 근사적인 값을 내놓았다. 브루스 레빈의 데이터는 다음 함수로 이 곡선을 나타낸다. $N \approx 47(k\text{-}1.5)^{3/2}$.

3. Richard von Mises, "Ueber Aufteilungs- und Besetzungs-Wahrscheinlichkeiten," *Review of Faculty of Science. University of Istanbul* 4 (1939), 145~163.

4. N번 뽑았더니 한 숫자가 두 번 뽑힐 확률 $p(N)$은 얼마일까? 답은 이렇다. $p(N)=\Pi_{k=1}^{N-1}(1-\frac{k}{365})$. 이것을 계산하려면 양변에 자연로그를 취하면 $\ln(p(N))=\Sigma_{k=1}^{N-1}\ln(1-\frac{k}{365})$. $ln(1+x)\approx x$이므로, 근사적으로 우변의 k번째 항은 $-k/365$로 볼 수 있다. 따라서 우변은 근사적으로 $\frac{1}{365}\Sigma_{k=1}^{N-1}k \approx -\frac{1}{365}(\frac{N(N-1)}{2})$이고, 이것은 N이 클 때 근사적으로 $\frac{-N^2}{730}$이다. 따라서 $ln(p(N)) \approx -\frac{N^2}{730}$이다. 이것을 N에 대해 풀면 $N \approx \sqrt{2(365)(-lnp(N))}$이다. p=1/2인 경우, $N\approx$22.49이다.

5. $\sqrt{2(9999)(-In(1/2))} \approx 1 \cdot 18\sqrt{9999} \approx 118$.

6. 양변에 자연로그를 취하면 된다.

7. 풀어야 할 방정식은 다음이다. $(\frac{7299}{7300})^N = 1/2$. 양변에 자연로그를 취하면 $N = \frac{In(1/2)}{In(7299/7300)} = 5{,}104.65$.

8. Sir Arthur Eddington, *The Nature of the Physical World*, (New York: Macmillan Company, 1927), 72.

9. 키를 치는 것은 독립적이다. 하지만 키보드의 위치 때문에 어떤 키는 다른 키보다 더 많이 쳐질 수 있다.

10. $P = (1 - (1/26)^5)^N$의 그래프.

11. Émile Borel, "Mécanique Statistique et Irréversibilité," *Journal of Physics* series 5e, vol. 3 (1913): 189~196.

12. Sir James Jeans. *The Mysterious Universe* (New York: Mac-millan, 1930), 4.

13. Darren Wershler-Henry, *The Iron Whim: A Fragmented History of Typewriting* (Ithaca, NY: Cornell University Press, 2007), 192.

9장

1. 전형적인 보드게임 주사위에는 정육면체 각 면에 파인 홈들이 있다. 각각의 홈은 이웃 홈과 깊이가 똑같기에, 여섯 개의 홈이 있는 면은 한 개의 홈이 있는 면보다 더 가볍다. 그런 주사위는 무거운 면 쪽으로 기울기 때문에 불공정하다. 공정한 주사위를 만들려면 어느 면이든 홈 때문에 제거되는 재료의 질량이 동일해야 한다. 어느 면이든 홈(들)에 칠해지는 페인트의 총량도 똑같은 질량이어야 한다.

2. 균일성은 수평 방향으로 생길 것이다. 수직 방향으로는 압력 차이로 인해 연속적인 그러데이션이 발생하기에, 수직 방향의 균일성이 나타나는 데는 더 오랜 시간이 걸린다. 비교적 얕은 물통으로 실험해야 균일성이 더 향상된다.

3. Mark Kac, "Probability," *Scientific American*, September 1964.

4. Jacob Bernoulli, *The Art of Conjecturing*, trans. Edith Dudley Sylla (Baltimore: Johns Hopkins, 2006), 339.

5. William Paul Vogt and Robert Burke Johnson, *Dictionary of Statistics & Methodology: A Nontechnical Guide for the Social Sciences*, 4th ed. (Thousand

Oaks, CA: SAGE Publications, 2011), 374.

6. Vogt and Johnson, *Dictionary of Statistics & Methodology*, 217.

7. Darrell Huff, *How to Lie with Statistics* (New York: Norton, 1993), 100~101.

8. Gary Taubes, "Do We Really Know What Makes Us Healthy?" *New York Times*, September 16, 2007.

9. J. H. Bennett, ed., *Statistical Inference and Analysis: Selected Correspondence of R. A. Fisher*, (Oxford: Oxford University Press, 1989).

10. Paul D. Stolley, "When Genius Errs: R. A. Fisher and the Lung Cancer Controversy," *American Journal of Epidemiology* 133, no. 5 (1991).

11. R. A. Fisher, *Collected Papers*, vol. 1, ed. J. H. Bennett (Adelaide, Australia: Coudrey Offset Press, 1974), 557~561.

12. Ronald A. Fisher (letters to *Nature*), "Cancer and Smoking," *Nature* 182, August 30, 1958.

13. Stolley, "When Genius Errs."

14. Sir Ronald Fisher, "Cigarettes, Cancer, and Statistics," *Centennial Review* 2 (1958): 151~166.

15. Marcia Angell and Jerome Kassirer, "Clinical Research—What Should the Public Believe?" *New England Journal of Medicine* 331 (1994), 189~190.

16. Taubes, "Do We Really Know What Makes Us Healthy?"

17. Samuel Arbesman, *The Half-Life of Facts: Why Everything We Know Has an Expiration Date* (New York: Current, 2012), 7.

10장

1. Woollcott, *While Rome Burns* (New York: Viking Press, 1934), 23.

2. 프란체스코는 이탈리아에서 마르코와 안드레아에 이어 세 번째로 흔한 이름이다. 마누엘라는 스페인에서 가장 흔한 이름 백 가지 명단에 들어 있지 않다.

3. 사실 열여섯은 적게 잡은 값이다. 왜냐하면 마리아, 로라, 마르타 및 파울라가 마누엘라보다 훨씬 더 흔한 이름이기 때문이다.

4. 이 이야기에 대한 플라마리옹의 글을 보아서는 교정지가 자신이 집필 중이던 책에 관한 것인지 이미 완성된 다른 책에 관한 것인지 알 수 없다.

5. Joseph Mazur, *What's Luck Got to Do with It?: The History, Mathematics, and Psychology of the Gambler's Illusion* (Princeton, NJ: Princeton University Press, 2010), 177~178.

6. 이것은 너대니얼 리치에 따랐다. 다음을 보기 바란다. Nathanial Rich, "The Luckiest Woman on Earth," *Harper's Magazine*, August 2011. 리치의 수는 거의 백만 번 계산해서 나온 결과이다. 정확한 승산은 2노닐리온(nonillion) 대 1보다 크다. (1노닐리온은 1 다음에 0이 30개 나온다.)

11장

1. Warren Goldstein, *Defending the Human Spirit: Jewish Law's Vision for a Moral Society* (Jerusalem, Israel: Feldheim, 2006), 269.

2. J. Boyer, "DNA on Trial," *New Yorker*, January 17, 2000.

3. Michael R. Bromwich, head of investigating team, HPD Crime Lab Independent Investigation Report, May 11, 2006. Available at http://www.hpdlabinvestigation.org, accessed August 22, 2014.

4. Tobias Jones, "The Murder That Has Obsessed Italy," *The Guardian*, January 8, 2015.

5. William C. Thompson, Franco Taroni, and Colin G. G. Aitken, "How the Probability of a False Positive Affects the Value of DNA evidence," *Journal of Forensic Science* 48, no 1 (January 2003, 47~54.

6. Ibid., 47.

7. National Academy of Sciences (NAS) report, "Strengthening Forensic Science in the United States: A Path Forward" (2009).

8. Spencer S. Hsu, "D.C. Judge Exonerates Santae Tribble in 1978 Murder, Cites Hair Evidence DNA Test Rejected," *Washington Post*, December 14, 2012.

9. NAS, "Strengthening Forensic Science," 160.

10. Norman L. Reimer, https://www.nacdl.org/champion.aspx?id=29488.

11. The Innocence Project piece on Santae Tribble at http://www.

innocenceproject.org/cases-false-imprisonment/santae-tribble.

12. Brandon L. Garrett, *Convicting the Innocent: Where Criminal Prosecutions Go Wrong* (Cambridge, MA: Harvard University Press, 2011), 101.

13. NAS Report, 86.

14. Garrett, *Convicting the Innocent*, 101.

15. 어머니한테서 받은 염기서열 집합과 아버지한테서 받은 염기서열 집합은 동일한 유전자의 상이한 버전을 담고 있으며, 게놈의 크기는 유전자의 한 집합의 염기의 수로 주어진다.

16. 인용문은 이 사건과 관련이 없는 사람한테서 나온 것이다. 그는 일리노이주 쿡 카운티의 주립 변호사 애니타 알바레즈(Anita Alvarez)이다.

17. Trisha Meili, *I Am the Central Park Jogger: A Story of Hope and Possibility* (New York: Scribner, 2004), 108.

18. Ibid., 6~7.

19. Jed S. Rakoff, "Why Innocent People Plead Guilty," *New York Review of Books* 61, no. 18, November 20, 2014, 16~18.

20. National Research Council Report, "The Growth of Incarceration in the United States" (2014).

21. Heather West, William Sabol, and Sarah Greenman, "Prisoners in 2009," US Department of Justice, Bureau of Justice Statistics, 2009, rev. October 27, 2011; Lauren E. Glaze and Erinn J. Herberman, "Correctional Populations in the United States, 2012," US Department of Justice, Bureau of Justice Statistics (2013), 2 and table 1, available at http://www.bjs.gov/content/pub/pdf/cpus12.pdf; Todd D. Minton, "Jail Inmates at Midyear 2012—Statistical Tables," US Department of Justice, *Bureau of Justice Statistics* 1 (2013), available in PDF format at http://www.bjs.gov/content/pub/pdf/jim12st.pdf.

22. 연방 및 주의 총 형사 사법 시스템은 2010년에 260,533,129,000달러를 지출했다. 이에는 재판 관련 비용(561억 달러), 경찰 보호 비용(1242억 달러) 그리고 교정 비용(802.4억 달러)이 포함된다.

23. Oliver Roeder, Lauren-Brooke Eisen, and Julia Bowling, "What Caused the Crime Decline?" Brennan Center for Justice at NYU School of Law, research report, 2015.

24. NAACP 법적 보호 및 교육 재단(NAACP Legal Defense and Educational Fund)의 형사사법프로젝트에서 사분기마다 발간하는 보고서에 의하면 2014년 1월 기준으로 미국 감옥의 총 사형수 수감자 수는 3,070이다. 인종 비율은 다음과 같다. 백인 1,323명, 흑인 1,284명, 라틴계 남성/라틴계 여성 388명, 인디언 원주민 30명, 아시아인 44명.

25. NAACP Legal Defense Fund, "Death Row USA," January 1, 2014.

26. R. J. Maiman and R. J. Steamer, *American Constitutional Law: Introduction and Case Studies* (St. Louis, MO: McGraw-Hill, 1992), 35.

27. Cass R. Sunstein, "The Reforming Father," *New York Review of Books*, vol. 51, no. 10, June 5, 2014, 8.

28. Sources: US Department of Justice, Bureau of Justice Statistics, "Capital Punishment" for the years 1968~2012; NAACP Legal Defense and Educational Fund, Inc. "Death Row USA" for the years 2013 and 2014.

29. Sunstein, "The Reforming Father," 10.

30. Innocence Project report, "Reevaluating Lineups: Why Witnesses Make Mistakes and How to Reduce the Chance of a Misidentification" (2009), 17.

31. Garrett, *Convicting the Innocent*, 5.

32. Innocence Project, "Reevaluating Lineups," 5.

33. The National Registry of Exonerations of the University of Michigan Law School and the Center on Wrongful Convictions at Northwestern University School of Law; see http://www.law.umich.edu/special/exoneration/Pages/browse.aspx.

34. 알려지기로 이것은 찰스 하인스(Charles Hynes) 사건의 사례였다. 그는 브루클린 지방검사로서 자바르 콜린스(Jabbar Collins)의 사면 청문회에서 그와 같은 짓을 한 이유로 기소되었다. 자바르 콜린스는 자신이 저지르지 않은 살인으로 16년을 감옥에서 보낸 사람이다. 그 잘못으로 인한 손해를 뉴욕시는 천만 달러로 보상하고 마무리했다. 다음을 보기 바란다. Stephanie Clifford, "Exonerated Man Reaches $10 Million Deal with New York City," *New York Times*, August 19, 2014.

35. Goldstein, *Defending the Human Spirit*, 269.

12장

1. Pasteur Vallery-Radot, ed., *Oeuvres de Pasteur*, vol. 7 (Paris, France: Masson and Co., 1939), 131.
2. Gerard Nierenberg, *The Art of Creative Thinking* (New York: Simon & Schuster, 1986), 201.
3. Bruce W. Lincoln, *Sunlight at Midnight: St. Petersburg and the Rise of Modern Russia* (Boulder, CO: Basic Books, 2002), 150~151.
4. Victor E. Pullin and W. J. Wiltshire, *X-rays: Past and Present* (London: E. Benn Ltd., 1927).
5. Röntgen thought that X-rays are invisible. In, fact they can produce a blue-gray glow. See K. D. Steidley, "The Radiation Phosphene," *Vision Research* 30 (1990): 1139~1143.
6. W. R. Nitske, *The Life of Wilhelm Conrad Röntgen, Discoverer of the X Ray* (Tucson: University of Arizona Press, 1971).
7. Barbara Goldsmith, *Obsessive Genius: The Inner World of Marie Curie* (New York: W. W. Norton, 2005), 64.
8. Lawrence K. Russel, Poem, *Life*, 27, March 12, 1896.
9. Goldsmith, *Obsessive Genius*, 65.
10. Howard H. Seliger, "Wilhelm Conrad Röntgen and the Glimmer of Light," *Physics Today*, November 1995, 25~31.
11. "Fifty Years of X-Rays," *Nature*, 156, November 3, 1945, 531.
12. H. J. W. Dam, "The New Marvel in Photography," *McClure's Magazine* 6, no 5, April, 1896.『매클루어스 매거진』은 1929년에 영구 폐간되었다. 다행히도 구텐베르크 프로젝트 덕분에 『매클루어스 매거진』의 거의 모든 호들이 전자문서 형태로 보존되었다.
13. J. McKenzie Davidson, "The New Photography," *The Lancet* 74, I (March 21, 1896): 795, 875.
14. *Nature* 53 (January 23, 1896): 274.
15. Otto Glasser, *Wilhelm Conrad Röntgen and the Early History of the Röntgen Rays* (San Francisco: Norman Publishing, 1993), 47~51.
16. *Atomic Physics*, film produced by the J. Arthur Rank Organization, 1948.

17. 1854년 12월 7일 루이 파스퇴르가 프랑스 두에의 릴 대학교의 과학부에 교수 겸 학장으로 취임하면서 한 취임 강연에서 나온 말. 다음을 보기 바란다. Houston Peterson, ed., *A Treasury of the World's Great Speeches* (New York: Simon and Schuster, 1954), 473.

18. Isaac Newton, *The Correspondence of Isaac Newton, Vol. 1. 1661–1675*, ed., H. W. Turnbull (Cambridge, UK: Cambridge University Press, 1959), 416.

19. John of Salisbury, *The Metalogicon: A Twelfth Century Defense of the Verbal and Logical Arts of the Trivium*, trans. Daniel McGarry (Baltimore: Paul Dry Books, 2009), 167.

20. Steven Weinberg, *Lake Views: This World and the Universe* (Cambridge, MA: Belknap Press, 2009), 187.

13장

1. 도박꾼이 계속 도박을 할 가능성이 커진다고 보는 B. F. 스키너의 이유.

2. James B. Stewart, "The Omen," *New Yorker*, October 20, 2008, 58.

3. Ibid., 63.

4. Nelson D. Schwartz, "A Spiral of Losses by a 'Plain Vanilla' Trader," *New York Times* (January 25, 2008).

5. Nick Leeson, *Rogue Trader* (New York: Time Warner, 1997).

6. Russell Baker, "A Fateful Election," *New York Review of Books*, November 6, 2008, 4.

7. Seth Stein and Michael Wysession, *An Introduction to Seismology, Earthquakes, and Earth Structure* (Hoboken, NJ: Wiley-Blackwell, 2002), 5~6.

8. Florin Diacu, *Megadisasters: The Science of Predicting the Next Catastrophe* (Princeton, NJ: Princeton University Press, 2010), 29.

9. Charles Richter, "Acceptance of the Medal of the Seismological Society of America," *Bulletin of the Seismological Society of America* 67 (1977): 1.

14장

1. Michael Shermer, *Why People Believe Weird Things* (New York: Henry Holt, 1997), 69.

2. Elizabeth Gilbert, *The Signature of All Things* (New York: Viking, 2013), 483.

3. 사실은 그 개구리를 발견해서 윌리스에게 가져다 준 사람은 한 중국인 노동자였다.

4. Luis A. Cordón, *Popular Psychology: An Encyclopedia* (Westport, CT: Greenwood, 2005), 182.

5. D. J. Bern and C. Honorton, "Does Psi Exist? Replicable Evidence for an Anomalous Process of Information Transfer," *Psychological Bulletin* 115 (1994): 4~8.

6. Lourdes Garcia-Navarro, "Letter from Beyond the Grave: A Tale of Love, Murder and Brazilian Law," National Public Radio News, *Weekend Edition*, August 9, 2014.

7. Martin Gardner, *Fads and Fallacies in the Name of Science* (New York: Dover, 1957), 299~307.

8. Stanton Arthur Coblentz, *Light Beyond: The Wonderworld of Parapsychology* (Vancouver: Cornwall, 1981): 109~110.

9. Sir Hubert Wilkens and Harold Sherman, *Thoughts Through Space: A Remarkable Adventure in the Realm of the Mind* (New York: Hampton Roads, 2004), 26~27.

10. Eric Lord, *Science, Mind and Paranormal Experience* (Raleigh, NC: Lulu, 2009), 210~211.

11. Gardner, *Fads and Fallacies*, 351.

12. J. B. Rhine and L. E. Rhine, "An Investigation of a 'Mind Reading' Horse," *Journal of Abnormal and Social Psychology* 23, no. 4 (1929): 449.

13. C. D. Broad, "The Relevance of Psychical Research to Philosophy," *Philosophy* 24, no. 91 (1949): 291~309.

14. Joseph Banks Rhine, *The New World of the Mind* (London: Faber and Faber, 1953), 80.

15. 처음에는 다음 책으로 출간되었다. Ronald Aylmer Fisher, *Design of Experiments* (London: Oliver and Boyd, 1937) 하지만 지금은 다음 책에서 더 쉽게 관련 내용을 찾을 수 있다. Ronald Aylmer Fisher, *Statistical Methods, Experimental Design, and Scientific Inference* (Oxford: Oxford University Press, 1990), 11~18.

16. 피셔의 책은 실험의 설계와 주관적 오류에 관한 우려를 다루려는 의도였지만, 여기서 그 이야기는 수학과 실험의 관련성을 가리키기 위해 이용되고 있다.

17. Fisher, *Statistical Methods*, 12.

18. George R. Price, "Science and the Supernatural," *Science*, new series, 122, no. 3165 (August 26, 1955): 359~367.

19. H. Houdini, *A Magician Among the Spirits* (New York: Harper, 1924), 138.

20. Ecclesiastes 1:5~7

21. John Milton, *The Portable Milton*, ed. Douglas Bush (New York: Viking, 1961), 416~417.

22. Roald Dahl, *Charlie and the Chocolate Factory* (New York: Bantam, 1973), 137.

15장

1. Vladimir Nabokov, *Laughter in the Dark* (New York: New Directions, 2006).

2. Eugene Ionesco, *The Bald Soprano and Other Plays* (New York: Grove Press, 1958), 18.

3. Hilary P. Dannenberg, *Coincidence and Counterfactuality: Plotting Time and Space in Narrative Fiction* (Lincoln, NE: University of Nebraska Press, 2008), 90.

4. 다음 판본의 둘째 연의 마지막 행을 내가 어설프게 번역한 것이다. *Sir Gawain and the Green Knight*, trans. Brian Stone (New York: Penguin, 1974), 22.

5. *Sir Gawain and the Green Knight: A Middle-English Arthurian Romance* trans. Jessie Weston, trans. (London: David Nutt, 1898), available at http://d.lib.rochester.edu/camelot/text/weston-sir-gawain-and-the-green-knight.

6. Ibid.

7. Ibid.

8. *Sir Gawain and the Green Knight*, ed. William Raymond Johnson (Manchester, UK: Manchester University Press, 2004), 25.

9. Richard Boyle, "The Three Princes of Serendip," *Sunday [London] Times*, July 30 and August 6, 2000.

10. Dov Noy, Dan Ben-Amos, Ellen Frankel, *Folktales of the Jews, Vol. 1, Tales from the Sephardic Dispersion* (Philadelphia, PA: The Jewish Publication Society, 2006), 318~319.

11. 편지의 수신인은 미국 교육개혁가가 아니라 영국 준남작이자 피렌체 궁정의 특사였던 호레이스 만이다.

12. Robert K. Merton and Elinor Barber, *The Travels and Adventures of Serendipity: A Study in Sociological Semantics and the Sociology of Science* (Princeton, NJ: Princeton University Press, 2003), 3~4.

13. Boyle, "The Three Princes of Serendip."

14. *The Travels and Adventures of Three Princes of Sarendip* (London: William Chetword, 1722).

15. 동일한 이야기의 다른 버전들이 나오는 출처는 다음과 같다. Idries Shah, ed. *World Tales: The Extraordinary Coincidence of Stories Told in All Times, in All Places* (London: Octagon, 1991), 336~339, and in Mrs. Howard Kingscote and Pandit Natesa Sastri, *Tales of the Sun or Folklore of Southern India* (Whitefish, MT: Kessinger Publishing, 2010 [originally published by W. H. Allen, 1890]), 140.

16. John Pier, and José Angel Garcia Landa, eds., *Theorizing Narrativity* (Berlin: Walter de Gruyter, 2007), 181.

17. Paul Auster, *Moon Palace* (New York: Viking, 1989), 236~237.

에필로그

1. David Hand, *The Improbability Principle: Why Coincidences, Miracles, and Rare Events Happen Every Day* (New York: Farrar Straus and Giroux, 2014), 76. 이 책과 『신은 주사위 놀이를 하지 않는다』는 우연의 일치라는 주제를 서로 보

완적이지만 상이한 관점에서 접근하는 매우 다른 책이다.

2. 1980년에 물리학자 루이스 알바레즈(Luis Alvarez)와 그의 아들 지질학자 월터 알바레즈(Walter Alvarez)는 백악기 말기의 암석층에서 이리듐의 농도가 높다는 사실을 알아냈다. 1980년대부터 2013년까지의 (매우 논쟁적인) 이론은 거대한 소행성이 떨어져 지구와 충돌했다는 것이었다. 2013년에 다트머스대학 지구과학부의 무쿨 샤마(Mukul Sharma)와 제이슨 무어(Jason Moore)가 제44회 달 및 지구 회의(Lunar and Planetary Conference)에서 지구와 충돌한 것은 소행성이 아니라 혜성이라는 이론이 담긴 논문을 발표했다.

감사의 말

제일 먼저 아내 제니퍼 마주르(Jennifer Mazur)에게 감사드린다. 아내는 처음부터 이 책이 위대한 이야기들의 신비와 매력을 온전히 살려내길 바라면서 전적으로 지원을 아끼지 않았다. 아내는 내게 힘과 결의를 주었고 초고의 편집자였고, 아울러 진심어리고 냉철한 비판을 늘 마다하지 않았으며, 더 나은 책을 만들기 위한 건설적인 조언을 해주었다.

이 책을 쓰자는 아이디어는 내 것이 아니었다. 볼리아스코 파운데이션 펠로우스(Bogliasco Foundation Fellows)를 위한 레지던시 프로그램에서 나누었던 저녁식사 자리의 대화에서 나온 것이었다. 뜻밖의 이유로 대화는 우연의 일치 이야기를 계속 다루었는데, 개인적인 사담에서부터 민간전승의 기나긴 이야기, 문학 작품 속의 이야기 그리고 우연한 과학적 발견의 연대기 사이를 오갔다. 밤마다 나는 우연의 일치 사건의 놀라운 빈도를 수학적으로 설명할 수 있을까 궁리하곤 했다. 아침 식사를 할 때면 설명할 준비가 된 느낌이 들었다. 하지만 저녁이 되면 내 이론들은 누더기가 되어 외면 받았고 더 사려 깊은 주장들로 대체되었다. 그래도 보알리스코의 동료들은 나더러 우연의 일치에 관한 책을 쓰라고 계속 부추겼다.

따라서 이 책을 쓰게 된 영감은 우선 보알리스코 파운데이션에게서 나왔고 그 다음으로는 레지던시 동료들과의 우연한 대화 덕분이었다. 기쁘게도 내게 영감을 준 동료들의 이름은 다음과 같다. 앤-매리 배런(Anne-Marie Baron), 데이비드 헤이만(David Heymann), 산드라 헤이만(Sandra Heymann), 폴 케인(Paul Kane), 릴리아나 메넨데즈(Liliana Menendez), 앨리스테어 미니스(Alistair Minnis), 플로렌스 미니스(Florence Minnis), 헬렌 시모노(Helen Simoneau), 루이스 스프래틀린(Lewis Spratlin) 그리고 멜린다 스프래틀린(Melinda Spratlin). 다들 마치 자기 일인 듯 기꺼이 도움을 주었다.

그리고 특별히 감사하고픈 사람들은 정성껏 내 원고를 읽어준 다음 분들이다. 제프리 바우어(Jeffrey Bower), 미셸 바우어(Michelle Bower), 드보라 클레이튼(Deborah Clayton), 루이스 코헨(Lewis Cohen), 소리나 에프팀(Sorina Eftim), 줄리언 퍼홀트(Julian Ferholt), 드보라 퍼홀트(Deborah Ferholt), 낸시 헤이네만(Nancy Heinemann), 톰 제퍼리스(Tom Jefferies), 피터 메레디스(Peter Meredith), 샘 노스실드(Sam Northshield), 토드 스미스(Todd Smith), 조지 스피로(George Szpiro) 그리고 짐 토버(Jim Tober). 저마다 이 책의 최종 초고에 직간접적으로 도움을 주었다.

『페트로프카에서 온 여인』의 저자인 조지 파이퍼는 앤서니 홉킨스의 유명한 우연의 일치 사건에 대해 당사자한테서 직접 들은 이야기를 내게 전해주었다. 그래서 나는 앤서니 홉킨스와 그의 매니저에게 여러 차례 직접 편지를 보냈지만 답장을 받지는 못했다. 이탈리아의 어학원인 스투디탈리아의 원장인 프란체스코 마라스(Francesco Marras)는 프란체스코/마누엘라가 서로를 잘못 알아본 이야기를 자신이 직접 당사자한테서 들은 이야기를 내게 해주었다. 아그네스 크루프(Agnes Krup)는 두 사람이 아는 사이가 되었더니 생년월일이 똑같은 걸 알게 될 확률을 계산해달라는 도전과제를 내게 던졌다. 리사 파올로치는 백색증에 걸린 택시 운전사를 두 번 만난 이야기를 내게 해주었다.

마지막으로 이 책의 편집자인 TJ 켈러허(TJ Kelleher)와 벤 플래트(Ben Platt)에게 특별한 감사를 전한다. 두 분이 꼼꼼하게 원고를 읽고 긍정적인 비판과 함께 영리하게 편집해준 덕분에 중심 논지가 명확해지도록 책을 재구성할 수 있었다. 베이직북스의 보조 편집자 쿠인 도(Quynh Do)에게 감사드린다. 그녀는 내가 무슨 질문을 하든지 간에 재빨리 재치 있는 답변을 해주었다. 그리고 나의 에이전트 앤드루 스튜어트(Andrew Stuart)에게도 감사드린다. 내가 간략하게 책의 집필 제안을 했을 때부터 이 책의 가능성을 알아보았던 분이다.

그건 우연이 아니야

아주 우연한 사건에 관한 수학적 고찰

2019년 11월 11일 1판 1쇄 발행
2019년 12월 21일 1판 2쇄 발행

지은이 조지프 마주르
옮긴이 노태복
펴낸이 박래선
펴낸곳 에이도스출판사
출판신고 제2018-000083호
주소 서울시 마포구 잔다리로 33 회산빌딩 402호
전화 02-355-3191
팩스 02-989-3191
이메일 eidospub.co@gmail.com
페이스북 facebook.com/eidospublishing
인스타그램 instagram.com/eidos_book
블로그 https://eidospub.blog.me/
표지 디자인 공중정원
본문 디자인 김경주

ISBN 979-11-85415-34-5 03410

이 도서의 국립중앙도서관 출판예정도서목록(CIP)은
서지정보유통지원시스템 홈페이지(http://seoji.nl.go.kr)와
국가자료종합목록 구축시스템(http://kolis-net.nl.go.kr)에서 이용하실 수 있습니다.
(CIP제어번호 : CIP2019043424)